"十三五"国家重点图书出版规划项目

国家出版基金项目

"港口—腹地与近代中国经济转型研究"丛书

吴松弟 樊如森 主编

改造与拓展：
南京城市空间形成过程研究

（1927—1937）

徐智 著

齐鲁书社

图书在版编目(CIP)数据

改造与拓展:南京城市空间形成过程研究:1927—
1937 / 徐智著. -- 济南:齐鲁书社,2020.6
("港口—腹地与近代中国经济转型研究"丛书/
吴松弟,樊如森主编)
ISBN 978-7-5333-4319-4

Ⅰ.①改… Ⅱ.①徐… Ⅲ.①城市空间一城市史一
研究一南京一1927—1937 Ⅳ.①TU984.253.1

中国版本图书馆 CIP 数据核字(2020)第 024330 号

策划编辑/赵发国
责任编辑/张敏敏 赵发国
装帧设计/郭 觐 李 生

改造与拓展:南京城市空间形成过程研究(1927—1937)
GAIZAO YU TUOZHAN NANJING CHENGSHI KONGJIAN XINGCHENG GUOCHENG YANJIU(1927—1937)

徐 智 著

主管单位	山东出版传媒股份有限公司
出版发行	齐鲁书社
社　　址	济南市英雄山路 189 号
邮　　编	250002
网　　址	www.qlss.com.cn
电子邮箱	qilupress@126.com
营销中心	(0531)82098521　82098519　82098517
印　　刷	山东新华印务有限公司
开　　本	710mm×1000mm　1/16
印　　张	20
插　　页	3
字　　数	326 千
版　　次	2020 年 6 月第 1 版
印　　次	2020 年 6 月第 1 次印刷
印　　数	1—1000
标准书号	ISBN 978-7-5333-4319-4
审 图 号	宁 S(2019)019 号
定　　价	86.00 元

总　序

　　近代是中国由传统社会向现代社会转型的时期，经济上的转型是其中的重要方面。尽管经历了艰难曲折的过程，而且近代经济的发育总体水平不高，但毕竟改变了中国几千年的传统经济面貌，成为后世发展的基础。

　　近代经济转型的动力，来自外来因素和本国内在因素的共同作用，空间上则表现为"港口—腹地"的双向互动作用。"港口"，指位于我国东部的大连、营口、丹东、天津、烟台、青岛、连云港、上海、宁波、福州、厦门、高雄、基隆、广州、香港等沿海主要港口城市，以及汉口、重庆等长江沿岸的主要港口城市。而且，它并非仅指承担客货运输任务的港口部门，而是包括港口部门和它所在的城市。广而推之，凡通过航空、铁路、公路等交通枢纽而成为一片较大区域的交通中心，均具有"港口"的作用，只不过人们常用"交通中心""口岸"来代替"港口"一词而已。

　　"腹地"指位于港口城市背后的吞吐货物和集散旅客，以及大机场、铁路和公路交通中心所及的空间范围。在通常情况下，这一范围内的客货经由该港、机场和公路、铁路枢纽进出，在人和物的运输方面比较经济与便捷。港口城市的对内联系范围与海港、机场、公路和铁路的腹地范围空间上十分接近，因此，港口、机场、公路和铁路枢纽进出的腹地范围几乎都可视为港口所在城市的腹地范围。

　　我国是一个幅员辽阔的大国，河流多自西向东流，注入大海，在现代交通兴起以前，东西向的河谷往往又成为新式交通发达之区。近代外来的先进生产力在沿海口岸登陆，之后再顺着东西向的水路或陆路往西拓展。在边疆地区，内陆口岸也扮演了沿海口岸的角色，只是影响力基本集中在边疆地区，受其影响的空间范围较小而已。来自沿海和沿边口岸往自己腹地的经济辐射，推动了腹地经济变迁，改变了中国的交通格局、城市分布和区域经济差异，并促使新型经济区形成。

本人长期研究近代经济地理，所提出的"港口—腹地和中国现代化的空间进程"观点，已被学界认为是从空间角度分析近代经济不平衡发展的很好的解释，所指导的硕士、博士研究生一直是国内近代经济地理研究的主要力量。由我主编、戴鞍钢副主编，来自全国的 25 位学者联合撰写的九卷本《中国近代经济地理》，填补了近代经济地理研究的长期空白，一定程度上满足了学术界和各地政府的需要，2018 年获上海市第十四届哲学社会科学优秀成果奖著作类一等奖，2020 年获教育部第八届高等学校科学研究优秀成果奖（人文社会科学）一等奖。这次出版的"港口—腹地与近代中国经济转型研究"丛书，抓住经济转型这一重大课题，从空间角度深入论述区域经济变迁的过程，具有重要的学术价值，获得了学术界和出版界的广泛认可，被列入"十三五"国家重点图书出版规划并获得国家出版基金资助。

本丛书的九位作者中，樊如森、方书生、张永帅三人都是九卷本《中国近代经济地理》的作者，陈为忠、张珊珊、徐智、毛立坤、王哲、杨敬敏等人在区域、城市、贸易等方面都发表了有影响的学术论文。各位作者在自己博士学位论文的基础上加以时空拓展，以全面展现一批主要港口城市及其经济腹地，描绘近代时期所发生的宏大经济变迁画卷。本丛书的出版，不仅可以进一步丰富近代中国历史地理研究的学术成果，也能为中国今天的经济建设实践提供扎实的实证基础和智力支持。值此丛书出版之际，谨对齐鲁书社的大力支持表示衷心的感谢！欢迎读者对本丛书提出宝贵的修改意见。

吴松弟

草于 2020 年 4 月 5 日

目 录

绪 论

绪论主要阐释与本书内容密切相关的基本概念、时空范围、学术积淀、基本史料、研究方法和内容框架等，集中展现了笔者进行研究的学术逻辑与理论基础，有助于读者理解把握本书的内容。

第一节　研究缘起和研究对象

1927 年 4 月国民政府定都后，南京进入近代史上所谓的"黄金十年"发展期。在 1927—1937 年的这十年时间里，在"首都建设，内崇国体，外系观瞻，实居全国建设之首要"① 精神的号召下，南京的道路、供水、供电等城市基础设施建设进展加快，而外来人口的大量涌入又使得土地的开发与利用进入一个相对集中的阶段。一些旧式建筑被修缮或重建，往昔的荒烟蔓草之地则渐成市廛，南京的城市空间由此得到了改造与拓展。本书聚焦这一过程，即对 1927—1937 年南京城市空间的形成做一探讨。

需要说明的是，城市空间是一个有着多重含义的概念，一般包括城市的物理空间、精神空间和社会空间。本书所谓的城市空间特指城市的物理空间，也就是基础设施、建筑物和人口较为集中的城市建成区。之所以选择研究这一问题，主要基于以下三个方面的考虑。

第一，从空间角度出发探讨 1927—1937 年南京城市发展与演变的研究

---

① 刘纪文：《积极建设首都之要旨》，载《首都市政公报》第 57 期，1930 年 4 月 15 日，言论，第 1 页。

目前相对较少。多数成果只是单纯从政府的角度出发，重点阐述这十年来在首都城市规划的指导下南京基础设施、公共建筑的种种进展，却忽视了从事土地开发与利用的广大群体，未能充分反映南京城市化过程的全貌。人们对首都城市规划、城市道路建设、私有土地征收、城市住宅分类等问题虽然也有专项研究，但基本上没有放在1927—1937年南京城市空间形成的整体过程中加以考察。因此本书尚有深入探讨的空间，也可以在一定程度上丰富和加深民国南京城市的研究。

第二，众所周知，城市的形成与发展具有一定的延续性，我们今天看到的城市，实际上是在过往城市的基础上发展演变而来的。就今天南京城市表现出来的景观风貌和脉络肌理而言，本书关注的1927—1937年虽然时间跨度不长，却是一个极为重要和关键的阶段。一方面，今天南京市内还较多地保留了这一时期的建筑物，而这十年间形成的一些较为典型的城市风貌区更是现今城市规划中极力要求保护的对象①；另一方面，尽管当时开辟的一些城北、城西道路（如中山北路、中央路、广州路、上海路、北平路等）沿线未能发育出可观的城市空间，但在1949年以后相当长的一段时间里，这些道路及其所组成的路网仍是南京城市空间发展的方向、轴线和框架，对南京城市的影响较为深远。因此，本书可以为今天南京城市空间的规划、发展、保护甚至是再利用提供一些历史基础和背景参考。

第三，1927—1937年南京城市空间的形成是一个各类群体广泛参与的过程。当时的南京作为国家首都，各类人等聚集，社会生态复杂，既有中央机关与地方政府，也有普通市民和房地产投资者，还有大量外来失业者和低收入者。因为涉及自身利益，在南京城市空间形成的过程中，这些群体之间不可避免地存在一些矛盾和冲突。日新月异、表面光鲜的城市发展背后，实际上问题重重。尽管现今的社会形势、形态和制度已与昔日完全不同，但从这一过程中总结经验、吸取教训，从而为今天的城市改造与城

---

① 南京市地方志编纂委员会编：《南京城市规划志》（下），江苏人民出版社2008年版，第457～465页。

市化建设提供借鉴，本书仍能发挥一定的作用。

就具体的研究内容而言，1927—1937 年，南京的城市空间在修建道路、管网、建筑的过程中，得到了一定程度的改造与拓展。尽管由于本身不具备近代上海租界那样完整的道契资料，加之地籍图册涉及大量私人信息无法获取而难以精确复原，但笔者在本书中仍尽可能地复原了南京在这十年间形成的城市空间的范围。就改造方面而言，对于在城南旧路基础上开辟道路造成的房屋重建情况，笔者可以根据南京路网的演化过程大致呈现出来。而对于南京城市空间的拓展范围，笔者根据掌握的不同资料，梳理南京路网的演化过程，把握城市空间的改造进度与拓展方向；分析土地征收和土地买卖的空间分布特征，了解城市空间潜在的拓展区域和地点；部分提取建筑执照的地点信息并绘制成图，观察南京城市空间的宏观拓展范围；阐述各类建筑和城市功能区的分布与演变情形，明晰南京城市空间结构的格局变化和主要特征等。

复原工作反映的仅仅是表面现象，1927—1937 年南京城市空间的形成必有一些深层次的因素和机制，也有一些问题值得我们思考。在 1927—1937 年南京城市空间形成的过程中，各类群体的作用与角色是什么？他们分别面临着哪些现实问题？群体之间的相互关系如何？土地开发与利用的绩效如何？官方设置的土地开发管控和规范措施有哪些，具体的实施效果又如何？影响和限制南京城市空间形成的因素又有哪些？回答好这些问题，我们才能更深刻地理解 1927—1937 年南京城市空间形成的复杂性。

另外需要说明的是，尽管 1927 年后南京的城市型政区面积较大，1934 年 9 月省市划界完成后市域面积又扩展了数倍，但 1927—1937 年城市空间的形成实际上主要发生在城墙以内，其余绝大部分地区虽有零星建筑，仍无法改变其乡村（农村）的本质。[①] 因此，笔者将本书中南京城市的具体范围限定在城墙及其邻近地域。

---

① 杨宙康：《视察新市区各乡之观感》，载《南京市政府公报》第 146 期，1934 年 10 月，第 105～106 页。

第二节　相关学术史回顾

一、民国时期的南京城市研究

南京作为当时的国家首都，在民国时期已经引起人们的相当关注。进入 20 世纪 30 年代后，陆续有一些研究成果出现。根据笔者的理解，这些成果可分为两类。一类是供给普通人群阅读的通俗读物，另一类则是学者针对当时南京面临的一些现实问题进行的调查和研究成果。

前者可以 1930 年李清悚、蒋恭晟编著的《首都乡土研究》为代表。作为"首都教育丛刊"和"首都中区实验学校编印丛书"中的一种，该书虽名为"研究"，实际上不过是一部关于南京的乡土教材，专供初级中学及小学高年级学生学习之用。该书以九章的篇幅，大致囊括了南京简史、形势、交通、名胜古迹、市政、物产、社会风俗、文化及农工商状况等内容，亦可算得上是当时南京城市的一部小百科全书，但其内容相对简单。[①] 1932 年，李、蒋二人又以几乎相同的内容重新编成《我们的首都教学大纲》一书，并由上海儿童书局出版发行。该书遂一跃成为全国通行的乡土课程教材。[②]

几乎同时，商务印书馆推出了一套介绍全国若干省份省情概况的普及性读物。南京虽早已于 1927 年 6 月脱离江苏省政府的管辖，成为直属于国民政府的特别市，1930 年 7 月后又成为隶属于国民政府行政院的院辖市，但《江苏省一瞥》仍辟出专章"我国的首都——南京市"，介绍了南京城市的基本情况，包括市政、人口、商业、风俗、娱乐等内容。[③] 不过，该书较低层次的阅读定位决定了相关内容的介绍与说明只能停留在通俗易懂的层面上，也颇为符合"一瞥"的书名。

---

① 李清悚、蒋恭晟主编：《首都乡土研究》，南京书店 1930 年版。
② 李清悚、蒋恭晟合编：《我们的首都教学大纲》，儿童书局 1932 年版。
③ 詹念祖编：《江苏省一瞥》，商务印书馆 1931 年版。

　　此外，中华书局自 1936 年起，陆续出版了由倪锡英编著的一套游记性质的《都市地理小丛书》，至 1939 年共发行 9 本，几乎包括当时国内最重要的都市。在编辑例言中，倪氏明言"本丛书专供中等学校学生学习地理时参考自习之用，可采作中学生之地理补充读物，兼可为一般人导游之指南"。因此，该书与前两本书一样，也属于较为通俗的一类读物。从《南京》一册的目次上看，所谓"紫金山下两大墓""南京两大湖""南京生活"等确是旅行者喜闻乐见的说法。该书关于南京城市道路、建筑、商业和生活习俗的一些记载颇为细致入微，具有一定的史料价值。① 相同名称的图书还有李劭青于 1936 年编著的《南京》一书，页数寥寥，蜻蜓点水般地介绍了南京的历史沿革、地理形势、辖域范围、人口风俗、工商物产、文化教育、水陆交通以及古迹名胜等，实为中华平民教育促进会发行的"平民读物"。②

　　除了这类种类和数量较多的通俗读物，针对 1927—1937 年南京城市在快速发展过程中暴露出来的一些现实问题，不少学者和学术团体开始陆续组织和进行一些不同主题的调查和研究。

　　中国近代史上第一个民间综合性科学团体——中国科学社于 1932 年编著出版了《科学的南京》一书。该书由 13 篇研究论文汇编而成，涵盖城市地理环境、气候与地质、城市用水、语言以及动植物等内容，为当时的首都城市规划、自来水发展计划以及城市生态建设等提供了可靠的理论基础和依据。③ 撰文者队伍当中不乏张其昀、竺可桢、赵元任、谢家荣这样的学术大家。不少论文如《南京之地理环境》《南京之气候》《南京音系》等，今天已成经典。值得一提的是，在 2015 年"南京传世名著"评选活动中，《科学的南京》成功入选，入选词称其"开创了研究南京气候、地质、动植物、矿物和方言渊源的先河"。

　　国民政府定都后，因外来人口大量涌入，南京的人口数量增长很快，

---

　　① 倪锡英：《南京》，中华书局 1936 年版。
　　② 李劭青编著：《南京》，中华平民教育促进会 1936 年版。
　　③ 中国科学社编印：《科学的南京》，1932 年。

这使得南京原本粮食就需依靠外来供应的局面和情势更为紧张。为了切实解决南京市民吃饭的大问题，实业部中央农业实验所等单位合作编写了《南京市之食粮与燃料》①。社会经济调查所组织的一批学者也在大量调研的基础上，编写完成了《南京粮食调查》一书，在对粮食供源范围、南京城市粮食市场、粮食交易习惯、粮食价格等问题进行剖析后，明确指出南京需要及早选择合适地点，以筹设规模较大、制度完备的粮食交易市场。②

伴随着首都建设的开展和城市空间的演进，自 20 世纪 30 年代开始，一些学者开始关注南京日益突出的土地问题以及由此引起的地价和房荒问题。这一时期，先后有几部较有分量的成果问世，如萧铮的《南京市的土地问题》③、万国鼎的《南京旗地问题》④、高信的《南京市之地价与地价税》⑤，连同收录在《民国二十年代中国大陆土地问题资料》⑥ 和《二十世纪三十年代国情调查报告》⑦ 中的一部分有关南京土地行政事务的调研日记和专题探讨，构成了一系列主题相近的研究成果。

与沿海、沿江通商大埠的迅猛发展相比，近代以来的发展滞后不但没能使南京的经济地位在区域中得到明显提升，反而使得其原先的支柱产业——丝织业、绸布业、缎锦业陷入衰落的窘境，大批的手工作坊关门歇业，不少以此为生者境遇惨淡。为了探讨产业衰落的深层次原因、挽救这一古老行业于水火之中，以便探索振兴南京不甚发达的城市经济之路，中央机关单位陆续组织相关人员在调研的基础上，编写了一系列相关调查报

---

① 实业部中央农业实验所等编著：《南京市之食粮与燃料》，1932 年。
② 社会经济调查所编：《南京粮食调查》，1935 年。
③ 萧铮：《南京市的土地问题》，载《南京市政府公报》第 140 期，1934 年 4 月 30 日，第 95～98 页。
④ 万国鼎编著：《南京旗地问题》，正中书局 1935 年版。
⑤ 高信编著：《南京市之地价与地价税》，正中书局 1935 年版。
⑥ 萧铮主编：《民国二十年代中国大陆土地问题资料》，成文出版社有限公司、（美国）中文资料中心 1977 年版。
⑦ 南京图书馆编：《二十世纪三十年代国情调查报告》，凤凰出版社 2012 年版。

告，较为知名的有《首都丝织业调查记》①、《南京缎锦业调查报告》② 等。

长期以来政治都市的根本性质使得南京城市工商业虽然在国府定都后有所发展，但规模终究有限，根本无法吸纳和消化更多的谋业者，在当时大量涌入南京的外来人口中，失业者、低收入者比比皆是。这一类过剩人口因为收入低微，在当时的南京过着非常惨淡的生活。中央大学和金陵女子文理学院社会学系的一些学者对这些生活在社会底层的庞大群体给予了特别关注。一批调查报告先后问世，其中比较著名的有《南京贫儿调查》③、《南京 49 个儿童小贩》④、《南京棚户家庭调查》⑤、《南京人力车夫生活的分析》⑥、《南京东瓜市与其附近之棚户调查》⑦ 等。

在二十世纪二三十年代市政基础设施建设和土地开发利用的浪潮里，南京城市面貌日新月异。因为建设的需要，许多古迹被人为破坏。时任中央大学经济系教授朱偰痛心于此，特别注意当时南京文物保护以及古迹的变迁和留存情况，正如他在《金陵古迹名胜影集序》中所述："余来金陵，适值新都建始之秋，街道改筑，房屋改建，地名改命，其间变化之繁，新旧递嬗之剧，实其他都城所罕有。新都之气象，固日新月异，然古迹之沦亡，文物之渐灭者，乃不可胜计。"⑧ 本着强烈的责任心，他在实地调研、摄影的基础上，佐以文献考证，完成了《金陵古迹图考》⑨ 和《建康兰陵六朝陵墓图考》⑩。这三部作品中的不少照片与文字是我们今天非常宝贵的城市记忆。而《金陵古迹图考》一书也于 2015 年成功入选"南京传世名著"。入选词称其"首次将西安、洛阳、北京和南京并称为中国'四大古都'"。

---

① 工商部技术厅、工商部总务司编辑科编著：《首都丝织业调查记》，1930 年。
② 国民经济建设运动委员会总会编著：《南京缎锦业调查报告》，1937 年。
③ 言心哲：《南京贫儿调查》，1934 年。
④ 金陵女子文理学院社会学系编著：《南京 49 个儿童小贩》，1935 年。
⑤ 吴文晖：《南京棚户家庭调查》，1935 年。
⑥ 言心哲编著：《南京人力车夫生活的分析》，1935 年。
⑦ 林玉文：《南京东瓜市与其附近之棚户调查》，1937 年。
⑧ 朱偰：《金陵古迹名胜影集》，商务印书馆 1936 年版。
⑨ 朱偰：《金陵古迹图考》，商务印书馆 1936 年版。
⑩ 朱偰：《建康兰陵六朝陵墓图考》，商务印书馆 1936 年版。

二、1949 年后的民国南京城市研究

中华人民共和国成立后，金陵女子大学地理系的赵松乔、白秀珍二人于 1950 年在《地理学报》上发表了《南京都市地理初步研究》一文。该文以实地调查为主，辅以统计资料，在论述南京地理环境与历史发展的基础上，着重剖析并阐释了南京城乡的构造及其功用，进而综合考虑各种因素，对新南京的建设提出了建议。①

1963 年，南京大学蒋赞初编写的《南京史话》出版。该书高屋建瓴，通过全景式的描述，对南京城市的历史发展和演变过程做了梳理，涉及历史、地理、经济、文学、宗教等方面。② 该书此后数次再版③，被公认为研究南京城市史的经典之作。

1973 年，当时的江苏省地理研究所编写了一本名为《江苏省城市历史变迁资料（初稿）》的内部出版物。总的来看，这本汇编性质的书籍尽管保留了不少民国南京城市建设的珍贵资料，但由于处在特殊的年代，其中的统计数据有不少存疑之处，使得该书的资料价值减色不少。④

总之，由于受到政治等因素的影响，这一阶段国内的学术研究无论是民国史还是城市史，大都处于一种近乎停滞的状态，而民国南京城市研究同样鲜有问津。

三、最近二三十年的民国南京城市研究

1984 年 5 月，首届中华民国史学术讨论会在南京召开。这次会议的举办消除了一些人对民国史研究的疑虑，鼓励更多学者跳出以往的樊笼，积

---

① 赵松乔、白秀珍：《南京都市地理初步研究》，载《地理学报》1950 年第 2 期。
② 蒋赞初编写：《南京史话》，中华书局 1963 年版。
③ 蒋赞初编写：《南京史话》（修订版），中华书局 1980 年版；蒋赞初编：《南京史话》，江苏人民出版社 1980 年版；蒋赞初：《南京史话》，南京出版社 1995 年版。
④ 江苏省地理研究所编：《江苏省城市历史变迁资料（初稿）》，1973 年，南京图书馆藏。

极从事民国史研究，从而为民国史研究的热潮奠定了坚实基础。① 而国内的近代城市史研究亦于此时起步发展。从 1986 年开始，关于近代上海、天津、武汉、重庆城市史的研究分别展开。相关专著亦陆续出版。② 如果说民国学者在研究南京城市问题时是从当时的现实需要出发的，那么在后人眼中，这些问题都已成为历史，因此运用各种学术理论，在分析具体问题的基础上，总结民国南京城市发展和转型的规律、经验与教训成了这些研究的根本主旨。

尽管在这前后关于近代南京城市的综合研究一直没能得到相关部门的重点立项，但这丝毫没有影响学者的研究热情。一些有关民国南京城市的研究成果开始不断地涌现，涉及的主题也日趋丰富和多样。这些研究成果大体可分为以下几种。

民国南京城市经济史。1990 年，南京市人民政府经济研究中心编辑出版了《南京经济史论文选》。该书收录了数篇研究 1927—1937 年南京城市不同经济史专题的论文，涉及手工业、工业、商业、金融、交通、房地产以及城市与周边乡村互动关系等内容。不少论文今天读来仍然很有见地。③ 此后，南京地方学者又花费数年时间完成了《南京经济史》（上、下）的编写工作。该书言简意赅地讲述了远古至当代南京经济发展的历史脉络和进程。近代篇中的"十年建设时期的南京经济"，用一定篇幅介绍了1927—1937 年南京城市经济的建设情形与发展状况，为后人了解"黄金十年"期间南京经济发展的表征和特点提供了便利。④ 吕华清主编的《南京港史》，其近代部分使用较为翔实的文献资料，着重描绘了 1899 年南京口

---

① 张宪文：《民国史研究述评》，载《历史研究》1995 年第 2 期。

② 熊月之、张生：《中国城市史研究综述（1986—2006）》，载《史林》2008 年第 1 期。

③ 南京市人民政府经济研究中心编：《南京经济史论文选》，南京出版社 1990 年版。

④ 南京市人民政府研究室编，陈胜利、茅家琦主编：《南京经济史》（上），中国农业科技出版社 1996 年版；南京市政府研究室编，陈胜利主编：《南京经济史》（下），中国农业科技出版社 1998 年版。

岸开埠以来下关港埠地带的贸易趋势、产业演进、市政建设、人口变迁，以及下关港埠与南京城市的互动关系等。[①] 1999 年是南京口岸开埠 100 周年，学界为此召开学术研讨会，集中探讨了下关开埠对民国南京政治经济地位和城市发展的影响，成果收录在《下关开埠与南京百年》一书中。其中陈蕴茜的《二三十年代南京城市现代化进程中的住宅变迁》一文，将当时的南京住宅分为房地产商经营的中高档住宅、市政府规划设计下的个人申领承建的新式住宅及市政府直接投资建设的平民住宅和棚户住宅三类，总结出了住宅经营的多元化模式。[②] 多年后，她在《国家权力、城市住宅与社会分层——以民国南京住宅建设为中心》一文中更进一步指出，民国南京住宅建设可被视为现代国家权力对城市空间控制与改造的一种方式，从而更加深刻地揭示了政治因素对城市发展施加的影响。[③]

民国南京城市规划史。台湾学者王俊雄的《国民政府时期南京首都计画之研究》以及《国民政府定都南京初期的〈首都计画〉》等文，详尽地梳理了 1928—1937 年南京国民政府制订和修订《首都计划》的全过程。王俊雄指出国民党内部不同派系间对权力的竞逐使首都城市规划多次更迭，而具体规划中隐含的"知识与权力"的关系又突出了国民政府希望通过城市规划表达国家意志和巩固自身统治的深层意图。在此基础上，王俊雄重新解释了近代中国都市计划与制度产生的原因与过程。[④] 熊浩的《南京近代城市规划研究》一文，通过对近代南京城市规划的整体考察，阐述了近代南京城市规划发展的历程，分析了影响其发展的各方面因素，厘清

---

① 吕华清主编：《南京港史》，人民交通出版社 1989 年版。
② 陈蕴茜：《二三十年代南京城市现代化进程中的住宅变迁》，见俞明主编《下关开埠与南京百年》，方志出版社 1999 年版。
③ 陈蕴茜：《国家权力、城市住宅与社会分层——以民国南京住宅建设为中心》，载《江苏社会科学》2011 年第 6 期。
④ 王俊雄：《国民政府时期南京首都计画之研究》，台湾成功大学 2002 年博士学位论文。王俊雄、孙全文、谢宏昌：《国民政府定都南京初期的〈首都计画〉》，载《新史学》2004 年第 1 期。

了南京城市近代转型及发展的脉络并总结了其特征。① 担任过南京市规划局局长的苏则民在其编著的《南京城市规划史稿》之《近代篇》中，记述了南京城市走向近代化和引进西方规划设计方法的过程，着重介绍了民国时期的《首都大计划》和《首都计划》等南京城市总体规划以及中山陵园等的详细规划和建筑设计等，分析并总结了民国时期南京城市规划的经验得失。② 与之内容相似的，还有《南京城市规划志》③。

民国南京城市建设史。南京市公路管理处于 1990 年编写出版的《南京近代公路史》一书较为系统地梳理了 1927—1937 年南京城市道路的修筑与开辟情况，保留了大量有关道路建设的珍贵资料。④ 经盛鸿的《日军大屠杀前的南京建设成就与社会风貌》一文，从 1937 年以前南京的市政规划与建设、经济建设、文教建设三个方面，论述并解读了 1927—1937 年南京城市的建设成就与社会风貌——山川秀美、绿树成荫、经济发展、市面繁荣、文教昌盛、历史文化古迹与现代化建筑交相辉映。⑤ 王瑞庆撰写的《1927 年—1937 年南京市征地补偿研究》及其发表的一系列论文，论述了 1927—1937 年南京城市建设过程中的土地征收补偿问题。王瑞庆在理论分析基础上的个案研究，较为全面地阐释了当时南京土地征收过程中的官民矛盾和解决措施，推动了城市土地制度的研究。⑥ 邢向前的《1927

---

① 熊浩：《南京近代城市规划研究》，武汉理工大学 2003 年硕士学位论文。

② 苏则民编著：《南京城市规划史稿 古代篇·近代篇》，中国建筑工业出版社 2008 年版。

③ 南京市地方志编纂委员会编：《南京城市规划志》，江苏人民出版社 2008 年版。

④ 江苏省南京市公路管理处史志编审委员会编著：《南京近代公路史》，江苏科学技术出版社 1990 年版。

⑤ 经盛鸿：《日军大屠杀前的南京建设成就与社会风貌》，载《南京社会科学》2009 年第 6 期。

⑥ 王瑞庆：《1927 年—1937 年南京市征地补偿研究》，南京师范大学 2008 年硕士学位论文；王瑞庆：《1927 年—1937 年南京市土地征收的地价补偿政策》，载《法制与社会》2008 年第 6 期；王瑞庆：《1927—1937 年南京市房屋拆迁问题述论》，载《社会科学战线》2008 年第 8 期；王瑞庆：《涨价归公与南京国民政府时期土地征收地价补偿研究》，载《中国社会经济史研究》2012 年第 1 期。

年—1937 年南京住宅建设问题研究》，立足于考察城市住宅问题，比较系统地阐述了南京市政府为缓解国民政府定都后人口激增导致的城市住房紧张问题所进行的一系列建设规划和具体措施，并对这十年间的南京住宅建设情形进行了正反两个方面的评价。①

民国南京城市管理史。王云骏的《民国南京城市社会管理》，主要探讨了 1927—1937 年南京城市管理中的社会管理情形，包括管理思想、地方自治、社会救济、人口管理、市民组织和社会团体几个方面，较为全面地阐述了当时南京城市社会管理的制度、内容、形式和效果。② 佟银霞的论文《刘纪文与民国时期南京市政建设及管理（1927—1930）》，在介绍民国南京城市建设历史背景的基础上，探讨了刘纪文在两任市长期间推动南京市政建设及加强市政管理的情形，强调个人在市政创新方面的重要作用。③ 曹伊清的《法制现代化视野中的清末房地产契证制度——以南京地区房地产契证为范本的分析》，以大量清末民初南京地区的房地产契证为例，介绍了社会转型期南京房地产契证的结构、特点、管理以及契证制度的作用，指出契证的法律性与公正性、信用意识和信用保证是清末民初"处于基本不变的状况"的南京房地产契证制度得以运行的根本保障。④

民国南京城市建筑史。刘先觉等主编的《中国近代建筑总览·南京篇》是较早关注民国南京城市建筑的研究成果。该书共收录民国建筑 190 处，在当时条件下已属难能可贵。⑤ 潘谷西主编的《南京的建筑》一书是一本比较通俗的读物，共收录了 28 处民国建筑。⑥ 进入 21 世纪后，卢海

① 邢向前：《1927 年—1937 年南京住宅建设问题研究》，南京师范大学 2012 年硕士学位论文。

② 王云骏：《民国南京城市社会管理》，江苏古籍出版社 2001 年版。

③ 佟银霞：《刘纪文与民国时期南京市政建设及管理（1927—1930）》，东北师范大学 2007 年硕士学位论文。

④ 曹伊清：《法制现代化视野中的清末房地产契证制度——以南京地区房地产契证为范本的分析》，法律出版社 2012 年版。

⑤ 刘先觉等主编：《中国近代建筑总览·南京篇》，中国建筑工业出版社 1992 年版。

⑥ 潘谷西主编：《南京的建筑》，南京出版社 1995 年版。

鸣等人编著的《南京民国建筑》采用历史照片、建筑图纸和文字说明相结合的方式，并结合实地调研，分门别类地介绍了 238 处南京民国建筑。该书所收南京民国建筑数量之多，超越前人。① 该书兼具学术性、资料性和可读性，可作为民国南京城市建筑方面的工具书使用。此后，卢海鸣在此领域继续深耕，以独立或合作的方式相继推出《南京民国官府史话》②、《南京民国建筑的故事》（上、下）③、《南京民国建筑》④，进一步深化了南京民国建筑的研究。

民国南京城市生活史。张斌的《1928—1937 年南京城市居民生活透析》一文，从社会生活史的角度，在调查统计的基础上，运用文献资料，综合分析了 1928—1937 年南京市民的家庭生活、物质生活和文化生活，指出政府与社会、市民间消极的互动导致南京社会错失良机，延缓了自身发展，使南京市民的生活未能得到本质提高。⑤ 曹燕的《民国时期南京饮食业研究》，则将目光聚焦于 1912—1949 年南京市民的饮食生活。在分阶段叙述南京饮食业的发展历程和各自特点后，该文对南京饮食与民国政治、经济的相互关系及其人文意义都有观照，指出饮食业是社会政治、经济、文化长期发展的结果，只有社会稳定、经济繁荣、文化进步，饮食业才能不断发展。⑥ 邱虹的《1927—1937 年南京影剧行业研究》，以"黄金十年"期间南京的影剧行业为研究对象，在概述其发展的基础上，寻找推动南京影剧行业发展的政治、经济、文化等方面的原因，并通过对具体电影剧目和话剧剧目内容的分析，总结出了该时期南京影剧与社会存在的互动关系。⑦ 李沛霖的《抗战前南京城市公共交通研究（1907—1937）》，全面考

① 卢海鸣、杨新华主编：《南京民国建筑》，南京大学出版社 2001 年版。
② 卢海鸣、刘晓宁、朱明编著：《南京民国官府史话》，南京出版社 2003 年版。
③ 叶皓主编：《南京民国建筑的故事》（上、下），南京出版社 2010 年版。
④ 卢海鸣：《南京民国建筑》，江苏凤凰美术出版社 2017 年版。
⑤ 张斌：《1928—1937 年南京城市居民生活透析》，吉林大学 2004 年硕士学位论文。
⑥ 曹燕：《民国时期南京饮食业研究》，南京师范大学 2008 年硕士学位论文。
⑦ 邱虹：《1927—1937 年南京影剧行业研究》，南京师范大学 2012 年硕士学位论文。

察了 1907—1937 年南京市内小铁路、公共汽车以及其他公共交通工具的运营情况，并系统地阐述了公共交通与人口流动、财政税收、城市管理、城市生活的紧密联系，反映了清末民国南京城市公共交通对城市近代化进程产生的影响和做出的贡献。①

民国南京城市文化史。陈蕴茜带领的团队近年来陆续发表了一系列有关民国南京城市"空间研究"的成果。② 他们在聚焦具体的城市物理空间的基础上，更为关注由此生发出的具有抽象意义的"文化空间"。根据笔者的理解，这一类以新文化人类学为理论基础的研究成果，大致遵循着"国家权力—空间重构—历史记忆—大众文化"的研究范式，反映出了空间背后深层的国家意志和权力控制，以及国家权力与大众文化相冲突的一面。这些成果以比较新颖的视角，开拓了民国南京城市研究的新领域。

民国南京城市地理。南京师范学院地理系江苏地理研究室于 1982 年编写完成了《江苏城市历史地理》。该书集中探讨了江苏城市形成发展和城市职能与结构变迁的历史过程，以及这一过程与城市所在地理位置、地理环境和交通形势发展特别是其所处的特定历史条件存在的关系。汪永泽、王庭槐撰写的《南京的变迁和发展》一文，从宏观上论述了南京城市的历史地理变迁过程。其中的"辛亥革命后的南京"部分，简要介绍了民国时期南京的河流、名胜、区划、人口、产业等内容。③ 姚亦锋在《南京城市地理变迁及现代景观》中，以南京所处的山川地理形势为基本出发点，分别论述了六朝、南唐、明代和民国时期南京城垣结构与地理环境的相互关

---

① 李沛霖：《抗战前南京城市公共交通研究（1907—1937）》，南京师范大学2012 年博士学位论文。

② 陈蕴茜、刘炜：《秦淮空间重构中的国家权力与大众文化——以民国时期南京废娼运动为中心的考察》，载《史林》2006 年第 6 期；陈蕴茜：《城市空间重构与现代知识体系的生产——以清末民国南京城为中心的考察》，载《学术月刊》2008 年第 12期；陈蕴茜：《空间维度下的中国城市史研究》，载《学术月刊》2009 年第 10 期；王楠、陈蕴茜：《烈士祠与民国时期辛亥革命记忆》，载《民国档案》2011 年第 3 期。

③ 汪永泽、王庭槐：《南京的变迁和发展》，见南京师范学院地理系江苏地理研究室编《江苏城市历史地理》，江苏科学技术出版社 1982 年版，第 1～30 页。

系以及城市景观的变迁。全书侧重运用功能分区法，对历代建都南京的王朝所建设的都城及其城市分区进行了详细考察。其中的"民国都城及其城市景观"部分着重介绍了民国时期的南京城市规划以及城市景观的形成过程。① 近来一些地理学者发表的论文②以 1927—1947 年南京不同年份的人口数据为基础，使用城市社会生态因子的分析手段，采用聚类分析的方法，分析了当时南京城市的社会空间结构及其变迁情况，为理解南京各类人群的分布和演变提供了莫大帮助。不过需要指出的是，这些基于数理模型的分析方法，总体上是将研究导入理想化、模糊化和抽象化。对于复杂多变的历史现象而言，运用这种分析手段和方法得出的结论有时缺乏一定的说服力。如在分析当时城北人口的聚类时，这些成果大多没有注意到城北各区之间往往也存在着较大的差异。

在这些分类研究的基础上，近年来关于民国南京城市的综合性研究明显增多。从研究体现的思路和运用的理论来看，这类研究成果大多强调使用城市现代化这一工具，在论述民国时期南京城市在各个方面发生变化和取得进步的基础上，侧重从不同角度探讨分析城市发生现代转型时遇到的种种问题和困境。

罗玲的《近代南京城市建设研究》，综合运用历史学、社会学、统计学、建筑学等方法，从城市规划、城市管理、城市建筑、城市市政、城市商业、城市风尚六个角度阐述了近代南京城市变化与发展的基本过程，指出南京城市近代化具有中学为体与西学为用、政府行为、城市景观贵族化的特征。③该书关于城市规划和市政的一些论述，在今天看来仍有参考和借鉴价值。而注重对中西方城市进行比较研究，则反映了作者开阔的视野。

① 姚亦锋：《南京城市地理变迁及现代景观》，南京大学出版社 2006 年版。
② 徐旳、朱喜钢：《近代南京城市社会空间结构变迁——基于 1929、1947 年南京城市人口数据的分析》，载《人文地理》2008 年第 6 期；宋伟轩、徐旳、王丽晔、朱喜钢：《近代南京城市社会空间结构——基于 1936 年南京城市人口调查数据的分析》，载《地理学报》2011 年第 6 期。
③ 罗玲：《近代南京城市建设研究》，南京大学出版社 1999 年版。

　　侯风云的《传统、机遇与变迁——南京城市现代化研究（1912—1937）》，可视作南京大学历史系自二十世纪八九十年代以来运用现代化理论探索长江下游城市近代转型轨迹的延续。作者在该书中，对1912—1937年南京城市的现代化进程进行了整体性研究。研究内容涉及经济、城建、教育、文化、社会生活等方面，突破了以往对南京现代化研究碎片化的瓶颈，指出城市与周边互动失衡、政治性城市的负面影响、传统文化中的消极因素和城市现代化发展外力不足，是影响近代南京城市转型的重要因素。①

　　吴聪萍的《南京1912——城市现代性的解读》，以现代性的视角研究民国时期的南京城市，从传统的断裂与现代性的生长、城市再生与意义的重构和现代性体验三个方面论述了1912—1937年南京城市的现代转型过程，强调了国家在南京城市早期现代化过程中扮演的决定性角色以及对城市现代性因素增长起到的推动作用，同时指出这种"强国家、弱社会"背景下的城市现代化进程存在着一定的弊端。②

　　于静的《近代南京城市公园研究》，系统梳理了1937年以前南京城市公园的诞生及发展情况；认为南京作为传统的政治城市，其公园建设也由政治权力主导，形成了简单的城市公园系统以及以公园管理处为主、工务局和财务局等分工合作的管理模式。政治权力还试图将公园塑造成社会政治教化的平台，但民众对公园的认知并不完全受政治权力的主导。民众既是公园的享受者、欣赏者，也是公园的监督者、批判者，并间接成为公园建设的参与者。③

　　董佳的《民国首都南京的营造政治与现代想象（1927—1937）》，从政治都市的现实切入，梳理了"黄金十年"期间影响和制约南京城市建设发展的政治因素，重点探讨了国民党派系倾轧、官方市政立场与官民矛盾、

　　①　侯风云：《传统、机遇与变迁——南京城市现代化研究（1912—1937）》，人民出版社2010年版。
　　②　吴聪萍：《南京1912——城市现代性的解读》，东南大学出版社2011年版。
　　③　于静：《近代南京城市公园研究》，南京大学2013年博士学位论文。

省市权限争夺与划界纠纷等对南京城市现代化带来的影响，揭示了近代中国城市政治性而非商业性的特点，展示了中国近代城市在发展过程中有别于西方城市的根本特征。①

通过以上回顾可以看出，学者们对于民国南京城市的研究，涵盖的主题和内容较为丰富，研究视野和方法也在不断拓展中。总体而言，相对于从政治、经济、社会、文化等方面进行的研究，从时空两个角度探讨1927—1937年南京城市空间形成的研究还较薄弱。已有的成果大多比较粗线条，仅仅从宏观上说明了南京城市空间在此十年间由南向北的演进轨迹，并未细致探讨其复杂、曲折的空间形成过程和背后的制约因素，值得深入研究的问题还有很多。

第三节 使用的资料

笔者在本书中使用的资料主要有政府出版物、档案与资料汇编、报刊、地方志与地方文献、地图等。②

一、政府出版物

这里使用的政府出版物主要有1927—1937年南京市政府秘书处编辑出版的南京市政公报，以及其他机关的一些出版物。

1927年6月至1937年6月，南京市政公报共计出版178期。在整整十年的时间内，南京市政公报一共使用过《南京特别市市政府公报》《南京特别市市政公报补编》《南京特别市市政公报》《首都市政公报》《南京市政府公报》五个不同的名称。

1927年6月初，南京特别市市政府成立后不久，就开始了《南京特别市市政府公报》的编辑工作，并于当月出版了第1号。1927年8月30日

---

① 董佳：《民国首都南京的营造政治与现代想象（1927—1937）》，江苏人民出版社2014年版。

② 笔者在引用民国文献时，为尊重底本原貌，照录底本，对旧字形等未作修改。

何民魂就任南京特别市市长后，秘书处开始编辑出版《南京特别市市政公报》，于同年9月出版第1期。原定计划按月刊行，但从第2期开始，为了便于传送市政消息，改为每半月发行一期①，分别于每月十五日及月底出版。从1928年10月15日第21期起，《南京特别市市政公报》改名为《首都市政公报》，仍为半月刊，内容、体例稍加变更。与此同时，南京特别市政府秘书处又将市长刘纪文在1927年4月至1927年8月任职期间的市政舆情汇编成《南京特别市市政公报补编》，于1928年10月补印发行，从而填补了此时段内的空白。自1930年7月1日起，南京特别市改称南京市，因此从1931年9月15日第91期开始，《首都市政公报》更名为《南京市政府公报》，内容、体例亦有所变化。

南京市政公报包含的内容非常丰富，常设的栏目有计划、言论、特载、专载、纪事、例规、公牍、市政会议录、报告、调查等，集中反映了1927—1937年南京市政府的施政理念、市政计划、建设绩效、发展状况等，是1927—1937年南京城市研究的重要资料。②在本书中，笔者充分使用了南京市政公报中的各类公牍，通过阅读和剖析大量公牍，从中获取了相当数量的案例，有利于研究的精细化。

除此以外，当时一些机关单位也先后编印过不少出版物。如内政部的《内政公报》、建设委员会的《建设公报》、首都建设委员会的《首都建设》、首都警察厅的《首都户口统计报告》、南京市政府秘书处的《新南京》《十年来之南京》、工务局的《南京特别市工务局年刊》《南京市工务报告》、土地局的《南京市土地行政概况》《南京市土地行政》、社会局的《南京社会》《南京社会统计资料》等。除文字外，这些出版物还存有不少图片资料。由于都是由专门负责具体工作的机关编辑出版，故其内容大多可靠、详尽。

---

① 《本报特别启事》，载《南京特别市市政公报》第2期，1927年10月15日。
② 以上内容根据夏蓓撰写的《金陵全书》（丙编·档案类）"南京《市政公报》内容提要"。

二、档案与资料汇编

　　档案与资料汇编也是笔者在本书中着重使用的。档案资料主要来自南京市档案馆、南京市城市建设档案馆和上海市档案馆。笔者使用的资料汇编主要有《民国二十年代中国大陆土地问题资料》《二十世纪三十年代国情调查报告》《抗战前国家建设史料——首都建设》三种。

　　南京市档案馆目前藏有比较完整的 1927—1937 年南京市政府秘书处及下属主要机关单位的档案资料，共计 11 个全宗。笔者在研究中主要使用了秘书处、财政局、工务局、社会局、土地局和筑路摊费审查委员会的档案，其中又以秘书处、工务局和土地局的档案为重点。

　　笔者经过仔细核对发现，南京市档案馆原先所藏的部分工务类档案已经分批转移到了南京城市建设档案馆。这部分档案主要记载了当时南京道路建设的情况，特别值得一提的是这批档案中还有数张道路施工图纸。在分析案例时，这些资料显得非常有价值。

　　由于 1927—1937 年期间的南京银行多为总部设在上海的银行所开办的分支行，故上海档案馆保存了一批南京分支行向总行汇报工作的档案。其中不乏关于南京市面经济情形、银行界投资南京房地产以及银行业在南京设行及发展情形的统计和描述，为本书的相关论述提供了有力的支撑。

　　《民国二十年代中国大陆土地问题资料》和《二十世纪三十年代国情调查报告》是 20 世纪 30 年代中央政治学校学生实习调研报告和专题研究的汇编，两套资料共同构成了当时"中央政治学校调查报告"的全部内容。其中与南京相关的数册不仅记载了作者的所见所闻和对南京市政的观感，同时保留了大批关于南京市政、土地、房产、警务、民事等方面的资料。

　　《抗战前国家建设史料——首都建设》共分 3 册，分首都建设概述、中央关于首都建设之决议、国民政府与首都建设、总理陵园之建设与管理、首都建设委员会之策划与推行、首都市政建设和专载 7 个专题，收录了大量关于 1927—1937 年南京城市建设的计划、方案和成就的资料，关于新住宅区规划与建设的资料等尤为珍贵。

三、报刊

由于传递消息较快捷和迅速，报纸遂成为近代史研究中不可或缺的基本资料。笔者在研究时使用的报纸主要有《申报》和《中央日报》两种。二者在时间上恰好形成了互补。

随《申报》附送的《首都市政周刊》，自 1928 年元旦开始发行第 1 期，至 1929 年 8 月 26 日，共发行了 84 期。该刊每期刊载内容丰富，对南京市政、社会、工务、土地等方面的记载尤为详细。

《中央日报》是国民党的中央机关报，1928 年 2 月 1 日创刊于上海，一年之后迁至南京出版。除非常时期和法定假日外，几乎每天辟有版面专门刊载南京新闻，直至 1937 年 12 月 13 日因南京沦陷而停刊。值得一提的是，《中央日报》拥有许多主题各异的副刊，其中的《地政周刊》《南京市政》《贡献》等为笔者的研究提供了帮助。此外，该报还有大量信息丰富的各类广告，也是不容忽视的珍贵资料。

笔者在研究时使用的期刊主要有《交通杂志》《道路月刊》《地政月刊》《时事月报》《市政评论》《是非公论》《时代公论》《东方杂志》等。这些期刊中的一些文章记叙了当时南京存在的一些现实问题，涉及土地分配、高额房租、首都房荒等，是极具价值的资料。

四、地方志与地方文献

南京历史悠久，文化繁荣，留存至今的地方志和地方文献蔚为大观，记载了不同时代南京史地、政治、经济、文化、社会、民俗等方面的情况。

笔者在研究时使用和参考的地方志主要有：陈作霖、陈诒绂父子所撰的《金陵琐志》，内含《运渎桥道小志》《凤麓小志》《东城志略》《钟南淮北区域志》《石城山志》等，是详尽了解晚清民初南京城市各个区域的地情资料；徐寿卿编纂的《新南京志》，与编修于宣统年间的《金陵杂志》和北洋时期的《金陵杂志续集》一脉相承，体例相似，内容则进一步更新，是了解国民政府定都初期南京城市的珍贵资料；王焕镳编纂的《首都

志》，记载的门类更为齐全，凡南京的沿革、疆域、城垣、街道、山陵、水道、气候、户口、官制、警政、自治、财政、司法、教育、兵备、交通、外交、食货、礼俗、方言、宗教、艺文等皆有涉及，堪称一部集大成之作。此外，南京市文献委员会还于1947年前后编纂出版了《南京》，作为原计划中的《南京市志》的简化版。这些地方志的作用在于提纲挈领地梳理了南京城市发展的各个方面，而正文引注的大量其他资料又可以使笔者掌握更多的文献。

所用地方文献主要有明代顾起元的《客座赘语》、清代甘熙的《白下琐言》、民国陈乃勋与杜福堃编纂的《新京备乘》等。这些文献对南京的建置、山水、古迹、街坊、风俗、掌故等多有记载，丰富和加深了笔者对不同时代南京城市的认识和理解。

五、地图

地图作为文字的补充，可以直观地反映研究内容，是从事历史地理研究必备的资料，也是辅助笔者进行地理定位和观察城市景观变迁极为重要的标准和参考。

本书使用的地图，一部分来自南京市档案馆，如南京市档案馆收藏的1927—1937年的南京城市地图，具体如1929年的《首都城市全图》、1933年的《南京市有关地区详图》、1937年的《新南京市实测详图》等；一部分来自网络，如中国台湾的数位典藏与数位学习成果入口网站、日本京都大学人文科学研究所附属汉字情报研究中心网站以及网络地图资料馆网站等收藏之地图。笔者在使用时，有时直接采用贴图的方式，有时酌情在原图基础上改绘。

第四节　研究思路与研究方法

一、研究思路

1927—1937年南京城市空间的形成过程实际上包括改造与拓展两个过程。从现代景观生态学的角度看，对于后者而言，其最为明显的特征之一便是土地利用方式由农业向各类城市用地转化，即由以半自然的农业生态系统为主的乡村景观演变为以人工生态系统为主的城市景观①；而前者可称之为对原先各类城市用地的优化。从这一角度出发，围绕着土地的开发与利用问题，似乎可以找到一些共通之处。同时，近来学界关于近代上海租界城市化和景观变迁的许多成果，都证明了通过分析土地利用方式的转变过程来研究城市空间的生成和拓展具有相当的可行性，从而为笔者研究思路的形成提供了富有价值的参考和借鉴。

基于以上思考，笔者将围绕着 1927—1937 年南京城市空间形成过程中最为核心的土地开发与利用问题，分别就开发利用的基础——南京城市路网的改造、开发利用的前提——土地产权的转移、开发利用的要求——建筑的管控与规范措施、开发利用的程度——各种影响和限制因素等展开论述。笔者试图通过论述这些内容，全面反映 1927—1937 年南京城市空间形成过程中各类群体面临的现实问题和群体间的利益冲突，以更为深刻地理解和认识这十年间南京城市空间形成的复杂性以及主要的影响和制约因素。

笔者选取南京近代城市史上极有意义的"黄金十年"，论述其城市空间形成的整体过程。其中对土地开发与利用各类群体的关注，与以往的研究大多单纯从政府角度出发考察研究民国时期南京的城市规划与建设相比，思考的广度和深度都有所增加。以往的成果多侧重关注南京各类土地业主建筑房屋的缘由和动机。笔者则反向从多个角度考察和分析了影响和限制 1927—1937 年南京土地开发与利用的因素，从而更为全面地把握了南京城市空间形成的复杂性。笔者在本书中，注意选取较为丰富多样的案例，采用实证研究的方式，增加了研究的客观性和可信度；同时注意从研究中总结出对当今城市改造及城市化的启示，以更好地为现实服务。

二、研究方法

笔者在本书中使用的研究方法主要有历史学方法、地理学方法、社会

---

① 张晓虹、孙涛：《城市空间的生产——以近代上海江湾五角场地区的城市化为例》，载《地理科学》2011 年第 10 期。

学方法和统计学方法。

1. 历史学方法

目前学界的主流观点认为，历史地理学在学科属性上属于地理学范畴。尽管如此，由于涉及的地理问题是发生在历史时期的，因此在进行具体的研究时，往往要将历史学方法放在第一位。笔者旨在通过阅读、解析大量有关民国时期的文献，宏观把握 1927—1937 年南京城市发展的基本面貌与特征，在立足于复原和重现"城市路网改造—土地产权转移—公私房屋建造"这一框架下之若干史实的基础上，进一步探讨相关问题。可以说，历史学方法是笔者进行实证研究的基础。

2. 地理学方法

为了更好地从时空两个维度理解 1927—1937 年南京城市空间的变化，笔者有意识地使用了描述空间过程的地理学方法。如在论述南京路网的演化过程、土地产权转移的空间分布、房屋建筑的时空分布等问题方面，地理学方法都可以发挥其优势。尽管受限于资料的精细程度，本书在若干地物空间过程的展示上，可能显得比较简单和粗略，但地理学的研究思路与方法始终贯穿全书。

3. 社会学方法

城市是由不同的社会群体构成的，因此关于城市的研究，无论是近代还是当代，事实上都无法回避社会问题。笔者在探讨 1927—1937 年各类群体在南京城市空间形成过程中面临的现实问题和群体间的利益冲突、土地开发与利用的限制和影响因素时，注意到其中存在的一些社会矛盾，而这些矛盾直接导致了当时诸如房荒和房租过高等社会问题。笔者在研究这些问题时，需要用相应的方法剖析、解读。

4. 统计学方法

统计学方法也是笔者着重使用的方法之一。这在本书中主要表现在对开辟道路摊费、土地征收规模、土地买卖数量、新建公私房屋面积与造价等的统计与分析上。这一方面更为直接地反映出了 1927—1937 年南京城市空间的规模，另一方面也增加了研究的可信度和准确性。

第一章　明代以来南京城市空间的演变

"江南佳丽地，金陵帝王州。"南京地处南北之中，自然环境优越，山川形胜自古便为人所称颂。"钟山龙盘，石头虎踞"，加上秦淮、青溪、燕雀等水体，这种"钟毓一处"的天工使得历史上在此建都的朝代，大体都遵循着其地理形势营造都城格局和城市景观。六朝时期的建康城，都城范围北界不过鼓楼岗，南面则未将秦淮水系纳入。及至南唐，跨秦淮立市，都城位置南移，规模更为宏大。明朝建都后，南京第一次成为统一王朝的都城。经过明初二十多年的营建，不仅都城的规模远超前代，城市的基本格局亦对后世产生了深远影响。

第一节　明清南京城市的发展轨迹

一、明代南京城市的功能分区

明初，政府在南京营建了四重城垣。其中的京城城墙，即四重城垣由里向外的第三道城垣，规模空前。不仅将原先的六朝都城和南唐都城囊括在内，还依据当时的地理形势，在东、北两个方向做了较大规模的延伸和拓展，其范围"东连钟山，西据石头，南阻长干，北带后湖，凡周六十有一里"①。

与此同时，为了适应统治的需要，明朝政府通过人为设置和自然沿用

———————————

① 叶楚伧、柳诒徵主编，王焕镳编纂：《首都志》卷一《城垣》，正中书局 1935年版，第 74 页。

的方式，在京城城墙范围内形成了若干区域。这些区域功能各异，发展程度存在差异，城市景观也有明显差别。如"大内百司庶府之所蟠亘"的城东政治区，为新营建的区域，显示了当时君权神授、官贵民贱的神圣性；"世胄宦族之所都居"的秦淮沿线官绅区，占据了临近市廛、风景优雅的舒适地段，体现了政府对他们的酬赏和优待；"京兆赤县之所弹压也，百货聚焉"的城南商业区，则是为满足政府随时役使和大批官僚的靡费需要服务的。① 后两区在范围上存在一定重合，大致北起冶城、南至聚宝门、西抵三山门、东止大中桥，延续了宋元以来的发展趋势，仍是当时南京城内人口密度最大、建筑最为集中、商业最为繁华的区域。"武弁中涓之所群萃，太学生徒之所州处"的鼓楼、北门桥以至西华门围合的区域，由于有国子监、小校场的设置，故尚有一定程度的发展；而鼓楼以北的广大区域，人烟稀少，地多旷土，发展程度最低。

二、清代南京城市的由盛转衰

清代，南京城东的明皇城旧址被改建为满城（驻防城），专供八旗军及其家眷居住，与汉人居住的主城之间仅靠北安、西华、小门三门出入。②

由于历史发展的惯性，在入清后的较长一段时间里，大中桥至三山门一线以南的城南依旧是南京最为繁盛的区域。生活在嘉道之际的甘熙曾对城南最为繁盛的地域——"十里秦淮"的景象有过如下描述：

> 秦淮由东水关入城，出西水关为正河，其由斗门桥至笪桥为运渎，由笪桥至淮清桥为青溪，皆与秦淮合，四面潆洄，形如玉带，故周围数十里间，闾阎万千，商贾云集，最为繁盛。③

---

① 范金民、杨国庆、万朝林等编著：《南京通史·明代卷》，南京出版社 2012 年版，第 2～3 页。

② 夏维中、张铁宝、王刚等编著：《南京通史·清代卷》，南京出版社 2014 年版，第 3～4 页。

③ 〔清〕甘熙撰，邓振明点校：《白下琐言》卷八，南京出版社 2007 年版，第 143 页。

与此同时，清代平民的生活区已较明代向北推进，北门桥一带成为重要的交通节点和商品交易市场。而北门桥以西、以北的广大地区，仍有不少水田，虽有道路但行人稀少。①

令人唏嘘的是，承平日久、富庶繁荣的江南地区在太平天国战事的严重打击下遭受重创，南京亦未能幸免。南京城市经济一蹶不振，城市面貌亦变得极为衰败，"一经太平军兵燹后，昔日精华，付之一炬，瓦砾遍野"②。其中变化最大、最令人触目惊心的，便是城东明故宫（驻防城）一带，"沿复成桥以迄明御河水流域，今犹颓垣败瓦，弥望苍凉，烽烟既息，疮痍未收"③。在近代以来全国沿海、沿江通商大埠迅猛发展的同时，南京屡屡遭受的兵燹摧残，不仅使城市演进的轨迹由盛转衰，而且是南京发展相对滞后不容忽视的重要原因之一。

第二节　清末以来南京新城市空间的生成

进入 20 世纪后，南京最为突出的变化无疑是处于港埠地带的下关地区的迅速崛起。这一变化不但使南京之前衰败的经济略有起色，还使下关成长为南京新的城市空间。

下关作为南京的港埠，具有较为深厚的历史积淀。根据前人的研究，经过杨吴筑城对南京城内水系的改造以及宋元以来南京江岸形势的变迁，一批沿江分布的港湾（如大胜港、江东门、上新河、中新河、龙江等）在明代时兴起，并逐渐取代了传统秦淮河沿岸河渠码头的地位，其中尤以上新河和龙江两处最为繁盛。顾起元曾记载道，"城外惟上新河、龙江关二处为商帆贾舶所鳞辏"④。

---

① 薛冰：《南京城市史》，东南大学出版社 2015 年版，第 145～146 页。

② 邓启东：《豁蒙楼上话南京》，见丁帆选编《江城子——名人笔下的老南京》，北京出版社 1999 年版，第 140 页。

③ 陈诒绂撰：《金陵琐志九种·钟南淮北区域志》，南京出版社 2008 年版，第 357 页。

④ 〔明〕顾起元撰，吴福林点校：《客座赘语》卷一《市井》，南京出版社 2009 年版，第 21 页。

龙江地处仪凤门外，范围大致在下关三汊河到宝塔桥一带。由于地势便于泊船和附近有两处入江水道，该处遂成为南京的水陆要津，很快便形成了舟楫辐辏的局面。明代在此地设有抽分税关，虽然清代龙江、西新两关的关署不在此，但仍在此处设有若干个税口。而清代中期本地士绅在此创设救生局，恰恰是其作为重要过江渡口的直接反映。

近代以后，西方列强凭借武力，强迫清政府签订了一系列不平等条约，要求开放沿海、沿江的通商口岸，为其商品输入和经济侵略提供便利。1858 年的中法《天津条约》明确要求增开南京为通商口岸，但太平天国战事带来的毁灭性打击致使南京城市破败不堪、经济极为衰退，进出的商品数量亦非常有限。根据笔者统计，从同治到光绪初期，两江总督先后八次奏请暂停开征龙江、西新两关税收，商情如此萧索，故列强不得不决定暂时搁置开埠事宜。

尽管南京没有正式开埠，中外轮船也不允许在此装卸货物，但进入十九世纪六七十年代后，由于上下游的汉口、九江、芜湖、镇江等口岸已先后开埠，驶经南京港区的中外轮船日渐增加，一批中外轮船公司遂以小船驳运旅客上下，开始办理客运业务。为了扩展业务，除根据清政府命令不得设立码头外，各家轮船公司纷纷在下关购地或租地建屋，开设棚栈，没过多久，"图利便来搭者日多，商旅往来者亦复不少"。为了改善港埠的基础设施并促进南京城市的发展，两江总督张之洞、刘坤一于 1895 年前后先后主持修筑由下关通往通济门的马路，"南皮见省垣凋敝，亟思兴复旧规。城中可筑路通车马者，起自下关江沿，入仪凤门，经鼓楼过成贤街，拟迄四象桥以东。四象桥人极丛密，路宽筑必多毁民居。会工未竣，新宁自榆关归，以毁民居不便，改道从花牌楼东迤至通济门止者，凡十有五六里"①，专供马车行驶。这条马路在一定程度上沟通了下关与南京城内的联系，改善了港口的集散条件，并为日后开办轮船货运打下了基础。由于来

---

① 〔清〕吴鸣麒：《种柳碑记》，见〔清〕陶炽昌编《杨军门江南善政前后汇录》，光绪二十八年刻本，南京图书馆藏。

往旅客增多，一些旅馆、酒肆、戏院、商行等也渐次在港埠附近出现，对下关商市的繁荣起到了关键作用。① 可以说，下关地区在南京未开埠以前，实际上已经具备了一定的发展基础。

1899 年的《修改长江通商章程》宣告南京正式对外开埠通商，同时明确将商埠地点划定在仪凤门外下关地方。为了发展货运业务，各外商如怡和、太古、大阪、瑞记、美最时等通过大量租赁土地，纷纷抢占沿江的有利位置，并建造轮船码头及一些配套设施，使得港埠地带迅速拓展。与此同时，为了改善下关的居住、交通等条件，以此安定外商就地建屋，防止其进入南京城内，清政府开始有计划地进行一系列与港口配套的市政建设，先后修筑了沿江马路、大马路、二马路等道路，在惠民河上架设数座桥梁以利交通，并尝试多次巩固沿江岸线。②

沪宁、津浦铁路于 1908 年、1912 年相继通车，加之在此期间建成的宁省铁路，使得下关一跃成为南京的水陆交通枢纽；许多关联行业如报关业、转运业、运输业等亦开始落地生根、蓬勃发展；加之电报局、邮政局的先后设置，以及大量客运流、货运流的形成和集聚，这些都极大地促进了下关地区的发展。经过十余年的时间，因为原先的地域范围有限，商埠局甚至开始通过填平水塘、河道、洼地等，以求获取更多的土地，用来开辟新的街市。如当时曾填平小郎河，由此形成了黄泥滩滩地，商埠局将其租予附近市民用以建筑简陋房屋。③

根据《金陵杂志》的记载，下关市面在清末时就已非常热闹，其中江口一带集中了大观楼、第一楼、大方栈、鼎升栈、商务旅馆、同益公、萧家客栈、大通栈、三益公等多家旅馆、客栈，不少商家还同时兼营中西菜品和茶馆生意。④ 根据日本东亚同文会的调查，进入民国后，下关的西式

---

① 吕华清主编：《南京港史》，人民交通出版社 1989 年版，第 105 页。
② 吕华清主编：《南京港史》，人民交通出版社 1989 年版，第 105～121 页。
③ 《不准标卖下关黄泥滩地案》，载《首都市政公报》第 31 期，1929 年 3 月 15 日，公牍，第 52～53 页。
④ 徐寿卿：《金陵杂志》，南京出版社 2013 年版。

建筑物数量较多，投资规模较大的商行亦为数不少，地域面积虽不过百余亩，人口数量却高达 15000 人。旅馆、茶馆、菜馆、戏馆、妓馆、浴堂、洋杂货铺等鳞次栉比。惠民河两岸的街市为最繁盛之处，包括商埠街、鲜鱼巷、永宁街、大马路、二马路等在内，其中一些街市当时就已经设有多家银行。①周作人在过访下关后，明确表示"下关乃是轮船码头，有相当的店铺市街，所以是颇为方便的"②。而在距离下关最热闹之处不远的宝塔桥一带，英商韦氏兄弟投资经营的和记码头和洋行也已经具备了一定的规模，"西行二里许，经宝塔桥，桥畔有公司，广厦万间，畜牛羊等以制罐头食物。牛乳牛油，获利数百万"③。

与此同时，尽管清政府想要将外国人限制在下关地区，但他们以该处"低洼潮湿，无屋可租"为借口，不仅各国领事在取得清政府的同意后得以进入城内，不少外商、传教士也趁机挤入。这些外国人在入城后，以永租的方式取得了大量土地。根据统计，清末民初时，美国教会和企业在南京有永租地 144 处，计 2105 亩；英国教会和企业有永租地 34 处，计 1028 亩；法、意、德、荷、加等侨民有永租地 43 处，计 360 亩。④

在获取土地后，英、美、德、日等国在城北至鼓楼一线建造领事馆，"其大马路则自仪凤门穿鼓楼，两旁柳树交阴，暑天以便行人，其间有英、德等国领事府"⑤。美国、英国等教会在干河沿以北至鼓楼岗附近开办学校，"有美国所设汇文书院，今改为金陵大学堂，与马林医院、英女士贵

---

① ［日］东亚同文会编纂：《中国省别全志·江苏省》，1920 年，第 92～94 页。
② 周作人：《南京下关》，见蔡玉洗主编《南京情调》，江苏文艺出版社 2000 年版，第 66 页。
③ 单鹤：《燕子矶岩山十二洞游记》，见蔡玉洗主编《南京情调》，江苏文艺出版社 2000 年版，第 200 页。
④ 曹伊清：《法制现代化视野中的清末房地产契证制度——以南京地区房地产契证为范本的分析》，法律出版社 2012 年版，第 272 页。根据《中国省别全志·江苏省》的记载，包括贵格会、来复会、长老会、基督会、青年会、美以美会等在内的教会先后在南京传教，并创办学校、医院等附属事业。
⑤ 陈诒绂撰：《金陵琐志九种·钟南淮北区域志》，南京出版社 2008 年版，第 383 页。

格书院相鼎峙也"①。清末教育改革以来，中国人在鼓楼一带及其以北地区亦设置了数所学校，如三江师范学堂、江南商业学堂、江南水师学堂、江南陆师学堂、暨南学校等，这标志着城北土地开始得到一些比较零散的开发。之所以说比较零散、不成规模，是因为此地直到北洋时期由鼓楼附近的大钟亭四望，还呈现出"亭外皆野田，空气甚爽"的状况，而"由鼓楼东北行，出神策门，计程约八九里……道两旁多农田、竹林、池沼，风景甚丽"②，仍是一派比较原始的田野风光。

另外值得一说的是清末建造于城北三牌楼一带的南洋劝业会场。根据《金陵关十年报告》的记载：在南京划出一块方圆七里的土地作为劝业会的会场，规划了场地，建造了展厅，配备了一座发电站。每个省份都分配到一座展厅，有分开设置的消防队、一所医院（提供中西药）、三十家商铺以及三十处娱乐场所。宁省铁路为劝业会特意开设了一个站点，会场附近的道路得到修理和拓宽。在会场主要入口处的外面，出现了私人企业建造的商铺、戏院、露天影院等。地面上摆放了一套缩微铁路模型，另外还有一些其他吸引观众的小物品。③

这座精心建造的、面积达一千余亩的劝业会场是当时城北土地较大规模开发的一个有益尝试。遗憾的是虽风光一时，但不数年就已破败不堪、无人问津。1914 年前后，张梅庵前去参观，对其萧条情形感叹道："西去数百步之遥，即劝业会场。地址颇大。惜崇楼巨馆，几无遗迹。水亭与纪念塔尚存，然弃置不修，将就倾圮。说者谓将为故宫之第二，是言不诬也。"④

进入民国后，国内的不少城市都得到了较快发展，命运多舛的南京却因屡受军事、政局的影响，城市面貌和市政设施总体上进步有限。根据记

---

① 陈诒绂撰：《金陵琐志九种·石城山志》，南京出版社 2008 年版，第 404 页。

② 王桐龄：《江浙旅行记》，1928 年，第 19 页、第 22 页。

③ 金陵关税务司编：《金陵关十年报告》，南京出版社 2014 年版，第 76 页。

④ 张梅庵：《金陵一周记》，见丁帆选编《江城子——名人笔下的老南京》，北京出版社 1999 年版，第 16 页。

载，"民二以降，久为军阀盘踞，关于市政事项，仅由警厅及马路工程局负责，直至十四年，韩国钧任苏长时，始有市政公所之筹备，后有市政督办公署之筹设，惟均因故未能成立。溯自清末至民国十五年，南京市政，皆在因循苟且之中"①，城市空间亦未发生明显的变化。

通过以上介绍可知，在1927年4月国民政府定都以前，南京"仅城南一带，居民丛集，市面尚称热闹，至花牌楼以北，直至下关，其间除鼓楼、北门桥及三牌楼等处，居民较多外，类多荒丘废冢，村舍零星"②。需要说明的是，下关虽然也是人口密集、市面繁华之区，但因位于城墙以外，偏居一隅，与传统的南京城市间隔相当一段距离，当时的人似乎多将其视作"飞地"，这可能是上述文字未将其列入热闹之处的原因。

尽管城南的人口、商肆集中，如三山街、花市大街、南门大街一线，以经营本地名产绸布、锦缎以及药材为主；黑廊街、坊口街、油市大街、水西门大街一线，热闹程度次之，主要经营绸布业和屠宰业；中正街作为宁省铁路终点，附近人车往来极多，商户、会馆、官衙和学校数量较多；花牌楼、吉祥街则是新近崛起，附近书店众多，有中华书局、商务印书馆等③，不过由于政府长期缺乏维护、监管和治理，城市道路、河渠、桥梁等损毁严重，自来水、下水道等基础设施亦付之阙如，而"房屋颓唐和腐败状况，随处可见；除公共场所或学校机关有西式建筑物外，其余大都'因陋就简''拆壁补壁'；偶一经过马路，旧庐低屋，触目皆是"④。其他地区的状况亦大同小异。因此在国民政府定都初始，南京城市给人一种"烂摊子"的观感和印象，所谓"市廛之狭隘，道路之崎岖，娱乐之鄙俚，空气之恶浊"⑤便是明证。

---

① 南京市政府秘书处编：《新南京》第三章《市行政组织》，1933年，第1~2页。
② 南京市政府秘书处编印：《南京市土地行政概况》，1935年，第30页。
③ ［日］东亚同文会编纂：《中国省别全志·江苏省》，1920年，第75~77页。
④ 祝鼎章：《南京的近况》，载《东方杂志》第21卷第4号，1924年2月25日，第77页。
⑤ 《南京市市政厅宣言》，载《南京特别市市政府公报》第1号，1927年6月，第3页。

通过本章的叙述可知，由于历史发展的惯性，明清两代南京的人口、建筑、商业长期集聚在城南地区；而南京由于传统政治城市的性质，自身发展动力不足，加之清代中后期连续遭受兵燹打击，城市千疮百孔，经济濒临崩溃，市政设施落后，所以南京的城市空间一直没有得到明显的拓展。

直到1899年南京正式对外开埠后，作为港埠的下关地区受到商品经济的驱使，在短时间内迅速崛起，并生成了南京新的城市空间。其发展动力与路径与当时沿海、沿江的通商大埠大致相同。遗憾的是，由于与城南地区相距较远，在时人眼中，下关地区只是南京城市的一块"飞地"，未能引领和带动其他人烟稀少的区域发生明显改变。

第二章　血管与骨骼：1927—1937年
南京城市路网的改造

　　1927年4月国民政府定都南京后，中央机关和地方政府极为重视南京道路的改造问题。其原因在于道路及其构成的网络作用和功能多样，在城市发展过程中始终占据着相当重要的地位。除便于行人车辆的日常通行以外，它实际上还是城市土地开发与利用的轴线，是构建城市空间的基本脉络与骨架。

　　基于此，当时的政府官员和专家学者把道路对于南京城市的重要性，比作人身上的血管，认为道路就是全市的血管，好似一个人身，要脉络贯通，这人才可以生活，所以道路在市政上，也是脉络贯通之具[①]；同时又将道路视为南京各种建筑物的命脉，两者的关系犹如骨骼与皮肉一般紧密——"骨骼不完整健全，皮肉等的发育决不能美满，道路如不完整有条，则一切建筑物等，亦不能设备美满"[②]。而南京旧有道路的种种不堪不仅给市民的日常生活带来了诸多不便，而且极大地影响了首都的观瞻和形象，这使得南京市政府不得不把南京城市路网的改造问题放在优先考虑的位置上。

---

　　① 天笑：《道路》，载《首都市政周刊》第9期，《申报》1928年3月6日。
　　② 尚其煦：《南京市政谈片（上）》，载《时事月报》第8卷第2期，1933年2月，第112页。

第一节 破损狭窄、分布不均的南京旧有道路

对于任何一座城市而言，"一切建设的根基，是建筑在良好道路上面的"①。然而在国民政府定都初始，南京旧有道路呈现出来的基本面貌显得不尽如人意。

具体而言，南京城墙以内自鼓楼以南的广大区域，虽然长久以来发育有较为庞大的路网②，但就其具体路况而言，并不见佳。时任市长何民魂在 1928 年 2 月初谈及这一问题时曾明言，"南京全市的马路，有的已坍塌不堪，有的又狭窄得很"，以至于南京"不但不能和各国各大都会抗衡，即较之小小城市，也瞠乎其后"③。

如表 2.1 所示，根据工务局在国民政府定都初期对南京旧有道路的调查，即便是位于内桥以南的商店林立、人烟密集的城内商业最繁盛之处，其主要道路（除个别路段外）的整体路况也是非常糟糕的，更不用说那些"路向不定，路幅狭小"的陋巷了。

表2.1　国民政府定都初始南京城南主要道路路况

起讫	路名	路段	路面	宽度（尺）	路况
内桥至南门外街	府东大街	内桥至黑廊街	石块	15	坏处甚多
	三山街、花市街	黑廊街至三坊巷	石块	14	坏处甚多
	南门大街	三坊巷至信府河	石块	13	坏处甚多

---

① 《南京特别市新辟干路宣传大纲》，载《首都市政公报》第 40 期，1929 年 7 月 31 日，专载，第 3 页。

② 国都设计技术专员办事处编：《首都计划》，南京出版社 2006 年版，第 65 页。

③ 《何市长在第五次总理纪念周之报告》，载《南京特别市市政公报》第 10 期，1928 年 2 月 29 日，特载，第 6 页。

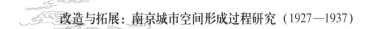

（续表）

起讫	路名	路段	路面	宽度（尺）	路况
内桥至南门外街	南城门		石板	13	破坏不堪，应改建碎石路
	长干桥		石板	20	破坏不堪，应改建碎石路
	南门外街	长干桥至南山门	石块	10.5	损坏颇多，应改建碎石路
锦绣坊至旧王府街	锦绣坊	府东大街至王府园	石块	11	全坏
	慧园街	王府园至益仁巷	碎石	11.5	路面甚松，低洼颇多
			石块	7	全坏
	旧王府街	锦绣坊至驴子市	石块	9	损坏甚多

资料来源：南京特别市市政府工务局设计课《南京全城马路第一期修筑预算表》，载南京特别市工务局编印《南京特别市工务局年刊》，1928 年，插页。

如果说年久失修、管理不善是南京旧有道路破损、坎坷的主要原因，那么道路的狭窄曲折，"本地市民，实亦不能完全卸责"。时任工务局局长陈扬杰曾明确指出："就道路而论，狭窄的原因，全由居民任意侵占，官厅既不加限制，市民自己亦不检点，一条街上倘有一家占出，他家并不反对，且从而效尤，相率争先，惟恐落后，弄得马路东西弯曲，宽窄不均，所建筑房屋，亦因陋就简。"① 张锡蕃亦表达过相同的看法："从前的政府，对于人民的建筑，向来是不干涉的，一天一天的任他们侵占官街，以致弄成今天这样的狭仄街道。"②

---

① 陈扬杰：《建设首都市政的我见》，载《南京特别市市政公报》第 12 期，1928 年 3 月 31 日，市政讲演录，第 7 页。

② 张锡蕃：《首都辟路之我见》，载《首都市政公报》第 53 期，1930 年 2 月 15 日，言论，第 1 页。

如此糟糕的道路状况不仅导致南京的交通阻塞现象非常普遍①，而且使得"南京原有的建设，都因为道路的崎岖，而呈出零乱颓败的情状"②。首都的城市形象和内外观瞻由此受到了极大的妨碍③。

与此同时，鼓楼以北的区域则因为长时间的地旷人稀，至 19 世纪末还呈现出"蒿莱弥望，匪类潜踪，命案抢夺，间见叠出"④ 的状况。直到 1928 年前后，南京城北的土地除被用作农耕以外，"余皆碎瓦颓垣，荒榛断梗，一仍昔日萧条耳"⑤。景观如此原始、荒僻，无怪乎时人曾略显夸张地说，"鼓楼以北，几无道路可言"⑥。如图 2.1 所示，国民政府定都初始南京道路分布的不均衡，实际上折射出了长期以来南京城市不同区域间开发程度的巨大差异。

对于不尽如人意的旧有道路，南京特别市市政府曾给出如下评价："南京原有的道路，可以说是破碎的，可以说是毫无条理的，破碎而毫无条理的道路，断不能做一切建设的基础。"⑦ 因为关乎对内表率和对外形象，南京必须要以一种全新的面貌示人，以此达到直接为南京市民谋福利

① 如"中华门一带，街道窄狭，交通不便，往往货物入城，拥挤至一二小时，不得通过"，又如市长何民魂有一次清晨路经北门桥时，"街道拥塞，前后取缔了一点多钟，还是没有办法"，参见《南京特别市新辟干路宣传大纲》，载《首都市政公报》第 40 期，1929 年 7 月 31 日，专载，第 4 页；《何市长在第十六次纪念周之报告》，载《南京特别市市政公报》第 14、15 合期，1928 年 6 月 15 日，纪念周报告，第 6 页。

② 《南京特别市新辟干路宣传大纲》，载《首都市政公报》第 40 期，1929 年 7 月 31 日，专载，第 3 页。

③ 《何市长招待新闻记者之演辞》，载《南京特别市市政公报》第 9 期，1928 年 1 月 31 日，特载，第 6 页。

④ 王树楠编：《张文襄公全集·金陵设立趸船、修造马路片》，见沈云龙主编《近代中国史料丛刊》第 46 辑第 456 册，文海出版社 1970 年版，第 2987 页。

⑤ 陈植：《南京都市美增进之必要》，载《东方杂志》第 25 卷第 13 号，1928 年 7 月 10 日，第 35 页。

⑥ 尚其煦：《南京市政谈片》（上），载《时事月报》第 8 卷第 2 期，1933 年 2 月，第 112 页。

⑦ 《南京特别市新辟干路宣传大纲》，载《首都市政公报》第 40 期，1929 年 7 月 31 日，专载，第 3 页。

图2.1　国民政府定都初始的南京城市路网

资料来源：根据《南京市城区已成道路图》（南京市工务局
编印《南京市工务报告》，1937年）改绘。

且间接为全国人民谋福利的目的①。在这样的背景下，南京道路的改善与
建设便成为一项刻不容缓的任务。

面对如此不堪的道路状况，时人曾主张全部予以放弃，一切重新建
设，"盖以一部分地面低洼，一部分房屋道路零乱，尽旧有的一切建筑全

---

　　①　刘纪文：《为兴筑中山大道告首都民众》，载《南京特别市市政公报》第18
期，1928年8月31日，特载，第1页。

部毁灭，亦不可惜！"① 但考虑到南京市政府的财政状况，无力负担这项花费巨大的工程，于是就决定采用折中的办法，一方面改造旧有道路以为补救，另一方面在旧有道路的基础上，从城中、城北尚有大量空地的现实出发，合理规划南京城市路网，作为开辟新道路的依据。

第二节　旧有道路的清障与翻修

一、道路清障

为了较快地改善道路状况，南京特别市市政府针对当时普遍存在的公私建筑随意侵占道路的现象，采取了一系列拆除道路障碍物的行动。需要说明的是，大致在 1928 年夏中山路兴工开辟之前，这段时间只是道路集中清障（由市政府组织）期，对于那些影响城市交通、安全、卫生以及观瞻的道路障碍物，工务局此后只要发现，亦会不断督促市民进行拆除。② 笔者将当时最主要的道路障碍物分成以下四类，并分别介绍各类障碍物在集中清障期的拆除情况。

1. 桥面、桥墩房屋

在人口密集的南京城南，秦淮河、青溪、运渎等数条河流贯穿流淌，河上架设的一座座桥梁沟通连接着主要街道，便利了市民的日常往来。这

---

①　尚其煦：《南京市政谈片》（上），载《时事月报》第 8 卷第 2 期，1933 年 2 月，第 112 页。

②　这类公牍在市政公报中较为常见，如《拆除路口转角凸出披屋案》，载《首都市政公报》第 22 期，1928 年 10 月 31 日，公牍，第 18～19 页；《拆除过街招牌案》，载《首都市政公报》第 28 期，1929 年 1 月 31 日，公牍，第 62 页；《拆除打钉巷口阻碍交通房屋案》，载《首都市政公报》第 31 期，1929 年 3 月 15 日，公牍，第 69～70 页；《取缔交通障碍》，载《首都市政公报》第 38 期，1929 年 6 月 30 日，纪事，第 5 页；《取缔市内危险房屋》，载《首都市政公报》第 46 期，1929 年 10 月 31 日，纪事，第 10 页，等等。除此之外，1934 年 8 月开展"新生活运动"时，鉴于南京作为全国首善之区的地位，应整饬市容，以壮观瞻，市政府秘书处、工务局会同首都新生活运动促进会在联合拟定整饬市容的相关计划时，将拆除道路障碍物列为其中重要一项内容（参见《整饬市容》，1934 年，南京市档案馆藏，档号 1001－1－1130）。

些桥梁特别是外秦淮河上的桥梁，原本极为宽阔。根据《一斑录》的记载："金陵城垣坚壮（高四五丈，厚一二十丈），而石桥亦相称。旱西门外石城桥、水西门外觅渡桥、聚宝门外长干桥、通济门外九龙桥并阔四五丈，三楚大王庙前之赛红桥阔至十五丈。"①

然而随着时间的推移，附近不少市民纷纷在桥面上搭建各类房屋，作为住屋和商铺使用。这种桥面房屋给城市交通和居住安全都造成了很大妨碍。《白下琐言》曾记载："搭盖桥棚，非特毁损桥梁，侵占道路，而比屋鳞次皆芦席、板壁，火患尤可虞。"②

对于这种妨害公共利益的现象，在下属各局还在筹备时的 1927 年 5 月 23 日，南京市市政厅即发布了拆除布告：

> 桥梁之建造，所以便利行人，断不许私人侵占妨碍交通。查本市各桥面上，竟有房民强占起造房屋，相沿多年，不特车马往来极感不便，而屋料腐旧，时常倒塌，实属危险堪虞，自应严加取缔，以重公益。况本厅现正积极规画开辟全市马路，各桥面上之房屋尤须于最短期间一律拆迁，免致妨碍进行。兹定自布告之日起，限于十四天内，由各居民将桥上所建房屋自行拆迁，一经逾限，即由公安局派警查封，一律驱逐，倘敢故违，定即依法究办。③

因为利益受损，桥商全体代表金春山等人以"桥房拆迁，关系生活大计"为由，呈请维持原有桥房，却被南京市市政厅严厉驳回。④ 而针对"限期行将届满，观望不即拆迁者尚居多数"的现实，南京特别市市政府

---

① 〔清〕郑光祖：《一斑录》杂述二《石桥坚壮》，中国书店 1990 年版。

② 〔清〕甘熙撰，邓振明点校：《白下琐言》卷三，南京出版社 2007 年版，第 46 页。

③ 《南京市市政厅布告 市字第十号》，载《南京特别市市政府公报》第 1 号，1927 年 6 月，第 41～42 页。

④ 《南京特别市市政府公函第一三七号》，载《南京特别市市政公报补编》，1928 年 10 月补印，公牍汇要，第 62 页。

于 6 月 2 日再次发出公告，务令桥上居民于规定期限内自行拆迁房屋，违期则由工务局会同公安局"严厉执行拆卸，材料定予没收充公"①。

至 6 月中旬前后，各处桥面上的房屋已经被完全拆去，只有桥头、桥墩等处还有部分房屋未拆。对于这些障碍物，工务局也采取了毫不姑息的态度。6 月 15 日，该局发出布告，限定居民于十日内将桥头等处的房屋拆除完毕，否则将予以坚决取缔。②

通过这次较为彻底的取缔，南京特别市的主要桥梁如北门桥、内桥、大中桥、武定桥、觅渡桥、长干桥、镇淮桥等桥面上的房屋大多被拆去，具体数量如图 2.2 所示。

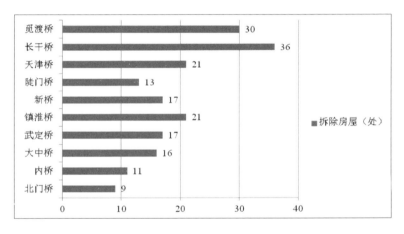

图2.2 国府定都初始南京特别市主要桥梁桥面房屋拆除数量

资料来源：根据《南京特别市工务局年刊》（南京特别市工务局编印，1928 年）第 243 ~ 247 页内容绘制。

除此之外，根据工务局的统计，还有 23 处桥头、桥墩房屋在这次取缔活动中被拆除，具体涉及内桥、上浮桥、下浮桥、淮清桥、仓巷桥、武定

---

① 《南京市政府布告　市字第十九号》，载《南京特别市市政府公报》第 1 号，1927 年 6 月，第 46 页。

② 《南京市工务局布告　第八号》，载《南京特别市市政府公报》第 1 号，1927 年 6 月，第 58 页。

桥、大中桥等。①

2. 机关、居民门前照壁

除桥梁以外，南京旧有道路的种种不堪也是令人触目惊心的。如在国民政府定都初始，蒋介石就认为南京的道路是"很龌龊的，很不平坦的"②。

时任市长刘纪文在1927年6月指出，南京市街道路本来是很狭窄的，又因各种照壁、土堆等种种障碍物横在道上，所以道路愈加狭窄，交通不便，已经到极点了。在谈及具体解决办法时，刘氏明确表示："负有改造市面责任的机关，如公安局、工务局等，应该时刻注意，督促进行。能于三两日内把种种的障碍物完全拆除更妙。至于一切责任，我能一肩担负，诸君尽可放心做去。"③

在刘纪文发表这番谈话的两天后，工务局便遵照其指示，发出了限期拆除居民门前照壁的布告：

> 本市马路已经窄小不堪，各街居民往往迷信风水，于大门之外砌立照壁，殊属有碍交通，现在马路亟待改建，自当将一切障碍物概行铲除，以便进行。为此布告，仰各该居民人等一体遵照，限于三日内将各人门前照壁从速拆去，一经逾限，定即派匠代拆，所拆砖瓦完全充公，勿谓言之不预也。④

为了减少市民反对的阻力、保证拆除工作如期进行，南京特别市市政

---

① 南京特别市工务局编印：《南京特别市工务局年刊》，1928年，第247～248页。

② 《刘市长在总理纪念周之报告（七月二十五日）》，载《南京特别市市政公报补编》，1928年10月补印，特载，第9页。

③ 《刘市长在总理纪念周之报告（六月十三日）》，载《南京特别市市政公报补编》，1928年10月补印，特载，第4页。

④ 《南京特别市市政府工务局布告 第八号》，载南京特别市工务局编印《南京特别市工务局年刊》，1928年，第422页。

府决定带头先从各机关门前的照壁拆起①，至7月初，大致拆除完毕，详情可参看表2.2。

表2.2　1927年南京特别市各机关门前照壁拆除情形

通知拆除日期	照壁所属机关	地址
6月20日	卫生局	淮清桥
	安徽公学	中正街
	浦口商埠局筹备处	慧园街
6月21日	公安局	珠宝廊
	南一区	
	南四区	
	中三区	
	东三区	
	东四区	
6月22日	成美中学	大香炉
	江苏省财政厅	奇望街
6月28日	江苏省政府	使署口
	江宁县公署	三坊巷
	四十军第一师团部	江宁府旧址
	四十军司令部	使署口
	江宁地方审判厅	新廊
	法政大学	红纸廊
	第六军军部	明瓦廊
	江苏警备司令部	淮清桥

---

① 《刘市长就职后对各局处职员之训话》，载《南京特别市市政公报》第17期，1928年8月15日，专载，第5页。

（续表）

通知拆除日期	照壁所属机关	地址
6 月 29 日	江苏省党部特别委员会	党公巷
	总司令部政治训练部组织科办公处	户部街
	总司令部兵站总监部	胪政牌楼
	第四十军炮兵团	棉鞋营
	第十军驻宁办事处	奇望街
	总商会砖砌围栏墙	中正街
	第四军宪兵队	中正街

资料来源：南京特别市工务局编印《南京特别市工务局年刊》，1928 年，第 237 页。

与此同时，工务局还督促各区署完成了居民门前 108 处照壁的拆除工作。图 2.3 所示即国府定都初始南京各区署居民门前照壁的拆除情况统计。

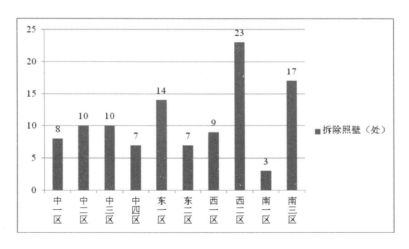

图 2.3　国府定都初始南京特别市各区署拆除居民门前照壁数量

资料来源：根据《南京特别市工务局年刊》（南京特别市工务局编印，1928 年）第 238 ~ 241 页内容绘制。

3. 商铺附搭建筑

南京不少商业街道本就狭窄，加上商铺招牌伸出、各类横幅遍布，使得街市更显拥挤。刘纪文显然也注意到了此类障碍物，强调了拆除这类障碍物的必要性："招牌这种东西，在一条街市里面为一二家悬挂，原可引起一般人的注目，而收到广告的效力，若是商店每家挂起来，便和我们看排列成一线的电柱一样，说不出那家商店是值得顾客注目的，所以其效力实在是微乎其微；这种仅足妨碍公益的东西，肯自动的除去最好，否则工务局也要着人去拆除。"[1]

为了贯彻刘氏的这一主张，工务局于 1929 年 7 月初发布了拆除包括招牌在内的商铺附搭建筑的公告：

> 本市各商店往往在门前设立栏干、招牌或柜台凸出，殊属有碍交通，自应严加取缔。为此示，仰各该商民等一体知悉，自布告之日起，限一星期内将上列栏干、招牌以及凸出柜台等完全拆去，以利交通。倘敢故违，定予重惩不贷。[2]

除了招牌、栏杆和柜台，工务局还根据市政会议的决议，准备联合公安局，扩大商铺附搭建筑的拆除范围，计划自 1928 年初，拆除雨水塔、木牌楼、铜铁手栏、柜台、肉桌、炉灶、铁木围栏、门橱、货橱、摊位、木晒架、立地招牌、门面板壁、门前附搭阁楼、芦席木白铁棚架、行人路上的木板间隔、伸出门外的玻璃间隔以及其他一切侵占行人道路的附搭土木建造物，为进一步廓清道路做出努力。[3]

---

① 《刘市长在总理纪念周之报告（六月二十日）》，载《南京特别市市政公报补编》，1928 年 10 月补印，特载，第 4 页。

② 《南京特别市市政府工务局布告 第二十号》，载南京特别市工务局编印《南京特别市工务局年刊》，1928 年，第 424 页。

③ 《市府实行取缔障碍物》，载《首都市政周刊》第 2 期，《申报》1928 年 1 月10 日。

在陆续拆除城南主要道路障碍物的同时，鉴于南京市区面积较大，比较偏僻的街巷难以查察周全，除了函请公安局转饬各个警区随时监察并予以协助拆除，工务局自1928年2月开始，将城厢内外市区街道划分成30个小区，每天派出一定数量的工作人员，分别按区查勘商铺附搭建筑违法侵占街道的情况，以便随时予以拆除。① 至该月底，原定的拆除期限已将届满，虽然遵令拆除的商铺为数可观，但意存观望者亦复不少。针对这种情况，工务局特派专员通知各家商铺，促令其从速拆除，如果一意孤行、执意不拆，不日将派出消防队出巡各条道路，并将尚未拆去的附搭建筑，一律代为拆除。②

经过这次集中取缔，南京城南较为繁华的商业道路（包括大中桥、淮清桥、奇望街、黑廊街、油市街、水西门、府东街、内桥、花牌楼、吉祥街、大行宫、南门大街等在内）上的商铺门前加搭的木牌楼、雨水搭、铁木围栏等，十有八九已由工务局会同公安局各警区分期实施拆除。拆除之后，各条道路的宽度增加不少，光线、空气也较以前大有改善。

随后，工务局又打算复查各路的拆除情况，将之前遗漏之处以及未发现者予以取缔。其路线大致分为中正街至汉西门、西华门至汉西门、桃叶渡至上浮桥、新廊至颜料坊、上浮桥至明瓦廊、头道高井至丹凤街以及卢妃巷至鸡鹅巷七条。该局计划待这项工作完成之后，再举行第二期商铺附搭建筑的拆除工作，务必将全市所有妨碍交通和影响观瞻的障碍物，努力加以肃清。③ 笔者根据工务局的统计报告，将国府定都初始全市范围内各重要街道商铺门前附搭建筑的拆除数量情况呈现如下。

---

① 《工务局查勘全市街道》，载《首都市政周刊》第8期，《申报》1928年2月28日。

② 《工务局积极取缔门前障碍物》，载《首都市政周刊》第9期，《申报》1928年3月6日。

③ 《取缔沿街障碍物经过》，载《首都市政周刊》第15期，《申报》1928年4月17日。

表 2.3　国府定都初始南京特别市各重要街道商铺门前附搭建筑拆除情形

区署	主要街道	数量
中一区	大行宫、石板桥、碑亭巷、二郎巷	6 户
中二区	太平街、门帘桥、昇平桥、太平桥、浮桥、延龄巷、火瓦巷	37 户
中三区	黑廊街、卢妃巷、虹桥、老王府、笪桥市、木料市、大香炉	85 户
中四区	驴子市、坊口街、行口街、内桥街、府东街、四象桥、王府园	314 户
东一区	奇望街	76 户
东二区	大中桥、太平里、淮清桥、中正街、通济门、通济门外	174 户
东三区	花牌楼、吉祥街、英威街、天津街、常府街、三十四标	121 户
东四区	五马街、半边街	11 户
西一区	汉西门、西门大街、牌楼街、螺丝转湾、双石鼓、焦状元巷、三道高井、欣欣园、新街口、糖坊桥、沐府西街、估衣廊、北门桥、大丰富巷	37 户
西二区	讲堂街、陡门桥、油市街、水西门、柏果树、评事街、大彩霞街	409 户
南一区	三山街、大功坊、花市街、信府河、东牌楼、武定桥、顾楼街、颜料坊	131 户
南二区	西门街、糖坊廊、丝市口、长乐街、三坊巷	177 户
南三区	新廊街、大夫第	22 户
北一区	铁路东、珍珠桥、唱经楼东街、丹凤街	22 户

资料来源：根据《南京特别市工务局年刊》（南京特别市工务局编印，1928 年）第 257～259 页内容绘制。

4. 街道转角处突出房屋

众所周知，道路两旁或两条道路交叉处的突出房屋不仅有碍交通，容易造成车辆拥挤、危及行人安全，还直接影响城市观瞻。[1] 令人无奈的是，

---

[1] 邵鸿猷：《建筑取缔与市民安全》，载《首都市政公报》第 45 期，1929 年 10 月 15 日，言论，第 1 页。

以往市民建筑房屋时对道路的肆意侵占，使得南京的这类障碍物为数不少，"本市繁盛地段，每逢两街交错或十字路口等处，两旁路角多有形似非正式瓦房之店户或柜台等突出占据街道甚多，故市区街道每于交错及十字路口转角处最为窄小"①。

为了消除这类障碍物带来的不利影响，工务局取缔科科长金肇组很早就建议局长陈扬杰在市政会议上提议，从速举行市内交通重要地段两头转角处以及十字路口转角处突出房屋的调查和整顿工作，要求居民让出侵占土地并一律限期拆让。陈氏深以为然，遂在 1927 年 12 月底的市政会议上提出此案，并获得了一致通过。②

鉴于这类障碍物的数量多、分布广，刘纪文复任市长后，南京特别市市政府于 1928 年 7 月中旬再次发出拆除重要街道转角处突出房屋的布告。具体由工务局拟定分期拆除办法，呈奉南京特别市市政府核准施行，同时将应拆房屋分列清单，"其障碍交通最重要之处应拆除者，定为第一期，限于十月十五日以前执行；其次要之处应拆除者，定为第二期，限于十一月十五日以前执行"③。南京各区署分批拆除突出房屋的详情，参看表 2.4 所示。

表 2.4　1928 年南京特别市各区署街道转角处突出房屋拆除情形

拆除批次	拆除等级	区署	主要街道	数量
第一批	甲等（全部拆除）	中二区	内桥、延龄巷	3 处
		中三区	老王府	3 处
		中四区	旧王府、承恩寺、马巷、坊口、行口	15 处

---

① 《取缔街道转角处突出房屋》，载《南京特别市市政公报》第 8 期，1928 年 1 月 15 日，市政消息，第 11 页。

② 《第十八次市政会议纪录》，载《南京特别市市政公报》第 6、7 合期，1927 年 12 月 31 日，会议录，第 5 页。

③ 《拆除街道转角房屋案》，载《首都市政公报》第 21 期，1928 年 10 月 15 日，公牍，第 19 页。

（续表）

拆除批次	拆除等级	区署	主要街道	数量
第一批	甲等 （全部拆除）	东一区	奇望街	1 处
		西一区	北门桥	1 处
		西二区	大彩霞街、下浮桥、水西门、讲堂街、行口街	10 处
		南一区	东牌楼、道署街	7 处
	乙等 （局部拆除）	中二区	内桥、杨公井	7 处
		中三区	珠宝廊、卢妃巷	8 处
		中四区	府东街	1 处
		东一区	奇望街	1 处
		西二区	上浮桥、水西门	2 处
		南一区	信府河	1 处
	丙等 （拆除一角）	中三区	黑廊街	1 处
		中四区	驴子市	1 处
		南一区	三山街	2 处
第二批	甲等 （全部拆除）	中三区	羊市桥、木料市	2 处
		东一区	贡院街	1 处
		东二区	火瓦巷口	1 处
		东四区	通济门、半边街	8 处
		西一区	新街口、红纸廊、大王府	4 处
		西二区	犁头尖、大彩霞街、大王府、仓巷桥、评事街	10 处
		南二区	铁作坊	1 处
		南三区	大夫第、武定桥	2 处

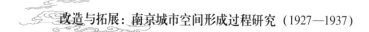

（续表）

拆除批次	拆除等级	区署	主要街道	数量
第二批	乙等 （局部拆除）	东一区	贡院街、天津桥	5 处
		东三区	复成桥、四条巷、常府街	4 处
		东四区	通济门、半边街	3 处
		西一区	螺丝转湾、新街口	2 处
		西二区	犁头尖、堂子街、评事街	4 处
		南三区	新廊街	1 处

资料来源：《南京特别市市政府工务局市内街道转角处应行拆除房屋调查表》，载《首都市政公报》第 21 期，1928 年 10 月 15 日，报告，第 1~8 页。

二、道路翻修

在进行道路清障工作的同时，根据现实情形的需要，工务局也在着力翻修南京一些重要地点的破损道路。1929 年春季，南京特别市市政府根据工务局的建议，筹划系统地整理旧有道路，指出"本市路政因全城道路计划尚未确定，或以时间关系，或以财力问题，致各路之一切设备，与夫应行取缔或加以修理之处，容有不遑计及者。在此过渡时期中，对于旧有各路，似宜有相当之整理"[1]。具体说来，这一计划主要包括翻修破损旧路和桥梁、疏浚沟渠以及道路的日常养护工作。

"本市所有马路，类皆毁坏不堪，加以区域辽阔、经济困难，所有工作大抵限于局部之修筑及改良。"[2] 本着经济与便利的原则，工务局有选择地翻修原有的破损道路，并组织施工队随时对路面进行保养。养路经费亦

---

[1] 《计划整理本市旧有各路案》，载《首都市政公报》第 35 期，1929 年 5 月 15 日，公牍，第 48 页。

[2] 卢毓骏：《宁市工务局一年来之建筑道路工程概观》，载《道路月刊》第 26 卷第 1 号，1929 年 1 月 15 日。

随着时间的推移，由最初的每月 5000 元增长为 1936 年后的每月 20000 元。① 对于那些年代久远、不堪使用的道路沟渠设施，工务局同样在量政府财力情形后，择要予以疏浚或修复，以利水流宣泄。②

　　根据工务局的统计显示，自 1927 年 6 月至 1936 年 6 月，该局先后翻修了近 60 条南京旧有道路，面积总计约达 2295593.58 平方公尺，疏通的沟渠长度约为 880 公里，另外装沟管长约 29 公里。③ 工务局在这段时间内翻修过的各种路面的面积，如图 2.4 所示。

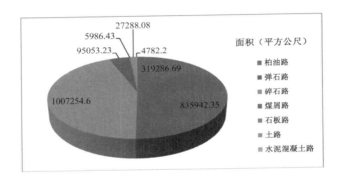

图 2.4　1927 年 6 月至 1936 年 6 月工务局翻修南京各种路面面积
　　资料来源：秦孝仪主编《抗战前国家建设史料——首都建设（一）》，见《革命文献》第 91 辑，1982 年，第 34 页。

第三节　南京道路系统的规划

　　工务局对南京旧有道路的清障和修翻，虽然在一定程度上扭转了南京

---

　　① 秦孝仪主编：《抗战前国家建设史料——首都建设（一）》，见《革命文献》第 91 辑，1982 年，第 33 页。
　　② 《本府在中央广播无线电台报告本市最近工务设施概况》，载《首都市政公报》第 73 期，1930 年 12 月 15 日，特载，第 9 页。
　　③ 秦孝仪主编：《抗战前国家建设史料——首都建设（一）》，见《革命文献》第 91 辑，1982 年，第 33 页。

城市落后的面貌，改善了南京城市交通情况和市面观瞻，却无法改变原有的路网结构和分布格局。唯有通过开辟新的道路才能实现这一目的。事实上，政府也一直致力于这项工作。从本节开始，笔者将论述重点转到1927—1937 年南京道路开辟的问题上来。

在"城市设计，在现在已经成为一种专门的学问，世界各国对于这一种学问，都很有了相当的研究"① 的时代，要把南京建设成为比肩巴黎、伦敦、华盛顿、柏林等世界名都的首都城市②，也迫切需要制定包括道路系统在内的南京城市规划，以此来彰显首都建设的科学和严谨，并尽可能避免随意建设所带来的不必要损失。③ 除此以外，通过制定首都城市规划，规划者在其中有意识地植入一些带有深刻政治含义和民族主义的符号和元素，能够强化中华民族的自我认同感。国民政府亦可借此展示掌握的权力和拥有的地位，以巩固自己的统治基础。④

一、便利机关交通——北伐战争胜利以前的南京道路开辟计划

笔者爬梳史料后发现，由于受到政局、经费、测绘基础等因素的限制，在北伐战争胜利以前的绝大部分时间里，南京都缺乏一种覆盖全市范围的道路系统规划。出于实际需要，南京特别市市政府在这段时间里，只是选择几条特别重要的道路，交予工务局制定具体的开辟计划。细加观察不难看出，这些道路之所以能够"幸运地"入围，最根本的原因就在于其

① 许体钢：《城市设计》，载《首都市政公报》第 50 期，1929 年 12 月 31 日，专载，第 1 页。
② 《刘市长讲演建筑中山大道的经过》，载《首都市政公报》第 31 期，1929 年 3 月 15 日，特载，第 1 页。
③ 张剑鸣：《都市市民对于都市计划应有之认识》，载《南京市政府公报》第 158 期，1935 年 10 月，第 101～102 页。
④ 董佳：《"弘我汉京"：民族主义与国民政府的现代都市认知——以 1927～1937 年国民政府的首都观为例》，见南京大学中华民国史研究中心编《民国研究》第 15 辑，社会科学文献出版社 2009 年版，第 151～152 页。

附近皆有重要机关。

南京特别市市政府于 1927 年 6 月 2 日（即其刚告成立的第二天）便发出了一条开辟道路的公告："查旧督署前起，经狮子巷、浮桥、成贤街，而达鼓楼以迄交涉署一带，地当冲要，自应提前规划，早日完成，以利交通。"南京特别市市政府计划将上述这条较长的线路划为都署前至狮子巷、狮子巷西口至浮桥、浮桥至成贤街、成贤街至鼓楼以及鼓楼至交涉署五段，并分别进行开辟。[①]

狮子巷马路之所以能成为国民政府定都后南京第一条计划开辟的道路，最根本的原因就在于当时的总司令部和军事委员会均在这条路上。由于旧有街道狭窄过甚、曲折参差，对日常交通和中外观瞻构成了极为严重的妨碍，时任市长刘纪文在奉得蒋介石面谕后，便决定开辟此路。[②]经工务局派员实地勘测、绘图，并呈报核准后，狮子巷马路的宽度被设计为 100 尺，其中中间车行道宽 70 尺，两旁人行道各 15 尺。紧接着，工务局又将狮子巷西口至浮桥马路的总宽度设计为 100 尺，除了道路中间预留 26 尺的电车道，左右为各宽 22 尺的车行道，两旁的人行道则各宽 15 尺。[③]

1927 年 8 月中旬蒋介石下野后，与其素有渊源的刘纪文在该月底以生病为由辞去了南京特别市市长一职，改由拥有桂系背景的何民魂接任。何氏出任市长后，在一段时间内也是致力于设计开辟重要机关附近的道路，以下举出两例略做说明。

自总司令部迁入三元巷河海工科大学旧址后，该巷的交通情形因之变得日益繁忙，原有街道过于狭窄，渐至不敷使用。与此同时，附近一带来

① 《南京市政府布告　市字第十八号》，载《南京特别市市政府公报》第 1 号，1927 年 6 月，第 45～46 页。
② 《狮子巷新辟道路计划》，载南京特别市工务局编印《南京特别市工务局年刊》，1928 年，第 46 页。
③ 《狮子巷至浮桥道路计划》，载南京特别市工务局编印《南京特别市工务局年刊》，1928 年，第 47 页。

往的要人汽车、马车等亦缺乏必要的停车场所。为了解决上述问题，总司令部于 1928 年初授意南京特别市市政府开辟三元巷马路，并积极与工务局进行磋商，完成了有关新道路的宽度标准与具体路线的设计。①

而城南五马街、益仁巷一带旧路作为通达南京特别市市政府的必经之路，道路状况不容乐观。何民魂在一次市政演讲中曾谈及这一点："五马街的交通，到下午二点多钟，拥挤到不可名状。有一次，我坐车子在那里经过，交通阻断至一小时半之久，有几十辆的车子，统统停在那里，所以我后来不愿坐车子，情愿步行至府了。"② 有鉴于此，南京特别市市政府计划开辟一条宽度适宜、路线合理的益仁巷马路。此事在 1928 年春被南京特别市市政府提上了工作日程，并由工务局负责具体的设计。③

事实上，除了设计开辟重要机关门前的道路，南京特别市市政府也曾尝试规划全市道路系统。

1928 年 4 月 25 日，南京特别市第一次市政联席会议开幕，会议主题之一即确定城市道路系统及其宽度标准。经会议讨论后，市长何民魂、秘书长姚鹓雏、各局局长以及多位参事又参加了次日召开的审查会，在这次历时八个小时的审查会议上，大致确定了全市街道干线的宽度。27 日接连召开的第二次市政联席会议，最终修正通过了南京街道与里巷宽度标准表、街道干线表和干道宽度等级表，全市计划开辟南北干线 4 条、东西干线 3 条、特别干线 5 条。④

然而，伴随着 1928 年 7 月下旬刘纪文重新出任南京特别市市长，何民

---

① 《开辟三元巷马路》，载《首都市政周刊》第 5 期，《申报》1928 年 2 月 7 日；《三元巷新马路计划》，载南京特别市工务局编印《南京特别市工务局年刊》，1928 年，第 48 页。

② 何民魂：《我们三个月的工作计划》，载《南京特别市市政公报》第 11 期，1928 年 3 月 15 日，特载，第 7 页。

③ 《益仁巷至杨公井放宽马路计划》，载南京特别市工务局编印《南京特别市工务局年刊》，1928 年，第 63 页。

④ 《市政府之二次联席会议 确定全市干道路线》，载《首都市政周刊》第 18 期，《申报》1928 年 5 月 8 日。

魂主导的这一南京道路系统规划最终落得个无疾而终的下场。

二、南京城市中轴线的确立——北伐战争胜利后的迎榇大道（中山大道）与子午线干道规划

北伐战争胜利后，国民政府开始尝试集中力量推动南京的城市建设。1928年7月，刘纪文、李宗侃向建设委员会提议开辟迎榇大道和子午线干道，一来用以迎接孙中山先生的遗体归葬紫金山，二来旨在推进南京城市建设、促进城北土地的开发与利用，进而改善南京城市观瞻。① 笔者将二人提出的相关辟路规划概括如表2.5所示。

表2.5 1928年7月刘纪文等提议的迎榇大道、子午线干道规划

道路	长度与宽度	路线	路线确定的理由
迎榇大道	长度约13公里，宽度约40公尺	以鼓楼为中心，西北路线由鼓楼至海陵门直达江岸，东南路线自鼓楼沿丹凤街、珍珠桥至半山寺附近，越城墙直达中山陵	路线为一直线，比其他路线短，可以节省经费；两旁原有建筑物甚少，不必毁坏房屋与树木，路线即可着手；出海陵门外均属空地，可以自由开展，并可便利交通；可以发展下关西南隅之商场；新筑一路，于交通上不生阻碍，可以缩短建筑日期
子午线干道	长度约5公里，宽度约40公尺	自神策门车站至丹凤街，与迎榇大道相交叉衔接	两旁空地甚多，可以划作行政、住宅、公园等区域；障碍物甚少；需费甚省；便于交通；可作为南京中心路线之干道

资料来源：建设首都道路工程处《首都中山路及子午线路之计画》，载《建设公报》第1期，1928年，第39~41页。

---

① 建设首都道路工程处：《首都中山路及子午线路之计画》，载《建设公报》第1期，1928年，第38~39页。

这项提案在建设委员会第七次常会上获准通过。会议同时决定成立建设首都道路工程处，负责道路的具体开辟事宜。从 8 月初该处开始进行测量时的路线可以看出，与最初的规划相比，迎榇大道（中山大道）的路线发生了一些改动。新的路线如图 2.5 所示，由下关江口出发，中途经过挹江门、萨家湾、三牌楼、和会街、保泰街、新街口、大行宫、西华门，直到中山门，这是该路最终实施的路线。

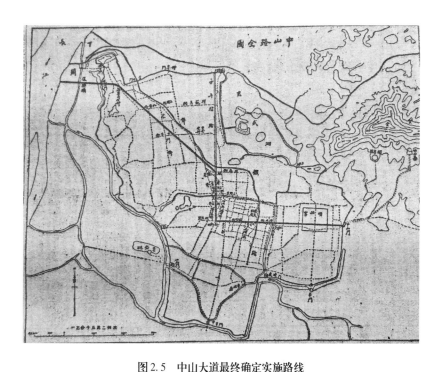

图 2.5　中山大道最终确定实施路线

资料来源：《中山路全图》，载《首都市政周刊》第 34 期，《申报》1928 年 9 月 3 日。

中山大道作为"规定首都新市道路之基本路线"，对此后南京道路系统的规划与建设意义重大。根据城市道路系统的生成原理，"夫一市有若干区，而每区有其中心。求区与区间交通便利及迅速，则应连接其两中心使成一干路。每中心如蜘蛛之四射网然，各有其干支路。连络是项干支路，是即一城市各路线之规定"①。而按照当时建设首都道路工程处的说法，中山大道恰恰就是这样一条连接南京城市各区中心的干路，具体而言：

> 中山路分四段，两极端固各为中心，而段与段相交处，亦一中心。详言之，江边及朝阳门乃往浦口及钟山之交通要点，而萨家湾、保泰街及新街口，亦为将来之重要中心。由该中心将各干线延长，并加其他纵横干支线；如蜘蛛网然。保泰街、新街口之一线，向南北延长，是为真正子午线路。又朝阳门、土街口之一线，向西延长经汉西门旁，再经西头湖，直达上新河旁之支江；是为南北东西之两大干道。而新街口则其交叉之中心点也。②

基于以上认识，在全面开展首都建设的初始就规划并开辟中山大道，具有十分重要的意义和相当的前瞻性。采用全新筑路方法的中山大道不但沟通连接了下关、城北、城中、城东地区，便利了这些区域间的往来，促进了城北土地的开发与利用，而且作为城市中轴线存在，为此后南京道路系统的规划和衍生提供了参照、奠定了基础。

三、支路连接中山大道——《首都计划》未公布前的南京道路开辟计划

几乎是在规划开辟中山大道的同时，蒋派人马还通过手中掌握的权力，在谋求南京道路系统规划权的竞争中占得了先机。为了避免日后拆让房屋带来损失，市民不断地向南京特别市市政府询问道路系统的规划进度。从 1928 年 9 月前后刘纪文给出的答复内容和语气来看，他俨然是将这

---

① 建设首都道路工程处：《首都中山路及子午线路之计画》，载《建设公报》第1 期，1928 年，第 38 页。
② 建设首都道路工程处：《首都中山路及子午线路之计画》，载《建设公报》第1 期，1928 年，第 38 页。

一工作视为己任的：

> 市府负本市安全之责任，其于住所一端，汲汲以为人民谋者，实无
> 殊人民之自谋，故于此后所应兴应革之道，共有几线，经过何处，为求
> 有利于民起见，须就全市通盘筹画，制为图案，若者在先，若者在后，
> 若者有利而无害，若者利多而害少，必也几经考量，几经更易，夫而后
> 方有确实之规定。……本市长为集思广益起见，征求图案，益以说明，
> 一俟汇齐之后，由本市长广聘通材，详加讨论，盖百年久远之计，非策
> 画万全则利未见而害先形，固市民之所不便，亦本市长之所疚心者矣。
> 市民之中，有尚不明本市长用意所在，而以筑路事宜为问者，本市长愿
> 正告之曰：图案确定之日，即本市路线确定之时也。①

出乎意料的是，胡汉民、孙科等粤籍国民党人的回国打乱了蒋派人马
的如意算盘。经过一番激烈的权力斗争，通过设置国都设计技术专员办事
处，孙科于 1928 年底取得了包括道路系统在内的南京城市规划的主导权。
在聘请墨菲、古力治等人主持设计后，《首都计划》的制定工作正式
开始。②

不过，正如南京特别市市政府宣传的那样，"南京市路政的改良，是
有继续不断的需要，一条中山大道的成功，不过是筑路工作的初步，谁也
不能说是中山路筑成以后，其他的道路，就可以不再整理的"③。在国都处
的《首都计划》尚未公布以前，南京道路的开辟仍要继续。而此时工务局
计划开辟的这些道路，大多已选择与中山大道相接，被冠以"中山支路"

---

① 刘纪文：《答复民众请求宣布南京市道路计划书》，载《南京特别市市政公
报》第 20 期，1928 年 9 月 30 日，特载，第 1~2 页。
② 参见王俊雄《国民政府时期南京首都计画之研究》，台湾成功大学 2002 年博
士学位论文，第 140~143 页。
③ 《南京特别市新辟干路宣传大纲》，载《首都市政公报》第 40 期，1929 年 7
月 31 日，专载，第 3 页。

的名称。① 我们由此可以看出即便是在还未完全竣工的情况下，中山大道
作为南京城市中轴线的作用也已发挥和显现了出来。配合图 2.6，笔者以
下也给出几例。

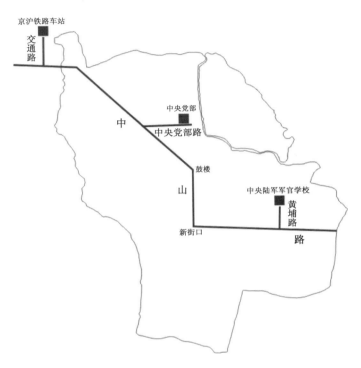

图 2.6　中央党部路、黄埔路及交通路计划示意图
资料来源：根据《中山路全图》（《首都市政周刊》第
34 期，《申报》1928 年 9 月 3 日）改绘。

孙中山先生的灵柩按计划在 1929 年 3 月 8 日运抵南京后，将被立刻送
往中央党部公祭三天，并于 3 月 12 日早晨由该处迎至紫金山安葬。由于中
山路接通中央党部的马路并不在中山路原定开辟计划内，故而总理葬事筹
备处于 1928 年 12 月函请南京特别市市政府迅速规划该段道路，以便满足

---

① 《中山路分两支路》，载《首都市政周刊》第 59 期，《申报》1929 年 3 月 4 日；
《下关将新辟中山支路》，载《首都市政周刊》第 61 期，《申报》1929 年 3 月 18 日。

奉安大典的需要。南京特别市市政府接函后，即向工务局发出了迅速规划并开辟此路的命令。①

1929 年初，国民政府决定借用中央陆军军官学校大礼堂，作为中国国民党第三次全国代表大会的会场。工作人员调查后报告，该校校门通往中山大道的长 500 余公尺的黄埔路，其旧路状况不甚理想。因此，国民政府命令南京特别市市政府务须于会前将此路开辟完成，以应需要。② 随后，工务局迅速完成了该路的设计，为尽早兴工做好了准备。

下关作为南京重要的水陆门户，交通情形极为繁忙，以往出入城内均以兴中门为唯一孔道。但原有马路狭窄弯曲、坡度太高，使得车辆往返不仅困难而且容易发生危险。中山大道开始辟筑后，由江口入城虽然较以前便利了许多，但京沪车站至中山路一段，仍然缺乏可以通行的条件较好的道路。有鉴于此，南京特别市市政府于 1929 年春命令工务局派员勘定交通路路线并设计宽度，以便及早开辟、改善通行条件。③

四、改弦易辙——1930 年以后的南京道路系统规划

由于前期调研费时较长以及城市规划的复杂性，南京道路系统规划迟迟未能对外公布，给市民建筑房屋造成了不利影响。至迟自 1929 年下半年起，市民的不满情绪开始爆发，于是纷纷向南京特别市市政府询问这一规划的进展。刘纪文为此不得不在 9 月 30 日的总理纪念周上给出如下解释：

> 我前任第一次市长时，以为发展首都，必须开拓东西南北大道，先谋交通上之便利，当时曾定有两条重要干路，就是中山路和子午线

---

① 《限期完竣中山路接通中央党部马路工事案》，载《首都市政公报》第 26 期，1928 年 12 月 30 日，公牍，第 61 页。

② 《建筑黄埔路案》，载《首都市政公报》第 30 期，1929 年 2 月 28 日，公牍，第 39~40 页。"埔"原作"浦"，疑误。

③ 《本府在中央广播无线电台第十九次市政报告》，载《首都市政公报》第 63 期，1930 年 7 月 15 日，专载，第 2 页。

路，呈请国府核定在案，现在已经筑成一大部份。后来又费了几个月的工夫，测成城南路线，当时中央为重视首都建设起见，特组织建设首都道路工程处，隶属于中华民国建设委员会，旋又成立国都设计技术专员办事处，并延聘顾问，从事规划。但是自以上两机关成立以后，计画首都的道路，就归他们办理，市政府即使划定路线，亦恐与他们所拟定者有所出入，因此规划本市路线，就得要等他们决定了。①

在南京特别市市政府的不断过问和催促下，10 月 1 日召开的首都建设委员会第六次常务会议通过决议，指示国都处迅速完成南京道路系统的规划。② 在 10 月 15 日召开的第七次常务会议上，国都处将设计完成的南京道路系统和道路计划报告一同提请公决。经过简单讨论后，会议决定推举孙科、孔祥熙、刘纪文邀集专门人员，会同林逸民一起参与审查工作，审查的结果将提交 10 月 29 日该会第九次常务会议公决。随后，首都建设委员会德籍顾问舒巴德，审查专员陈和甫、张剑鸣、马轶群，蒋琪、熊传飞、徐善祥，孙谋、夏全绥、沈祖伟分为四组分别进行审查，对国都处的道路系统计划提出了许多不同意见。③

在第九次常务会议上，各组人员分别陈述了审查意见。这次会议决定将审查意见书交由首都建设委员会秘书处和国都处会同整理。④ 随后举行的第十次常务会议决定将整理完成的审查意见送交国都处，由国都处参照审查意见完善原先的南京道路系统规划。⑤ 虽然反对意见甚多，但国都处似乎并不打算妥协，针对审查意见中的疑点，一一做出了回应。⑥ 这项规

---

① 《刘市长昨日在市府纪念周中之报告》，载《中央日报》1929 年 10 月 1 日。
② 《第六次常务会议纪录》，载《首都建设》第 2 期，1929 年 11 月，会议，第 3 页。
③ 《审查首都道路系统计划之意见书》，载《首都建设》第 2 期，1929 年 11 月，计划，第 26 ~ 38 页。
④ 《第九次常务会议记录》，载《首都建设》第 3 期，1930 年 3 月，会议，第 2 页。
⑤ 《第十次常务会议记录》，载《首都建设》第 3 期，1930 年 3 月，会议，第 3 页。
⑥ 《审查首都道路系统计划之意见书》，载《首都建设》第 2 期，1929 年 11 月，计划，第 38 ~ 42 页。

划完成后，成为《首都计划》中的"道路系统之规划"。

国都处在 1929 年底制定完《首都计划》后，即宣告解散。此后不久，国民政府主席蒋介石便在 1930 年 1 月 20 日发布训令，明确否定了《首都计划》将中央政府行政区设定在紫金山南麓的安排，这也就意味着国都处原先以中央行政区为基础而布置的相关规划被全盘推翻。① "查《首都计划》，前由国都设计技术专员办事处规划就绪，系统井然，叠经本会常会，一再讨论。惟以分区计划，系以紫金山南麓为政治区，其余所拟各点，均相关联，自成系统。现既奉国府明令，确定明故宫为中央政治区域，则从前计划，自当有所改更。……其他多数路线，更须布置均匀，经精密之讨论，予以确定，公布民众。"② 因此，国都处原先拟订的南京道路系统势必也要改弦易辙。

在国都处"延聘专家，从事设计"的同时，刘纪文"以职责所在，亦复督促同志，朝夕研求，先之以实地之调查，继之以大纲之审定，博参东西之典简，广采各市之图案，复以首都地图，向鲜精确，乃复实施测量，制成二千五百分一之地图四十八幅，所有城内及下关全部，均行测入，然后据为张本"。③ 大量的前期准备工作使得他在 1930 年 2 月 27 日由蒋介石主持的首都建设委员会第一次临时会议上，拿出了"参考新测二千五百分一之城内详图"且尽量采纳国都设计技术专员办事处计划之原则草拟的《首都干路系统图》，提请会议公决。该图似乎没有经过什么争议便顺利通过。④ 后经国民政府第六十六次国务会议同意后，由首都建设委员会于 3 月 18 日正式对外公布。

根据《首都干路系统规划例言》，由于当时南京城墙以内和下关地区人口较为稠密，急切地需要开辟干路，因而此次干路系统的规划范围便暂时以这些地区为限。至于城东明故宫一带，由于已经被划定为中央政治

---

① 王俊雄：《国民政府时期南京首都计画之研究》，台湾成功大学 2002 年博士学位论文，第 222～224 页。

② 刘纪文：《首都干路系统图附说》，载《首都建设》第 3 期，1930 年 3 月，计画，第 1 页。

③ 刘纪文：《首都干路系统规划例言》，载《首都建设》第 3 期，1930 年 3 月，例言。

④ 王俊雄：《国民政府时期南京首都计画之研究》，台湾成功大学 2002 年博士学位论文，第 225 页。

区，故而该区的干路系统理应等到开始布置相关建设任务时，再制定更为
具体的规定，目前暂不考虑将该区列入。

如图 2.7 所示，南京干路系统的路网结构大致采用放射形和矩形相结
合的方式。其中，以中山路、中央路、中正路、汉中路构成的东西向和南
北向放射式干路作为首都干路系统的基础，而其他干路的布置或与这些道
路平行，或与其垂直，从而构建出了规模宏大、体系完整的南京干路
系统。①

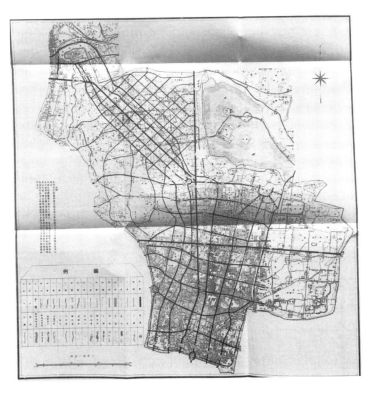

图 2.7　首都干路系统图

资料来源：秦孝仪主编《抗战前国家建设史料——首都建
设（一）》，见《革命文献》第 91 辑，1982 年，插页。

---

①　秦孝仪主编：《抗战前国家建设史料——首都建设（一）》，见《革命文献》
第 91 辑，1982 年，第 32~33 页。

就南京干路系统的宽度而言，规定车行道通常容车 6 行，其次容车 4 行，每行宽 3 公尺，人行道则各自宽 3 公尺至 5 公尺不等。以此为基础，将干路宽度分别设计为 40 公尺、36 公尺、30 公尺、28 公尺、22 公尺、18 公尺、16 公尺、12 公尺 8 种。

而南京干路的具体路线，总体上要求以通畅为主，力求四通八达，无过甚之弯曲，无过大之坡度，脉络务必确保贯通，且力求各路独立，无两路以上之交叉，力争相辅而不相悖。至于通达郊外的干路，各个方向大致须保持均等，使之不偏于任何一个方向。

由于南京各区原有的道路基础不同，所以开辟新道路采取的方式亦有所区别。具体而言，城南为旧市区域，原有路线力求采用，但对于曲折过甚者，需要另辟新线；城北现尚空旷，旧路不多，应当重新规划，不受旧路之限制；城西北一带以山地为主，所设计之路线大都随山势转移，不主张多施铲削，以省开辟经费。与此同时，鉴于当时南京城墙以内的空地甚多，故旧有城墙暂时没有拆除的必要，但如果有干路经过，需要另辟城门通过。①

南京干路系统确定后，刘纪文又参考实测两千五百分一地图，采用东西各国都市计划之优例，在《首都干路系统图》的基础上绘制完成了《首都次要道路及林荫道路规划图》。首都建设委员会秘书处、工程组、经济组会同南京市政府审查后，一致认为城南的次要道路多半是在旧路基础上开辟的，且该处居民稠密、房屋栉比，在短时间内难有较大变更，不妨从缓公布，可先将中山路以北、子午线路以西的次要道路规划予以公布。这一审查意见在随后召开的该会第三十二次常务会议上获准通过。② 在呈准国民政府备案后，首都建设委员会于 1930 年底对外公布了汉中路以北及中

---

① 刘纪文：《首都干路系统规划例言》，载《首都建设》第 3 期，1930 年 3 月，例言。

② 《审查关于首都次要道路及林荫道路规划图案应根据刘委员纪文规定次要道路图案，先将中山路以北、子午线以西次要道路全部公布案》，见《首都建设委员会经济建设组审查案汇辑初集》，1932 年，第 100～101 页。

央路、中山路以西的次要道路规划。①

根据《首都次要道路规划例言》，南京次要道路的宽度除了特殊情形另外注明，一律设计为 12 公尺。由于次要道路多属局部地区使用，故不求十分通畅，以免普通车辆有集中通行的趋势，反而造成道路系统的混乱。次要道路尽管可以弯曲，但亦不开辟成任何锐角形状，且弯曲要具有一定的理由，如顺沿山势、水道以及根据旧有路线或避免重要建筑物等。旧路之可用者尽量采用，但凡遇到曲折过甚的情况，须加以改良。倘若遇到顺延旧路而放宽时，力求新旧道路中心线一致，以期两旁能够均匀放宽。②

五、南京道路名称的确定

1. 国家政治、历史基础与现实状况：南京道路命名的原则

南京城市在漫长的发展历程中，自然孕育出大量具有鲜明地方文化和人文色彩的路名，如长干里、乌衣巷、成贤街、小西湖、虎踞关等。这些路名在折射出南京悠久历史的同时，也为当地传统文化的传承提供了极好的样本。

根据社会心理学的研究，人们日常行走的道路之名称所蕴含的丰富含义，还有一种隐性影响社会思维和社会心理的功能。正基于此，伴随着国民政府定都后南京城市建设的开展，官方试图对南京新辟道路的名称进行一系列有意识的归纳和整合，通过带有鲜明国家色彩和意识形态的路名，寄望在保存地方传统文化的同时，赋予首都更多的政治内涵，从而在向南京市民传递国家意识和政府权力的同时，也时刻能够生发和表达出一种隐性的社会控制，以便强化和巩固自己的统治。③

---

① 《首都次要道路即将公布》，载《中央日报》1930 年 12 月 7 日。
② 《审查关于首都次要道路及林荫道路规划图案应根据刘委员纪文规定次要道路图案，先将中山路以北、子午线以西次要道路全部公布案》，见《首都建设委员会经济建设组审查案汇辑初集》，1932 年，第 100 ~ 101 页。
③ 胡箫白：《民国时期南京地名的文化与政治解读》，载《中国地名》2010 年第 3 期。

除了这种政治上的考量，南京道路的命名还遵循尽可能符合当地历史基础与现实状况的原则。早在 1930 年初，工务局在命名南京道路时即明确表示，"其取意则于旧有名称或事实方面均有所顾及"①。1934 年春，该局进一步指出，"所有各路名称，似宜本诸历史及当地情形，为有系统之规画，具显豁之意义，庶几易于记忆，而垂久远"②。官方的这些考虑表明官方充分认识到了道路名称是社会记忆和文化空间的重要载体，一定程度上可视为减少南京市民心理抵触、拉近官民之间心理距离的一种安排。

就历史基础而言，南京作为六朝古都，历史文化积淀深厚。在漫长岁月中使用过的多个名号以及起源于此的多个典故是官方对道路进行命名的天然素材。

从现实状况出发，深入南京城内的"覆舟山—鸡笼山—北极阁—鼓楼岗—五台山—清凉山—石头山"一线，以及沿线南北两侧的多样地势和河湖景观，则为道路命名提供了想象空间。

2. 名实相副与各具特色：南京各区道路的命名

由于道路系统规划长时间未定，1927—1930 年南京新辟道路的命名呈现出相对混乱的态势。官方一般是在开辟完成一条道路后，便立刻对其进行命名。这些路名不仅显得缺乏系统性，而且经常发生变动，显得异常凌乱。③

随着南京干路和次要道路规划的相继公布，系统地确定道路名称的条件已经成熟。在刘纪文于 1930 年 4 月中旬在首都建设委员会第一次全体大会上所提议案的基础上，稍加改动的《首都干路定名图》在国民政府第九十六次国务会议上获得通过④，并于 10 月 6 日对外公布。由于此次命名并

---

① 《拟定新辟道路名称》，载《首都市政公报》第 54 期，1930 年 2 月 28 日，纪事，第 3 页。

② 《核定道路命名原则案》，载《南京市政府公报》第 139 期，1934 年 3 月 31 日，第 68 页。

③ 《拟定新辟道路名称》，载《首都市政公报》第 54 期，1930 年 2 月 28 日，纪事，第 2 页。

④ 《令发〈首都干路定名图〉案》，载《首都市政公报》第 71 期，1930 年 11 月 15 日，公牍，第 33 页。

未包含所有的规划道路，所以给南京的城市建设造成了一定的不便。为解决这一问题，南京市政府于 1934 年春夏又召开了数次市政会议，比较集中地确定了尚未命名的道路名称。

总体而言，在遵循上述三个原则的基础上，南京各区道路的命名大体做到了名实相副又各具特色，以下分述之。

为了彰显南京作为国家政治中心的地位，官方于 1930 年在为中央路和中山路以西、汉中路以北原先比较荒僻地区的干路（除一条华侨路外）命名时，决定一律以当时全国的政区——省份和院辖市——名称命名。已有学者指出，这一命名方式实际上也与当时某省出资开辟道路即以该省名称命名该路的举措密切相关。① 与之相照应，1934 年 5 月，南京市政府又决定将该地区的次要道路，以各省省会或全国著名城市的名称命名，共有镇江、杭州、安庆、南昌、长沙、成都、洛阳、威海卫、重庆、徐州、九江、常德、苏州、扬州、汕头等 38 路。其中除了西安路离开陕西路颇远，因其已定为陪都，故与洛阳路分列于中山北路两侧，其余以省会名称命名的次要道路均位于该省名之干路附近。②

党义与革命先烈同样属于国家政治的范畴，以此命名的道路出现在明故宫旧址范围内的中央政治区，与这一区域的功能和性质保持契合，具体包括民族、民权、民生、博爱、皓东、克强、教仁、英士等 21 路。其中，东西横路用党义命名，南北直路及斜路用革命先烈命名。③ 政治区域住宅区内道路则选用中国古代圣君贤相的人名命名，分别以神农、轩辕、嫘祖、仓颉、唐尧、虞舜、大禹、周公、管仲、鲁班、张骞、班超、孔明、郭子仪、岳飞、陆游、文天祥、成吉思汗、戚继光、史可法、郑成功、林

---

① 王俊雄：《国民政府时期南京首都计画之研究》，台湾成功大学 2002 年博士学位论文，第 231 页。

② 《核定本市各道路路名案》，载《南京市政府公报》第 141 期，1934 年 5 月 31 日，第 54 页。

③ 《核定本市各道路路名案》，载《南京市政府公报》第 141 期，1934 年 5 月 31 日，第 53 页。

则徐命名①，所遵循的同样是国家政治的原则。

如图 2.8 所示，在为中山东路与汉中路以南即原本人口稠密、商业发达的城南地区的道路命名时，官方尊重南京的历史基础，选用与之相关的名号命名绝大多数干路。除有与南京的旧称秣陵、建康、建邺、昇州、白下、集庆、金陵、上元、江宁、石城等相关的路名外，还有莫愁、洪武、凤游、长干等与南京历史关系密切的路名。

图2.8　首都干路定名图

资料来源：根据《首都干路定名图》（《首都市政
公报》第 71 期，1930 年 11 月 15 日，插页）改绘。

而在为中山东路以北、中山路和中央路以东区域内的道路命名时，官方在考量国家政治的同时，又尝试考虑现实状况，认为该区地势高低不

---

①　《规定政治区域住宅区道路路名案》，载《南京市政府公报》第 138 期，1934年 2 月 28 日，第 36 页。

一、富于变化，应选用中国的山河湖海命名。其中中山路以东各直路，由东起顺次以渤海、黄海、东海、南海命名；横路由北起顺次以黄河、长江、珠江、辽河、松花江命名；靠近玄武门的道路，因近湖之故，以洞庭、鄱阳、太湖命名；北极阁一带高地的道路，则以昆仑、天山、泰山、华山、嵩山、庾岭、峨眉命名，共计 20 路。①

城北新住宅区道路的命名与此类似。因其地势起伏，饶有风趣，故选用全国风景名胜命名，计有普陀、西泠、海宁、钱塘、武夷、山阴、剑阁、天目、仙霞、匡庐、虎丘、石钟、岳麓、栖霞 14 路。②

下关道路的命名虽稍显复杂，但仍遵循着南京道路命名的几个原则。中山北路以北地区以东四省重要都市命名，是为了铭记已沦于敌手的东四省，有沈阳、长春、哈尔滨、永吉、齐齐哈尔等 16 路。③ 这里的道路名称，笔者认为除国家政治考量的纪念意义外，也反映出了一种基于现实状况的认知，即下关具有与东四省类似的门户、边隅区位。

下关是南京水陆交通和工商业枢纽。下关中山北路以南地区被规划为第一工商业区。区内道路则以当时全国工商业较为发达的城市命名，以期名实相副。其中，南北向沿江河较长之路为唐山路、无锡路，其余东西向之路由北至南分别为汉阳路、景德镇路、南通路和吴淞路。④

第四节　经费困难及其对道路开辟的影响

以上笔者大致回顾了颇为曲折的南京道路系统规划的制定过程。就规

---

① 《核定本市各道路路名案》，载《南京市政府公报》第 141 期，1934 年 5 月 31 日，第 53～54 页。

② 《核定本市各道路路名案》，载《南京市政府公报》第 141 期，1934 年 5 月 31 日，第 55 页。

③ 《核定本市各道路路名案》，载《南京市政府公报》第 141 期，1934 年 5 月 31 日，第 54 页。

④ 《核定本市各道路路名案》，载《南京市政府公报》第 141 期，1934 年 5 月 31 日，第 55 页。

划的实际内容来看，前期零散的规划大多属于应急性质；而 1930 年后的南京道路规划则显得更为系统全面，正如南京市工务局所言，"凡列入新辟之系统者，系斟酌地点之重要，交通繁荣之实况，及预拟将来蕲求之程度"① 而妥为设计。

但事实上，无论是道路的零散规划还是系统规划，终究只是规划者一种理论上的构想。而在付诸实践的过程中，南京市政府不可避免地会遇到一些颇为棘手的现实问题，其中之一便是紧张的辟路经费。

一、南京财政长期入不敷出

市政建设，非财莫举，充足的财政是开展各种市政建设的基础和前提，也是建设一切事业的原动力。按照时人的说法，前者同后者之间的关系，犹如机器中的煤、人体中的营养料一样②。经费充裕，则百事可兴；经费不足，即便有非常完美的计划，也难有实现的希望。在南京城市建设任务繁重、千头万绪之时，如果经费不足，"当然是无从着手的"③。遗憾的是，南京市政府的财政状况自 1927 年国民政府定都开始，就处于这样一种入不敷出的状态，并一直持续到 1937 年全面抗战前。

根据当时南京市财政局的划分标准，1937 年全面抗战前南京的财政收入大致可以分为税捐收入、市产收入、补助款收入和暂记款收入四个部分。其中，暂记款不能算作正式收入，因为预收契税、押租、保证金等类，"将来仍须发还，说不定今日收入，三数日后即要发还"④。针对其余三个部分的收入情况，笔者以下略做说明。

1. 税捐收入

国民政府定都以前，南京的税捐征收并不统一于单个政府机关。根据

---

① 南京市工务局编印：《南京市工务报告》第一章《道路》，1937 年，第 2 页。

② 《何市长在第五次总理纪念周之报告》，载《南京特别市市政公报》第 10 期，1928 年 2 月 29 日，特载，第 5 页。

③ 虞清楠：《权限与经费》，载《首都市政公报》第 56 期，1930 年 3 月 31 日，言论，第 4 页。

④ 《本市财政状况》，载《南京市政府公报》第 173 期，1937 年 1 月，第 150 页。

记载，车捐、戏捐、厕捐等由南京市政筹备处负责征收，铺房捐、茶捐、花捐、妓馆捐、局票捐、花船捐、广告捐等由江苏省会警察厅实施征收，房租、地租、码头捐等则主要由下关商埠督办署征收。①

由于自身控制的税种极其有限，南京特别市市政府在成立时虽曾获得过总司令部的3000元补助，但财政上的"拮据情形，自不难推想而知"②。如表2.6所示，通过陆续收回税权、改订征税章程、改变征收方式、开征新的税种等办法，此后南京的税捐收入虽然有了一定程度的起色，但由于市民的生产能力过低，加之城市工商业不够发达，因而对缓解政府的财政压力造成了很大的限制。③ 而自1931年开始的政治局势不稳和世界经济危机带来的一系列消极影响，又使得南京市面凋敝、民不聊生，并持续达数年之久。在这样的大背景下，南京市政府期望税捐收入能获得较快的增长就显得更不切实际了。

表2.6 1927年后南京收回主要税种、改订征税章程及开征新税概况

税捐种类	收回主要税种、改订征税章程及开征新税情况
房捐	分为正捐及附捐，前者由房主承担，始于江苏省会警察厅。1927年，南京市市政厅成立，将警察厅改为公安局，即由公安局附设捐务处经管其事，6月奉令将捐务处裁撤，归并市财政局办理，7月订立《南京特别市市政府财政局征收房捐章程》，公布施行。1929年9月，又将此捐章程修正公布。后者由住户承担，后由南京特别市市政府接管，1927年7月订立房捐章程时，并入房捐附捐合并征收
营业税	根据国民政府公布之《营业税法》办理，于1931年冬季开始征收，单行章程呈奉行政院核准，于1931年9月公布施行

---

① 傅荣恩：《三年来之首都市政概况》，载《时事月报》第3卷第3期，1930年9月，第194页。

② 刘纪文：《南京市政府成立十周年纪念感言》，见南京市政府秘书处编印《十年来之南京》，1937年，前言，第1页。

③ 《最近市财政概况》，载《南京市政府公报》第156期，1935年8月，第98页；《市民与市政建设》，载《南京市政府公报》第159期，1935年11月，第206页。

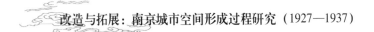

（续表）

税捐种类	收回主要税种、改订征税章程及开征新税情况
车捐	原由江苏省会警察厅征收，南京特别市市政府成立后接管办理，1929年1月订立章程并公布施行
船捐	1930年7月由财政局、工务局两局会同订立规则，呈奉南京市政府转呈行政院核准施行
契税	向由江宁县征收，土地局于1929年6月呈奉核准办理市区以内不动产卖典契税
广告捐	向由江苏省会警察厅征收，1928年移归南京特别市财政局接管，当年10月订立章程施行
牌照捐（浴堂、游船、旅馆）	浴堂原征茶捐，游船原征花船捐，均在江苏省会警察厅时代即已办理，南京特别市市政府于1927年、1928年改征牌照捐，订章施行。旅馆捐于1927年7月订章施行
米谷四厘捐	始于清宣统三年，充作自治经费。南京特别市市政府成立后，仍援例征收，1928年7月订章施行
娱乐捐	原名戏捐，1929年7月改征此捐，订章施行
筵席捐	1927年8月订章施行
码头捐	始于清光绪三十二年，专为下关修路之用，由金陵关随正税带征，南京特别市市政府成立后，章程仍旧，并未另立章程
烟酒牌照税	原为江苏烟酒印花税局招商承包，1934年7月始交由南京市政府财政局接办
屠宰税	原系委托商人承办，相当于包商制度，多未照章办理，1936年12月收回自办
地价税	1936年订立征税章程，经行政院核准后，南京市政府财政局于该年12月开始征收

资料来源：石瑛《本市各项税捐缘起及整顿情形》，载《南京市政府公报》第115期，1932年9月15日，第97~99页；南京市政府秘书处编印《十年来之南京》，1937年，第8~10页。

1932年4月石瑛就任市长时，淞沪战事刚告结束，南京市面金融枯竭, 库空如洗, 市政建设无不陷入停顿状态。① 为了改善税捐收入的惨淡情景, 南京市政府开始着力进行税捐的整顿工作, 希望在不增加市民现有负担的情形下, 对此前的积欠税捐进行清理, 以求增加财政收入。② 如表 2.7 所示, 根据南京市财政局 1932—1936 年上半年的统计, 车捐、房捐、营业税等作为当时南京最重要的几种税收, 整顿后的征收数额有了较为明显的增长, 其余如娱乐捐、筵席捐、牙税、屠宰税、旅馆捐、浴堂捐等, 每年收入为数不多, 总计只有一二十万元。③

表 2.7 1932—1936 年上半年南京市主要税种征收数额

	1932 年	1933 年	1934 年	1935 年	1936 年上半年
房捐	390212.97 元	518518.89 元	686994.74 元	752405.06 元	315079.22 元
车捐	615805.69 元	697702.19 元	761725.07 元	831888.44 元	438987.56 元
营业税	142162.5 元	130190.47 元	183323.2 元	216179.95 元	131179.28 元
烟酒牌照税	20000 元	27000 元	54491.9 元	59358 元	28659 元
屠宰税	42880.96 元	51020.74 元	56528.74 元	92496.96 元	40260.17 元

资料来源: 南京市政府秘书处编印《十年来之南京》, 1937 年, 第 10 页。

2. 市产收入

根据相关记载, 凡属于南京市政府管有之房屋、土地, 统一称之为"市产"。1937 年全面抗战之前, 南京的市产大致上包括洲产、房产和田产三大类, 主要来自国民政府定都后南京特别市市政府以及下属各局先后接收的"前江宁普育堂之市房田洲, 旗民生计处之八卦洲等, 以及米厘局、

---

① 南京市政府秘书处编印:《新南京》第三章《市行政组织》, 1933 年, 第 2 页。

② 《最近市财政概况》, 载《南京市政府公报》第 156 期, 1935 年 8 月, 第 98 页。

③ 胡忠民:《本市税收整顿情形》, 载《南京市政府公报》第 149 期, 1935 年 1 月, 第 73 页。

东三省官银号房产、承恩寺房产等"①，以其使用机关之性质，由市政府及各局分别保管。② 而从当时的文献记载来看，各类市产面临重重纠纷，收入情形亦十分惨淡。

南京市财政局经管十余处洲产，久未清丈，"旧地新滩，殊无准确面积"，加之烈山洲、公子洲、永安洲、九袱州、大胜洲等处均与市民存在着产权上的纷争，以致"历年轮流收租，频受损失"。根据1932年的统计，上年大水之后，洲民生计颇为困难，根本无力缴纳租金，甚至有倾家荡产，尚难清偿者，各洲积欠租金共约2万余元。③

市有房产在南京特别市市政府接管以前，大多由原管理机关出租给市民，时间多在国民政府定都南京前的二三十年，当时的租额非常低微。不仅如此，许多租户当初并未签订正式租约或出具商保，往往借词水灾兵燹、房屋失修、装修贴补、市面萧条、生活困难以及其他个别纠葛问题，要求南京市政府减免租金。对于这一情况，南京市财政局多年来并无切实的解决办法，以致租户拖欠租金多达数万元之巨。④

根据记载，南京市有田产约计6000亩，但每年所收的租金极为微薄。扣除订租、收租委员的差旅费后，1929—1931年南京市财政局每年所得不过千余元。究其原因，很大程度上在于不甚合理的收租办法。当时各庄认一庄首，佃民租款直接交予庄首，庄首再转交给财政局，佃民既无押租，庄首亦无保证，不缴与中饱之弊在所难免。⑤

鉴于市产收入积欠过多，南京市政府在财政特别困难的1932年，开始

---

① 傅荣恩：《三年来之首都市政概况》，载《时事月报》第3卷第3期，1930年9月，第194页。

② 《订定管理市地办法案》，载《南京市政府公报》第146期，1934年10月，第68页。

③ 《核准整理各项市产计划案》，载《南京市政府公报》第117期，1932年10月15日，第88～89页。

④ 南京市政府秘书处编印：《十年来之南京》，1937年，第11～12页。

⑤ 《核准整理各项市产计划案》，载《南京市政府公报》第117期，1932年10月15日，第91页。

计划对市产征收中存在的种种问题进行全面整顿。根据南京市财政局的统计，经过历次整顿后的市产收入得到了一定程度的改善。如 1934 年，南京市产收入为 213000 余元，1935 年这一数据上升为 236000 余元，到 1936 年时更增至 301000 余元。① 尽管如此，由于市产收入在整个南京市财政中所占的比重有限，实际上只是大致相当于营业税的征收数额，因此市户收入对缓解南京财政压力的贡献也不能无限制地被放大。

3. 补助款收入

由于财政状况异常困难，南京特别市市政府很早就接受了中央机关和地方政府的补助款。早在 1927 年，江苏省财政厅就曾拨款 37 万余元予以资助。此外，总司令部还拨助了 5 万元，军事委员会也拨助了 0.5 万元。这些补助款几乎占据了当年南京特别市财政收入的一半。② 此后，每当遇到财政特别困难的时候，历任南京市市长都会向中央机关请求补助。

早期的补助款不但数额有限，而且很不稳定。约自 1931 年开始，铁道部和财政部每年向南京市政府提供约 180 万元的建设经费补助，使得补助款收入在南京财政收入中所占的比重迅速上升，这也从侧面反映了南京其他收入的不济。如表 2.8 所示，1930—1936 年各机关单位给予南京市政府的补助款额在南京财政岁入中始终占据较高的比重。统计显示，截至 1937 年初，仅中央机关就曾先后给予南京建设经费 1700 余万元。③

表2.8　1927—1937 年各机关单位给予南京市政府的财政补助

年份	补助收入	财政收入	占比
1927	88.86 万元	149.63 万元	59.39%

---

① 《本市财政状况》，载《南京市政府公报》第 173 期，1937 年 1 月，第 150 页。

② 《财政局十六年度六月一日起至十二月三十一日止全市收支报告》，载《南京特别市市政公报》第 8 期，1928 年 1 月 15 日，报告，第 15～16 页。

③ 王漱芳：《首都与南京》，载《南京市政府公报》第 176 期，1937 年 4 月，第 155 页。

（续表）

年份	补助收入	财政收入	占比
1928—1929	数据缺		
1930	32. 34 万元	290. 85 万元	11. 12%
1931	179. 79 万元	564. 16 万元	31. 87%
1932	223. 1 万元	480. 39 万元	46. 44%
1933	180 万元	464. 74 万元	38. 73%
1934	193. 79 万元	811. 3 万元	23. 89%
1935	255. 24 万元	1078. 76 万元	23. 66%
1936	225. 98 万元	1245. 24 万元	18. 15%
1937	220. 98 万元	825. 42 万元	26. 77%

资料来源：金钟主编《南京财政志》，河海大学出版社 1996 年版，第 92 页。

除此以外，南京市政府在建设平民住宅和自来水工程时，还曾借助发行市政公债或向银行抵押借款等方式，希望进一步增加临时财政收入，但由于信用等方面存在问题，总体效果也都难尽如人意。①

如图 2.9 所示，尽管通过上述种种努力，南京市政府的财政收入在总体上呈现出不断增加的趋势，但因"本市为首都所在，举凡建设、教育、卫生等等一切市政，均应为全国之楷模，较任何地方为完善"，故首都建设的任务异常繁重。② 在这样的背景下，南京市政府纵有再多的财政收入，也不得不面临入不敷出的窘况，"收入虽比较增加，而财政仍感困难，良因事业骤行增加，致收支亦相因仍相差甚巨"，即便如此，"南京为首都所在，一切建设，应力求完备，迅速完成，故财政虽十分困难，而各项建设仍不容停顿"③。正是在这样的恶性循环下，南京市政府很难摆脱财政赤字的负担。

---

① 《南京市财政概况》，见《民国二十三年申报年鉴》，1934 年，第 495 页。
② 《最近市财政概况》，载《南京市政府公报》第 156 期，1935 年 8 月，第 98 页。
③ 《本市财政状况》，载《南京市政府公报》第 173 期，1937 年 1 月，第 150 ~ 151 页。

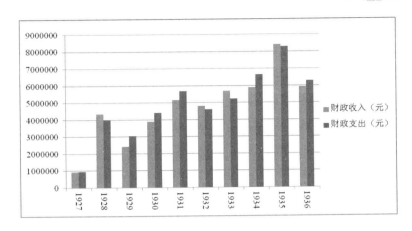

图 2.9　1927—1936 年 4 月南京财政收支情形

资料来源：南京市政府秘书处编印《十年来之南京》，1937 年，第 7～8 页。

二、开辟道路经费紧张

南京的财政状况本已非常困难，加之"奠都伊始，凡百待举，建设事业，经纬万端，亦不容仅谋路政之完善"①，故用于开辟道路的经费也就变得十分紧张。例如，工务局虽然早在 1927 年 6 月 13 日就计划开辟狮子巷马路，但仅完成了拆迁工作，至 11 月初该路依然迟迟未能动工。为了弄清缘由，工务局职员庄敏求特意写信给市长何民魂，询问这项"观瞻所系，尤关紧要"的工程为何迁延日久而仍未开工。何氏为此在 11 月 14 日的南京特别市市政府第十次总理纪念周上做出如下解释：

> 国府门前那条路，现在也正在筹款继续进行中，今天有钱，今天就可开工，至于一切应辟的道路，现也正在筹划中，不过目下尚筹不着相当的款设法着手罢了。②

---

①　李捷才：《本府在中央广播无线电台报告本市最近工务设施概况》，载《首都市政公报》第 73 期，1930 年 12 月 15 日，特载，第 9 页。

②　《何市长在第十次总理纪念周之报告》，载《南京特别市市政公报》第 4 期，1927 年 11 月 15 日，特载，第 4 页。

到了 1929 年，南京特别市市政府惨淡的税收情形致使"维持行政已大不易"。同时自蒋桂战争爆发以来，由于军队花费巨大，所以当年中央无力再拨付巨款，以补助首都建设之用。工务局虽有种种计划，但因受限于财力，大多不能如愿开展。① 万般无奈之下，南京特别市市政府不得不厉行裁员，期望将节省下来的行政费用移作建设费用，但因为裁员节省下来的费用甚微，故对南京市政建设的补助极其有限。② 市长刘纪文在 1929 年 12 月 31 日的南京特别市市政府第五十二次总理纪念周上，谈及缺乏足够经费开辟中山路时说：

> 中山路应安设之下水道、阴沟等等亦因无款，未能举办，至于应发之地价，至今未准财部拨给，该路地主屡向本府要求给领，一若本府即债务人，殊不知本府一再咨催，又何尝不愿早为清理。③

在《首都干路系统图》对外公布后，工务局本应大规模地进行道路开辟。但即将卸任市长的刘纪文在 1930 年 4 月 14 日的南京特别市市政府第十五次总理纪念周上谈及紧张的经费对此事的影响时，表达了内心的担忧：

> 南京市的财政，如果在十分充裕、毫无顾虑的时候，所有公布的干路，至少亦须五年，才可以完全筑好。照现在本市经济的状况，每月工程费用，最多就不能超过现在的数目，一万一千元，每年不过十

---

① 《刘市长在第五十二次纪念周之报告》，载《首都市政公报》第 51 期，1930 年 1 月 15 日，特载，第 7～8 页。

② 虞清楠：《权限与经费》，载《首都市政公报》第 56 期，1930 年 3 月 31 日，言论，第 4 页。

③ 《刘市长在第五十二次纪念周之报告》，载《首都市政公报》第 51 期，1930 年 1 月 15 日，特载，第 8 页。

余万元，以之维持现状，于旧有各路，稍事补葺，犹患顾此失彼，这样下去，就是二三十年，恐怕还不能筑成一条大道。①

　　为了缓解开辟道路经费紧张的问题，南京市政府本着"涨价归公"的原则，决定仿照国内外许多城市的做法，施行筑路摊费办法，并于 1930 年 9 月 6 日颁行《南京市筑路摊费暂行规则》，以此作为这项办法的法规文本。

　　该暂行规则规定，凡在南京市区域内新辟或拓宽道路所需要的费用，包括工程费、地价补偿金、房屋拆迁费在内，除有特别规定外，一概由道路两旁的公私受益土地所有人均摊，市政府另须承担应留河沟及其他供公用部分土地应摊之费。受益土地的摊费区域以新辟道路两旁各 45 公尺深度之地区为限。如图 2.10 所示，第一摊费区为沿路两旁各 15 公尺深度的地段，余下地段为第二摊费区。每个摊费区须各自承担该路摊费数额的四分

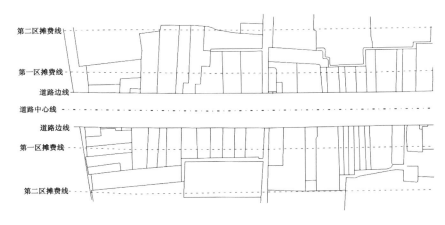

图 2.10　南京新辟道路两侧摊费区示意图

资料来源：根据《太平路筑路摊费区域图》[刘岫青《南京市土地征收之研究》，见萧铮主编《民国二十年代中国大陆土地问题资料》第 94 册，成文出版社有限公司、（美国）中文资料中心 1977 年版，第 49694～49695 页]改绘。

———————————

① 《刘市长临别赠言》，载《首都市政公报》第 58 期，1930 年 4 月 30 日，报告，第 6 页。

之一，但应摊之费不得超过该地段市价的一半，超出的费用则由市政府负责承担。①

然而，筑路摊费的实际征收工作从一开始就遭到了绝大多数南京市民的强烈抵制，"以致各路应摊费用，缴纳者极为寥寥"②。截至1931年底，包括太平路南段、朱雀路、玄武路、中山北路、新街口广场等道路在内的将近28万元摊费，财政局仅收得6万余元，尚不及总额的四分之一，未缴之户尚居多数③。

而且自1931年下半年起，由于受到自然灾害、政局不稳和经济危机等的影响，市面商情在很长一段时间内十分萧条，原本就不甚发达的社会经济更趋穷困，"几每一市街，皆有不少商铺倒闭，而一般人之生计问题，于以益加严重"④。在这样的大背景下，南京市民原本就不足的摊费缴纳能力又不可避免地受到了较大程度的限制。根据南京市政府的统计，截至1934年底，各路土地业户的摊费积欠总数达90余万元，而在国府路、中央路开辟之后，积欠的摊费又进一步增至120余万元。虽然财政局多次派员追缴，但苦于市况极度萧条，市民大多无力应付，平均每月仅能收得2万元左右。⑤

为了促进市民缴纳摊费，努力消除积欠摊费，除派员督收、追缴外，南京市政府还设法采取了以下三种主要措施，力图改善摊费的征收情况。

第一，市民先行缴清摊费，才能继续从事买卖土地、建筑房屋以及安装自来水等事宜。

---

① 《南京市筑路摊费暂行规则》，载《首都市政公报》第68期，1930年9月30日，例规，第3页。
② 《征收摊费发给地价案》，载《南京市政府公报》第113期，1932年8月15日，第37页。
③ 《中山北路之业户呈报买卖新辟道路旁土地或建筑房屋时，令其缴清摊费》，1931—1932年，南京市档案馆藏，档号1001-1-1078。
④ 石瑛：《本市社会经济之穷困》，载《南京市政府公报》第130期，1933年6月30日，第117页。
⑤ 《筑路摊费积欠百余万元》，载《中央日报》1935年1月13日。

　　如中山北路开辟后，"该路两旁土地之转移及建筑，日见增多，其受筑路之利益，已显而易见"①。针对市民否定摊费表和拒不缴费的行为，南京市筑路摊费审查委员会呈请市政府转饬土地局，今后凡遇到该路业户买卖土地或建筑房屋时，应令其先将摊费缴清，方予核办。

　　为了普遍改善摊费收取的窘况，1932 年 6 月 10 日，筑路摊费审查委员会第十二次常会决定将之前中山北路的做法和经验推广到南京市区所有的新辟道路，规定此后业户只有先将筑路摊费缴清，才可以继续从事道路两旁土地的建筑或买卖事宜。②

　　第二，将整顿未收摊费与清理积欠地价相关联。

　　在数额巨大的筑路摊费未能及时收取的同时，南京市政府数年来也积欠下了不少征地补偿金，"摊费全数收取，非短时所能办到，而积欠地价，为时既久，亦不得不筹清理之方"。为了在清理积欠地价的同时整顿未收摊费，财政局创造性地制定了清理各路积欠、征收地价办法，提出由该局发放一种筑路征用土地领价证。这一办法在 1933 年 10 月 13 日召开的南京市政府第二七七次市政会议上获得原则通过，"拟于清理地价之中，寓收取摊费之意，以期一举两得"③。

　　根据 1933 年 12 月 22 日颁行的《南京市筑路征地发给领价证抵缴摊费办法》，凡在当年年底前所欠发筑路地价补偿金的业户，均发给领价证，等到各路摊费收齐后，分别凭证给价。最初以 1934 年 6 月底为各路摊费整顿期限④，后因虑及时间太过仓促，遂延长至 1935 年 6 月。

　　第三，限期减折征收筑路摊费。

　　①　《中山北路筑路摊费案》，载《南京市政府公报》第 96 期，1931 年 11 月 30 日，第 74 页。
　　②　《令饬对于新辟道路两旁土地建筑或移转时应将摊费缴清方予核办案》，载《南京市政府公报》第 111 期，1932 年 7 月 15 日，第 98～99 页。
　　③　《清理各路积欠征收地价办法案》，载《南京市政府公报》第 134 期，1933 年 10 月 31 日，第 47～48 页。
　　④　《南京市筑路征地发给领价证抵缴摊费办法》，载《南京市政府公报》第 136 期，1933 年 12 月 31 日，第 25 页。

在经济萧条的背景下，虑及市民经济上的困难，同时为鼓励踊跃缴纳筑路费，经南京市政府批准，某些道路的业户只要在规定期限内缴纳摊费，就可以在数额上享受一定程度的优待。例如，1933 年、1934 年，中山东路、太平路北段和中山北路沿线业户分别按照原定数额的六二五折、七五一七折和六二五折缴纳摊费。①

1935 年，在开会审查国府路、白下路摊费时，两路业户以商业萧条为由，屡次请求减折征收，以示体恤。② 经批准后，准予其在规定期限内按八二折缴纳摊费③，详情如表 2.9 所示。

表 2.9　1935 年国府路、白下路筑路摊费减折征收之规定

道路	摊费缴纳期限	减折征收原则
国府路	第一期截至 1936 年 1 月 15 日 第二期截至 1936 年 3 月 15 日 第三期截至 1936 年 5 月 15 日	1. 按原定摊费数额的八二折缴纳 2. 缴纳分三期，每期须缴纳摊费数额的三分之一；不按照各期限缴纳摊费者，不得享受八二折优待 3. 应扣除土地补偿费、拆迁费，十足抵补
白下路	第一期截至 1936 年 4 月 1 日 第二期截至 1936 年 6 月 1 日 第三期截至 1936 年 8 月 1 日	

资料来源：《公告国府路筑路摊费表案》，载《南京市政府公报》第 159 期，1935 年 11 月，第 164～165 页；《公告白下路筑路摊费表案》，载《南京市政府公报》第 162 期，1936 年 2 月，第 77～78 页。

不仅如此，国府路、白下路的许多业户已在减折征收决定之前按照原

---

① 《第二五五次市政会议纪录》，载《南京市政府公报》第 128 期，1933 年 4 月 30 日，第 7 页；《核定太平路北段筑路摊费减缴办法案》，载《南京市政府公报》第 138 期，1934 年 2 月 28 日，第 35 页；《核准中山北路摊费援照中山东路例以六二五折计算案》，载《南京市政府公报》第 141 期，1934 年 5 月 31 日，第 49 页。

② 《核定国府路摊费逾期不缴者仍照原额追缴案》，载《南京市政府公报》第 158 期，1935 年 10 月，第 51 页；《议定白下路筑路摊费照国府路前例办理案》，载《南京市政府公报》第 160 期，1935 年 12 月，第 85～86 页。

③ 《公告国府路筑路摊费表案》，载《南京市政府公报》第 159 期，1935 年 11 月，第 164～165 页；《公告白下路筑路摊费表案》，载《南京市政府公报》第 162 期，1936 年 2 月，第 77～78 页。

额缴纳了摊费。为此，国府路业户李万源提请追享八二折优待，将多缴的款额如数发还。事关通案，南京市政府于 1936 年 5 月 18 日做出决定，"国府、白下两路多缴摊费各户，准予一律照折退还"，以昭公允。①

这些措施实施以后，虽然在一定程度上改善了摊费征收的情况，如1933 年财政局收取约 9 万元，1934 年增加至近 15 万元，但通过图 2.11 可以看出，由于摊费收取增长的额度还比较有限，随着道路的开辟，1931—1934 年南京的积欠摊费仍然居高不下。而根据统计，财政局在 1935 年、1936 年分别只收取了近 12 万元、17 万元摊费②，加上两年来新辟道路增

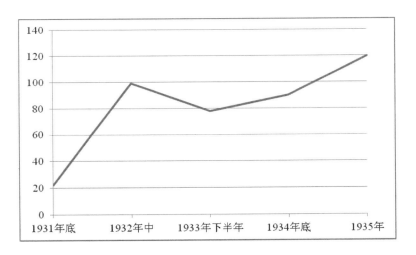

图2.11 1931—1935 年南京市土地业户积欠摊费总额（万元）

资料来源：《中山北路之业户呈报买卖新辟道路旁土地或建筑房屋时，令其缴清摊费》，1931—1932 年，南京市档案馆藏，档号1001－1－1078；《征收摊费发给地价案》，载《南京市政府公报》第113 期，1932 年 8 月 15 日，第38 页；《清理各路积欠征收地价办法案》，载《南京市政府公报》第134 期，1933 年 10 月 31 日，第48页；《筑路摊费积欠百余万元》，载《中央日报》1935 年 1 月 13 日。

---

① 《核准国府、白下两路筑路摊费前缴各户一律照折退还案》，载《南京市政府公报》第 165 期，1936 年 5 月，第 42～43 页。

② 1933—1936 年南京筑路摊费的实际收取数额，由笔者根据《南京市政府公报》按月所载之《南京市政府财政局收支对照明细表》统计而来。

加的筑路摊费，至 1937 年全面抗战前南京市摊费积欠的问题显然仍未能得到妥善解决，因此对缓解筑路经费紧张起到的作用非常有限。筑路摊费办法起到的实际效果与南京市政府最初的预期相差甚远。

三、经费紧张对道路开辟的影响

如前文所述，国民政府定都伊始，狮子巷马路的开辟工作就因为受到经费不足的影响，一再推迟。而被定位为南京城市发展中轴线的中山大道，在 1929 年 4 月实现初步通车时，其路面宽度仅为 20 公尺，较原先设计的 40 公尺相去甚远。这其中固然有奉安大典时间紧迫的缘故，但正如市长刘纪文在开路典礼上所说的那样，"经费的关系"亦是原因之一。①

1930 年后，伴随着南京干路及次要道路系统规划的陆续公布，工务局大规模地进行道路开辟已然箭在弦上。此时如果用一种比较宏观的视野来看，紧张的经费使得南京市政府无法较为从容地开辟道路，全盘而上明显力有不逮，分清轻重缓急才是当务之急。②"参酌市内商业及交通状况，将必需道路，择要筹划"③，这正是南京市工务局长期以来开辟道路所遵循的基本原则。

为了更稳妥地推进南京干路的开辟进度，1931 年 10 月 21 日，南京市政府第一八八次市政会议审议并通过了由工务局草拟完成的《首都干路分期建筑计划图》。数天之后，该局局长马轶群在接受记者采访时表示：自国民政府定都以来，南京人口的增长速度很快，各种车辆也逐渐增加，以致城市旧有道路的通行状况日渐拥挤。虽然上一年国府已将《首都干路系统图》正式对外公布，但苦于南京市政府的辟路经费十分有限，购买筑路材料困难以及其他各种原因，时至目前只完成了很少量的一部分工作。现

---

① 《刘市长在中山路开路典礼中之演说》，载《首都市政周刊》第 64 期，《申报》1929 年 4 月 8 日。

② 《令饬建设应分先后缓急不宜同时兼举案》，载《首都市政公报》第 75 期，1931 年 1 月 15 日，公牍，第 41 页。

③ 王漱芳：《京市道路工程之进展与施工概况》，载《交通杂志》第 5 卷第 2 期，1937 年 2 月，第 41 页。

在本局为了积极促成首都干路的开辟，特地根据市内人口、商业及交通情形的差异，将干路划为最要、次要和最次要三个标准，分别按照一定的期限加以开辟完成。不过，大概是因为对南京市政府能否保证充裕的辟路经费缺乏足够的信心，马氏在接受采访的最后又含糊地表示："惟工程何日可能完成，现尚不能预计。"① 笔者将该项干路分期建设计划的具体安排概括如下，见表 2.10。

表 2.10　南京干路分期建筑计划表

分期	分期标准	干路名称
第一期	人烟稠密、交通繁盛之处	中央路、绥远路、江苏路、青海路、上海路南段、莫愁路、建邺路、洪武路、中华路、白下路东段、湖南路、淮海路、建康路、北平路、华侨路、宁海路中段、石城路、宁夏路接辽宁路南段、西康路北段至汉口路、汉口路东段接新疆路南段、薛家巷至成贤街、半边街至大狮子桥、玄武路接湖南路、高楼门路
第二期	人烟密集、交通枢纽之处	蒙古路、浙江路、四川路、山西路、云南路、上海路北段、西康路南段、金陵路、秣陵路、广州路东段接宁海路南段、中正路南段、丰富路、光华路、上元路、大钟亭经九眼井至上乘庵、青溪路、长乐路、集庆路、焦状元巷至大影壁、鼓楼至考试院
第三期	人烟稀少、交通平常之处	贵州路、广西路、陕西路、河北路、湖北路、广东路、甘肃路、福建路、山东路、河南路、江西路、黑龙江路、安徽路、天津路、新疆路、吉林路、西藏路、察哈尔路、辽宁路北段、汉口路西段、广州路西段、西园路、江宁路、凤游路、长干路、朱雀路南段、钟阜路、东冶路、太平桥至警察训练所、警察训练所至毗卢寺

资料来源：《完成市内道路》，载《中央日报》1931 年 11 月 7 日。

---

① 《工务局派员测量第一期干路》，载《中央日报》1931 年 10 月 23 日。

即便这个看似完善的南京干路分期开辟计划可以使得南京市政府比较合理地安排每个年度的辟路任务，但工务局在具体实施道路开辟时，仍能经常感受到经费紧张带来的不利影响。

受制于紧张的辟路经费，一些道路常常不能按照原有的计划顺利完成，工期拖延数月半载是家常便饭。而这其中最为夸张的案例莫过于国府路西段长达数年的延迟开辟。

如图 2.12 所示，国府路西段（半边街至大仓园）本是南京的交通要道，但原有道路颇为狭隘，"车马辐辏，拥挤堪虞"①。在东段道路早已开辟完成的情况下，国府路西段作为国民政府门前的重要道路，其残破情形不但影响交通，而且妨碍观瞻。根据南京市政府 1931 年第一季度的行政计划，预备在大约 6 个月的时间内，完成此路的开辟工作。②

图 2.12　国府路西段未开辟以前之情形
资料来源：武昌亚新地学社《南京市实测新图》，1934 年。

为此，南京市政府于 2 月 19 日指示工务局，令其督促道路沿线的公私房屋业主限期自行拆让房屋③，并在 4 月中旬获准通过内政部的征地审核，

---

①　《开辟中山、国府两路间马路》，载《首都市政公报》第 79 期，1931 年 3 月 15 日，纪事，第 5 页。

②　《南京市政府二十年一月至三月行政计划》，载《首都市政公报》第 77 期，1931 年 2 月 15 日，专载，第 8 页。

③　《开辟大仓园至国府路一带马路案》，载《首都市政公报》第 78 期，1931 年 2 月 28 日，公牍，第 14 页。

完成了国府路西段的土地征收工作。① 裕庆建筑公司一举中标后，初步计划于 7 月 10 日动工兴筑，并力争在 4 个月内完成整个工程②，一切似乎都如南京市政府预计的那般顺利。

未曾料到的是，自 7 月初开始，南京遭遇极为严重的水患侵袭，并一直持续到 10 月份。根据当年 9 月社会局的调查，南京城内的受淹面积达到 7.128 平方公里，房屋及财产折合损失超过 10 万元③，包括成贤街、洪武街等 44 处街道路面受到了严重的破坏。④ 在这种情形下，国府路西段的开辟工作不得不暂时停止。

1932 年 1 月 27 日，暂代工务局局长陈耀祖向市长马超俊提议重启上年由于水患受到耽搁的国府路西段筑路工程⑤，然而突如其来的“一·二八”事变不仅使得国内的政治局势骤然紧张起来，而且直接影响到了南京城市建设的进程。

为了躲避可能一触即发的战事，国民政府决定暂时迁往洛阳办公。受到日益恶化的政局影响，南京金融业和工商业一蹶不振，南京市政府本来就非常紧张的财政经济困难到了极点。4 月下旬，在给下属各局处的一则命令中，南京市政府明确指出，“本市财政困难，经费短绌，欲谋事业不废，收支适合，惟有将原有组织，缩小范围，加紧工作，切实建设，期免财政破产之虞，藉收事半功倍之效”，为此决定实施一系列撤并机构、裁减人员、压缩薪俸的方案，以减少市政府的财政支出。⑥

---

① 《开辟大仓园至国府路一段马路案》，载《首都市政公报》第 82 期，1931 年 4 月 30 日，公牍，第 16 页。
② 《南京市政府二十年七月至九月行政计划》，载《首都市政公报》第 87 期，1931 年 7 月 15 日，专载，第 7 页。
③ 《本市水灾调查表》，载《南京市政府公报》第 92 期，1931 年 9 月 30 日，第 115～116 页。
④ 《京市水灾后马路损坏之情形》，载《中央日报》1931 年 12 月 4 日。
⑤ 《提前开辟自碑亭巷至中山路之国府路案》，载《南京市政府公报》第 101 期，1932 年 2 月 15 日，第 39 页。
⑥ 《厉行紧缩案》，载《南京市政府公报》第 106 期，1932 年 4 月 30 日，第56～57页；《厉行紧缩案》，载《南京市政府公报》第 107 期，1932 年 5 月 15 日，第46～53页。

不过，南京市政府虽然做出了上述努力，却也无力从事更多的道路开辟工作。从当年开辟中华路原定一两个月即可完成，却拖至半年尚未竣工，"足见公家财政，亦属为难，为不可掩之事实"①。与此同时，根据以往的经验，只要是尚未完成的道路开辟工程，一般都会在下一季度的南京市政府行政计划中再次出现。但在随后的行政计划中，笔者再也没有发现"国府路西段"的字眼，这似乎表明南京市政府在有意搁置此路的开辟工作。

进入1933年后，南京市政府的财政状况依旧非常紧张。南京市政府不得不通过进一步缩减市政经费和削减职员薪俸，勉强维持各项市政工作。直到1934年春，工务局在一封呈函中，向南京市政府请示，"以水灾及经费等关系，未能即时兴工"的国府路西段现在是否能够复工。南京市政府随后以"该路所需工费甚巨，俟市库稍裕，再行照案进行"回复，无奈之情溢于言表。为了节省财力、尽早动工，工务局不得不将该路原先的工程费酌量减少。这才最终得到了南京市政府的批准。② 该路于当年9月复工，于当年12月竣工通车③，但从最初的开辟道路计划开始到最终完成，竟花费了将近四年时间。水灾耽搁的工期不过数月，辟路经费紧张实际上才是工期拖延日久的根本原因。

同样的情形在工务局开辟建康路时也发生过。按照南京市政府1931年第三季度的行政计划，原打算用三个月时间完成这条城南交通要道的路线测绘工作。④ 最初的工作十分顺利，约在当年11月，工务局已经完成该路的辟路计划。⑤ 但随后，在南京财政情形极度困难的大背景下，由于受到

---

① 《暂缓开辟建康路案》，载《南京市政府公报》第124期，1933年1月31日，第67页。

② 《开辟国府路西段马路案》，载《南京市政府公报》第139期，1934年3月31日，第64页。

③ 《国府路西段建筑完成正式通车》，载《中央日报》1934年12月8日。

④ 《南京市政府二十年七月至九月行政计划》，载《首都市政公报》第87期，1931年7月15日，专载，第6页。

⑤ 《南京市政府二十年十一月份行政报告》，载《南京市政府公报》第98期，1931年12月31日，第103页。

辟路经费不足的困扰，加之沿途商民的请求，建康路的开辟工程竟一直拖延至 1934 年夏季方才重新动工。即便如此，工务局在动工时又苦于该路"全路路线甚长，如同时开辟，既为市府财力所不许，且两旁拆屋甚多，为体恤民艰起见"，故只能做出分段开辟道路的决定。① 同一条道路分段进行开辟的例子，在当时的南京亦不少见，如朱雀路、中正路分为南、北两段开辟，白下路、珠江路分为东、西两段开辟等，实际上也都反映出南京市政府受制于紧张的辟路经费，不得不权衡道路段落的重要程度以此来决定开辟先后次序的事实。图 2.13 所示为白下路东、西两段，其中西段由于较为重要，1931 年即已开辟完毕，而东段因交通地位和繁华程度稍欠，拖延日久方才开辟。

图 2.13 20 世纪 30 年代初白下路与太平路、朱雀路交叉口
资料来源：卢海鸣、杨新华主编《南京民国建筑》，南京大学出版社 2001 年版，第 285 页。

除此之外，对于那些沿途所经地区尚不发达的道路，南京市政府往往会从节省经费的角度出发，不一次性地辟足规划时的宽度，这样的例子在

① 《建康路西段已完工》，载《中央日报》1934 年 11 月 30 日。

当时也非常普遍。例如与中山路、中山东路一同构成南京城市放射式干路的中正路和汉中路，都因为途经地区"市廛未臻繁盛"，故暂时开辟的道路宽度较原先规划的 40 公尺相去甚远。① 又如中山路向北延伸的中央路，也由于"系就旷地开辟，市廛不繁"，暂辟 16 公尺宽土路，铺筑 12 公尺宽碎石路面，与规划的 40 公尺相比，也有很大的差距。② 同样的情形也出现在 1936 年开辟黑龙江路、福建路和察哈尔路时，"因尚非繁盛区域，并为撙节经费起见"，均较原先的规划宽度暂时缩减开辟。③

第五节　南京市民反对开辟道路与政府的回应

除了紧张的辟路经费，由于有相当数量的新辟道路需要经过南京原先人烟稠密、商肆集中的地区，出于维护自身利益的考虑，沿线许多市民往往会对道路开辟持反对意见，这也因此成为南京市政府在开辟道路时必须要面对的另一个现实问题。

一、南京市民反对开辟道路

尽管市长刘纪文在 1928 年 8 月 27 日的南京特别市市政府第六次总理纪念周上，曾就开辟道路一事有过"我们想为第三期开辟马路的时候，一定要市民自动的要求政府去开辟，才去开辟"的言论④，然而诸多事实证明，这只不过是南京市政府的一厢情愿。相反地，由于担心自身利益受到损害，南京市民反对开辟道路的声音，从国民政府定都伊始就此起彼伏。

1927 年 6 月初，南京特别市市政府发出限期拆让各路沿街房屋、计划开辟全市道路的公告。这很快就引发了南京市民强烈的反对声浪。

---

① 南京市政府秘书处编印：《十年来之南京》，1937 年，第 45 ~ 46 页。
② 南京市政府秘书处编印：《十年来之南京》，1937 年，第 46 页。
③ 南京市政府秘书处编印：《十年来之南京》，1937 年，第 48 页。
④ 《刘市长在第六次纪念周之报告》，载《南京特别市市政公报》第 19 期，1928 年 9 月 15 日，纪念周报告，第 3 页。

南京总商会于 6 月 24 日就南京特别市市政府拆屋筑路一事，召开会董紧急会议，商讨应对策略。经讨论后一致认为，南京马路狭窄、街市湫溢，拆屋筑路在市政建设上本属无可非难，"决无路政不修而可以言市政者"，但市政府也应当充分考虑地方上的种种实际困难，故而开辟道路不宜操之过急，而应暂缓施行，以恤民艰。7 月初，该会会长甘铉、副会长苏民生就此事上呈南京特别市市政府，希望南京特别市市政府能够考虑商会的意见，并列举四点理由如下。

第一，南京市民的经济状况极为穷困，与上海、广州等通商大埠相比，"不啻一与五十之比例"，加之受兵燹祸乱、金融动荡等的影响，市民财力"大有朝不保暮之势"。一旦强行拆屋筑路，市民所担心的是，不仅无法承担搬迁费用，即便是拆除费都难以筹措。

第二，南京市面商铺的面积都不甚广阔，进深不过三四丈，宽度不过三丈的普通商铺比比皆是，如果南京特别市市政府一律责令拆除，较深、较宽之商铺尚可存留一半面积，面积有限的恐怕都在应拆范围以内。商铺租户本系无力商民，业主则多恃租金为活，一旦拆屋筑路，"如此在租户则失业，在业主则破产矣"。

第三，南京特别市市政府的财力本极困乏，同时市内又缺乏足够数量的建筑工匠，一旦大规模地强制实施拆屋筑路计划，城市面貌在短时间内恐怕很难得到恢复，"势必残砖败瓦，盈街塞衢，累月经年，无法整饬"，这将极其有碍于首都的观瞻和形象。

第四，南京市民对南京特别市市政府的筑路计划尚未充分了解，怀疑观望势所难免。革命之目的在于救济民众，而现在拆屋筑路的计划难孚民望。当前北伐大业尚在进行之中，抚慰民意，以壮后援，当是市政府须加考虑的重中之重。万一后方起火，窒碍丛生，革命前途势必受到影响，后果不堪设想。①

---

① 《南京特别市市政府令　第四八五号》，载《南京特别市市政公报补编》，1928年 10 月补印，公牍汇要，第 13～14 页。

接到呈请后，南京特别市市政府下发给工务局，饬令其做出妥善回应。该局在随后的回复中，认为南京总商会所呈四点皆缺乏充分的理由，遂逐一予以驳斥。

第一，南京市民经济穷困不假，但如果必须等到家给人足后再改良市政，恐怕在时间上终属无期。

第二，为了防止被拆除房屋的市民无处食宿，本局早已觅得临时栖留之所，并已布告周知，断不致使其流落街头。

第三，南京的旧商铺被拆除后，不仅被拆商户可以重新建造，外埠商人也可乘此经营，商业情形不会受到任何影响。建筑工匠亦绝非限于本市，各处建筑公司都可以投标承建，使城市焕然一新颇为容易，绝不会出现因开辟马路而致市面萧条、败瓦颓垣的景象。

第四，革命之目的本以为人民谋福利为根本，但做一件事未必能使所有人都满意。市政府应当杜绝姑息一时而留永久遗憾之事，市民则应权衡轻重，以牺牲之精神，配合市政府的建设，以谋取长久的幸福。

最后，该局以一种不容争辩的口气表示："总之，南京为畿辅所在，于最短期间不能建筑完全道路，不独四方无所矜式，即外人之睹国者，恐亦目笑存之。现本市马路路线既经职局测定，先后呈报在案，狮子巷一带业已拆屋建筑在即，苟非万不得已，断难遽事更张。"①

不过，南京特别市市政府的断然拒绝显然未能动摇市民的态度和决心。此后，每当工务局准备开辟新的道路时，市民大多仍会表达出他们的反对意见。

二、南京市政府对南京市民反对辟路的回应

对于南京市民这种坚决反对开辟道路的态度，当时的学者将其视作"首都改建前途之暗礁"，并明言"市民如不肯暂忍小痛，则荆棘遍地，挫

---

① 《呈市府为呈复总商会呈请改变筑路计划碍难照办由》，载南京特别市工务局编印《南京特别市工务局年刊》，1928 年，第 355 页。

折丛生，首都前途，尚未可乐观也"①。与此同时，南京特别市市政府在国府定都后不久给工务局的一则命令中明确指出：

> 南京市民对于大众的公德心，既是比较上很缺乏，结果对于政府所举办有关大众的事业，也往往不很关心。因为人各存了自私自利的心，凡是一种新政的设施，只要对于少数人或者某一部分的人感觉到些微的不便，那些人往往就起而反对，起而阻挠，结果使政府整个的计划不容易实现。此外南京城市居民眼光不甚远大，只知暂顾目前，而不顾将来，只要对于个人一时小有牺牲，即使明知将来有莫大的利益，也会多方阻挠，使政府的建设计划凭空生了许多阻力，而不能顺利推行。②

为了更顺利地推进道路开辟计划，南京特别市市政府常以"任何革命事业，都有破坏与建设两个时期，不破坏不能谋建设"为宣传口号，要求市民暂忍一时之损失以图久远的福利，以少数之牺牲换大众之幸福③，积极配合政府开辟道路。

南京特别市市政府的职员也纷纷在不同场合表达出类似的观点，要求市民为开辟道路做出暂时的牺牲。如市府秘书长张道藩在 1928 年 10 月 29 日举行的南京特别市市政府第十五次总理纪念周上说："现在要做的工作很多，而困难也不少，譬如以开辟马路而论，有许多被拆掉房子的人觉得很不愿意，但是为南京将来的发展计，是全体市民得利益享幸福，所以应

---

① 陈植：《南京都市美增进之必要》，载《东方杂志》第 25 卷第 13 号，1928 年 7 月 10 日，第 38 页。

② 《市府令饬接收道路工程处卷》，1927 年，南京市档案馆藏，档号 1001 - 3 - 61。

③ 《南京特别市市政府为放宽建筑益仁巷、五马街一带马路公告全市民众》，载《南京特别市市政公报》第 14、15 合期，1928 年 6 月 15 日，特载，第 1～2 页；《南京特别市市政府再告益仁巷、五马街一带的民众们》，载《南京特别市市政公报》第 14、15 合期，1928 年 6 月 15 日，特载，第 4 页。

请他们稍稍牺牲自己利益，为共众谋利益。"①

市府参事佘秉国也撰文指出："凡是一种建设，在先必须破坏，尤其是南京将旧有都城改建首都，更是不能破除这个例子。所以南京市民对于种种的破坏，是应当抱一种绝大的牺牲心。首都建设的好坏，是直接关系市民的体面，所以南京市民对于首都的建设，一面固须具有牺牲心，一面还须具有革命性，就是对于一切应兴应革的地方，要用大无畏的精神，努力去实行。总之首都市民对于首都的建设，应当分担的责任，就是牺牲和革命的精神。"②

在上述论调的基础上，纵使市民的反对意见再强烈，南京市政府也会给予严厉驳斥，加之国民政府在大多数时间里都对市政府的这种行为表现出一种默许的态度③，故而1927—1937年南京道路的开辟工作也就在官民之间的种种矛盾中一直持续进行着。

三、官民之间关于新辟道路路线与路宽的争议

在开辟道路的事实无可更改的前提下，为了尽可能地减少自身利益的损失，南京市民常常会围绕着新辟道路的两个要素——路线走向和路幅宽度，提出自己的更改意见。然而，这些出于维护自身利益的呈请常常与官方开辟道路的初衷相违背，因此被否决的情况非常普遍。

1. 直线与曲线：官民之间的路线之争

为节省经费、便利施工等，工务局在开辟新道路时，一般会选择在旧有道路的基础上进行④，一些过于弯曲的旧有路段因与开辟道路的根本目

---

① 《张秘书长在第十五次纪念周之报告》，载《首都市政公报》第23期，1928年11月15日，特载，第5页。

② 佘秉国：《建设首都的责任问题》，载《首都市政公报》第21期，1928年10月15日，言论，第2页。

③ 董佳：《民国首都南京的营造政治与现代想象（1927—1937）》，江苏人民出版社2014年版，第177～178页。

④ 《计划放宽杨公井至二郎庙马路案》，载《首都市政公报》第39期，1929年7月15日，公牍，第65页。

的相冲突，一般会被弃用。因此除了受制于一些较为特殊的地理条件，工务局在设计道路特别是干路的具体路线时，会尽可能地选择笔直的路线。例如著名的中山大道，尽管被划分为下关江边至花家桥海军部、萨家湾至鼓楼、保泰街至新街口、新街口至中山门四段，但每段道路自身都是一条笔直的路线。

对于南京市民而言，工务局一旦选择了笔直的路线开辟道路，一方面可能会因为工程穿越数量更多的房屋，致使市民的利益遭受更大损失；另一方面则会因为道路两侧拆让房屋的不均，导致市民之间产生种种误会和矛盾。为了避免这些问题，他们希望工务局在开辟道路时，能够严格按照旧有道路的路线走向进行。从笔者目前掌握的资料来看，这种愿望在国府定都后不久，工务局奉命开辟狮子巷马路时，就已经被附近市民清楚无误地表达了出来。

如图2.14所示，根据工务局的调查，实线表示的狮子巷旧路的宽窄程度颇不平均，较宽之处可达十余丈，狭窄之处尚不及12尺。[①] 路线也过于参差曲折，旧路两旁的房屋或凸出数尺，或凹进丈余，不仅妨碍观瞻，而且阻碍交通。如果仅仅是在旧路的基础上开辟新路，根本无法从根本上解决这两个方面的弊端。有鉴于此，工务局在经过实地查勘和测量后，决定放弃沿用较为曲折的西段旧路，直接采用虚线所示之直路开辟道路。新道路计划从总司令部门前直至狮子巷西口，东西方向保持平行，设计总宽度达到100尺，中间为车马路，两旁为人行道，"既壮观瞻，尤便交通"[②]。

这一筑路计划公布未久，就遭到了狮子巷一带市民的强烈反对，因为如果按照笔直的路线拆让房屋，刘荫禄、贾三合、宣桂山、宋爵禄、胡桂

[①]　《狮子巷新辟道路计划》，载南京特别市工务局编印《南京特别市工务局年刊》，1928年，第46页。

[②]　《狮子巷新开马路图》，载南京特别市工务局编印《南京特别市工务局年刊》，1928年，插页。

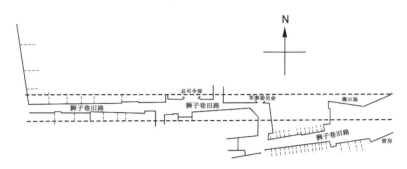

图 2.14　狮子巷新旧道路关系示意图

资料来源：根据南京特别市工务局编印《南京特别市工务局年刊》所载之《狮子巷新开马路图》改绘而成。

言等人的房产将会被大面积甚至全部拆除。① 为了尽可能保全自己的房产，在被南京特别市市政府明确拒绝的情况下，刘荫禄于 1927 年 6 月底函呈国民革命军总司令部，请求协助调整狮子巷马路的筑路路线，以恤民艰。即便总司令部过问了此事，南京特别市市政府也不打算改变原来的计划，在随后给总司令部的一封回函中表示，"至狮子巷一带房屋应拆尺寸，业由职局测定，呈请钧长核准在案，无可更改，所有该市民呈请各节，实属难予通融"②。

　　类似的情形在 1928 年下半年工务局计划开辟五马街、益仁巷一带马路时也发生过。当时，该局准备放弃沿用旧有路线中过于弯曲的部分路段，改按笔直路线开辟道路，致使附近市民提出了修改路线的请求。

　　如图 2.15 所示，由于五马街、益仁巷一带的旧路异常崎岖、狭窄不堪，不适合完全在原有道路的基础上开辟新路，市长刘纪文遂于 1928 年夏初命令工务局按照当时国际最新的道路规划原理，将杨公井至奇望街的一

———————————

　　① 《开辟狮子巷马路拆让房屋一览表》，载南京特别市工务局编印《南京特别市工务局年刊》，1928 年，第 250～251 页。

　　② 《呈复总司令蒋刘荫禄所请缓拆房屋碍难照准由》，载《南京特别市市政公报补编》，1928 年 10 月补印，公牍汇要，第 47 页。

段道路选用直线开辟。工务局经过实地测绘后，初步勘定选用两条宽度为
80 英尺的路线，其终点所在，一处位于江苏银行，另一处位于益仁巷南
口。该年 8 月 4 日，南京特别市市政府第三次市政会议决定采用第一条路
线，即图中虚线所示。若采用这样一条路线，"将来由奇望街之申报馆、
新华染坊拆起，贯至聚亿旅馆，出益仁巷，穿大方旅社，经四象桥，复穿
南洋旅馆后身，直贯圣公会达杨公井"①，需要征用的土地和拆除房屋的数
量不可谓不多。

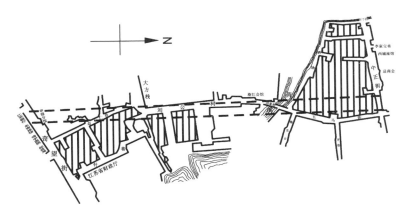

图 2.15　五马街、益仁巷一带新旧道路关系示意图

资料来源：根据《朱雀路 1929 年道路图以及 1965 年道路、下水道现
状图》（南京市城市建设档案馆藏，档号 E11 - 0042 - 0138）中的 1929 年
1 月工务局设计图改绘而成。

这条筑路消息的发布令附近市民感到十分紧张。11 月初，韦文甫等人
向南京特别市市政府呈称，商民等均住在奇望街附近，或以经商为业，或
靠出租房屋度日，经济情况皆非充裕之家可比，在当前生活成本日渐增高
之时，谋生已非易事。工务局于 10 月 4 日布告开辟的杨公井至奇望街马
路，其计划之路线系由奇望街申报馆门前另辟新路，并非完全沿用原先的

---

① 《新市街计划》，载《首都市政公报》第 21 期，1928 年 10 月 15 日，纪事，第
6 ~ 7 页。

益仁巷旧路。奇望街的商店数量虽然有限，但街前街后的贫苦居民不下100 余户，男女老幼不下 1000 余口，所有房屋不下 300 余间。一旦政府勒令拆让筑路，商店搬迁、居民寄身都将成为棘手的问题，而依靠房租度日者亦将遭受重大损失。因此，韦氏等人提出，希望工务局能够严格按照益仁巷旧路路线开辟新路，以免舍近求远、多费周折，"要知原定路线……只须在该巷左右拆去一二间房屋，即可竣事，较之另辟新线，损失甚小。而所定路线系直而又斜，须将奇望街前后房屋全数拆毁，方能成功，较之原定路线损失甚大"①。

收到市民的请求后，工务局解释了该局曾经数次考虑新辟道路路线并最终确定此条直路的原因。为降低成本，该局最初打算在原有旧路的基础上开辟道路，嗣后屡次查勘旧有路线，无奈太过弯曲，即使放宽仍难免行回曲折，"如益仁巷至刘公祠，路长不及百尺，而转弯已有两处，车马驰驱，最易滋事"，故从便利交通出发，"原有路线，实属无可因仍"。在这种情形下，工务局不得不考虑将该路自杨公井、吉祥街的中心线与娃娃桥、门帘桥的中心线连直并延长，使其南可通过四象桥直达奇望街，北可直达中山路，又恰当城市中心，成为南京南北方向的干路，"既居全市人烟稠密、商务繁盛之区，又便于首都建设上整个之道路计划"②。不出所料，鉴于韦氏等人的请求与整条道路的开辟目的不尽一致，南京特别市市政府拒绝了他们的请求。

为了改善南京城西的通行和发展条件，工务局遵照《首都干路系统图》的规划，于 1931 年前后设计汉口路的具体路线走向。由于附近旧路较为曲折，新道路的西段路线打算重新开辟，以与东段连成一条直线。

这个设计一经出台便遭到了金陵女子文理学院的反对。金陵女子文理学院恳请工务局重新勘定汉口路路线，并做出适当的修改，以示顾全教育

---

① 《放宽奇望街马路案》，载《首都市政公报》第 24 期，1928 年 11 月 30 日，公牍，第 79～80 页。

② 《开辟奇望街至杨公井马路案》，载《首都市政公报》第 27 期，1929 年 1月 15 日，公牍，第 38 页。

之意。该学院认为，该校作为南京目前唯一的女子高等教育机关，对社会负有重大的责任，故学生学业及寄宿应当有妥善的筹划，然而"自斗鸡闸经阴阳营至军械局之十八公尺干路，穿过敝校校地，适当图书馆、教室、寄宿舍后面，将来此路筑成，车马通行后，各种铃声、喇叭声、汽车声既扰学生专注之精神，且于上课、讲演及问答亦多妨碍。又此路正在女生寄宿舍后面，车马行人经过，诸多不便"。事实上，工务局完全可以将规划中的新道路西段路线，即图2.16注明的自甲至乙的一段路线，改筑在现有的道路上，"且现有道路之两旁绝无大建筑物，今若即就此段道路而定为新路线，尺寸虽宽放，并无需拆毁房屋……此于居民方面并无损失及妨碍，在敝校学生之学业及寄宿，实俱得顾全"[①]。

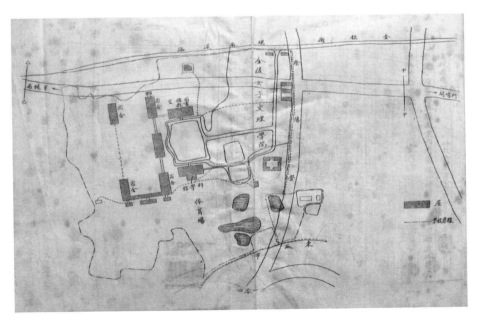

图2.16　汉口路一带新旧道路关系示意图

资料来源：《审查金陵女子文理学院及中华女子中学呈请变更路线案》，见《首都建设委员会经济建设组审查案汇辑初集》，1932年，插页。

---

① 《审查金陵女子文理学院及中华女子中学呈请变更路线案》，见《首都建设委员会经济建设组审查案汇辑初集》，1932年，第103页。

工务局接到该校呈请后，认为汉口路的路线业已经过首都建设委员会工程组和经济组的会同审查批准，不能轻易变更，只有等到具体实施筑路工程时，再做精密的测量，届时是否能够斟酌实地情形予以修改，仍然需要再做考虑。随后的首都建设委员会第四十六次常会的决议与工务局的答复大同小异。① 而从日后汉口路最终采用的路线来看，官方显然并未听取金陵女子文理学院的意见而改动路线。

与此同时，工务局在开辟白下路东段时，由于全线采用直线，放弃了原先弯曲的路段，致使旧有道路两旁应予拆除的房屋颇不平均。在路南拆让较多而路北拆让较少的情况下，附近市民因为利益损失不同而产生了一些误会和纷争，故呈请该局严格沿用旧有道路开辟。

工务局经过调查后认为，"查首都干路图计划之时，对于沿用旧有路线一节，亦为重要原则之一。惟所谓沿用旧路，仅以将旧路包括于新路之中为主，而不斤斤于与新旧路中心线之符合。盖旧路多有曲折过甚者，如过于拘泥，反碍新线之通畅整齐也"。考虑到一旦重新修改路线，不仅会使改善道路的根本目的受到影响，而且需要重新计算征地补偿等问题，因此在听取了首都建设委员会的意见后，工务局最终决定维持原先的笔直路线，不对原路线做任何改动。②

同样的状况也发生在工务局开辟建康路和昇州路时。1931 年冬，部分市民因上述两路采用的笔直路线导致旧有道路两侧拆屋不均，产生了疑虑，故呈请将两路的新旧道路中心线保持一致，以避免市民误会。③ 工务局在听取了首都建设委员会的审查意见后，于 1932 年夏给出回复，认为所拟的新路线颇为符合便利交通和改善观瞻的目标，而旧有路线太过曲折，

---

① 《审查金陵女子文理学院及中华女子中学呈请变更路线案》，见《首都建设委员会经济建设组审查案汇辑初集》，1932 年，第 102 页。

② 《开辟白下路东段案》，载《南京市政府公报》第 98 期，1931 年 12 月 31 日，第 41～43 页。

③ 《函请审议将建康、昇州两路中心线与旧路中心线采取一致案》，载《南京市政府公报》第 97 期，1931 年 12 月 15 日，第 32～33 页。

因此仍宜以笔直路线作为开辟新路的最佳选择。①

　　除了希望官方修改这些规划为笔直路线的干路路线，对于侵犯自身利益的规划为弯曲路线的干路路线，南京市民同样期望官方做出一些改动。例如市民廖士翘曾于 1932 年夏呈请修改青岛路原有路线，以保全自己的房屋。② 受限于史料，其结果虽然不得而知，但也能够反映出官民之间关于新辟道路路线走向的争议。

　　由于市民屡屡呈请修改南京干路路线，为了减少建设中的阻力，官方不得不做出适当的让步。1934 年冬，南京市政府对外声称，虽然城市干路系统是由首都建设委员会呈经国民政府核定公布的，不便轻易加以变更，但因市民关于修改路线的呈请数量较多，市政府经过慎重考虑并再三筹商后，初步决定以后除了规划为笔直路线的各条道路绝对不能变更，以免违背当时的计划以及可能引起市民的种种纠纷，其他规划为弯曲路线的道路，皆有一定变通余地，同时表示政府将尽快拟订路线修改办法。③

　　随后，经行政院审查、国民政府备案后，南京市政府于 1935 年 1 月 26 日正式颁行《南京市申请修改路线办法》，明确规定除直线不得申请修改外，弯曲路线经过的地点如有特殊价值的建筑物，或路线修改后各方均得到实际利益，可以由利害关系人呈请市政府转送行政院核准修改。但路线修改后，新路线之坡度、曲度及与其他道路的关系，仍须与原先的城市规划相符。④

　　依据该办法，根据南京市民的呈请，工务局先后修改了嵩山路、厦门路、洛阳路等道路的路线。⑤ 不过这些路线最终得以成功修改的道路基本

---

　　① 《开辟建康、昇州两路计划》，1931—1933 年，南京市档案馆藏，档号 1001 - 1 - 1227。

　　② 《廖士翘呈请修改青岛路路线案》，载《南京市政府公报》第 107 期，1932 年 5 月 15 日，第 38 页。

　　③ 《市府昨日正式公布申请修改路线办法》，载《中央日报》1935 年 1 月 27 日。

　　④ 《南京市申请修改路线办法》，载《南京市政府公报》第 149 期，1935 年 1 月，第 12 页。

　　⑤ 《修改嵩山路路线案》，载《南京市政府公报》第 166 期，1936 年 6 月，第 49～50 页；《申请改移厦门路线》，1937 年，南京市档案馆藏，档号 1001 - 1 - 1137；《废除洛阳路路线案》，载《南京市政府公报》第 178 期，1937 年 6 月，第 79～80 页。

上都是一些次要道路，地位和作用比较有限，而那些以笔直路线为特征的城市干路，根本就不在这一办法的适用范围内，因此一旦工务局开辟新的干路，市民提出的变更路线的请求便很难得到满足。

2. 拓宽或缩减：官民之间的路宽之争

路幅宽度作为道路的另一个要素，在南京道路系统中也深受规划者的重视。当时在国外，城市道路一般都做比较宽阔的设计，如伦敦最高等级干道的宽度被规划为 140 英尺，最低等级道路的宽度被规划为 40～60 英尺；柏林则将主要干道的宽度设计为 95 英尺以上，将一般街道的宽度设计为 40～65 英尺。① 虽然因国情不同，各个城市的道路宽度标准理应有所差别，但南京狭窄不堪的旧有街道显然不适合作为首都城市建设的基础。尽可能前瞻性地设计较为宽阔的道路，并在经费允许的前提下，一次性辟足规划时的宽度，是官方亟待完成的任务。首都建设初始，时人对关于道路宽度的争议有如下看法：

> 至于都市的道路，都希望是宽阔的，因为世界愈进步，道路上的设备愈多，再加以电车及公共汽车之类，先要占去二三十尺，车辆的通行要数十尺，人行道又占去十余尺，一百尺宽的路，派派用场，也差不多。就不过因此而拆除民屋，自不能又有所顾虑，但是到了街市繁盛而再要拓宽，更觉困难，不如在街市未发达前，早行规定，便可一劳永逸咧。②

而我们从国府定都初期南京特别市市政府计划将原先不足 20 尺的五马街、益仁巷一带旧路拓宽至 60 尺的举动中，就能够清楚看到官方对于辟宽道路的迫切愿望。③ 然而，也正如上面这番言论所述，开辟宽阔的城市道

---

① 许体钢：《城市设计》，载《首都市政公报》第 50 期，1929 年 12 月 31 日，专载，第 3～4 页。
② 天笑：《道路》，载《首都市政周刊》第 9 期，《申报》1928 年 3 月 6 日。
③ 《放宽五马街一带街道》，载《首都市政周刊》第 5 期，《申报》1928 年 2 月 7 日；《改筑益仁巷、五马街一带马路》，载《首都市政周刊》第 16 期，《申报》1928 年 4 月 24 日。

路就意味着要征用更多面积的私有土地，并拆去更多数量的房屋。由于切身利益受到了损害，南京市民呈请缩减道路宽度的声音常常不绝于耳，这一点自不难想象。

1928 年夏中山大道动工时，虽然已较规划的宽度缩减不少，但沿线市民仍嫌过宽，屡次要求缩减宽度，但都遭到了市政府的拒绝。1930 年夏，南京市政府又计划在中山路、中正路的交叉处开辟新街口广场，设计宽度达到 100 公尺，以期在便利交通的同时促进附近土地的开发、及早繁荣南京市面商业。① 这一决定使得本已饱受拆迁之苦的附近市民再次感到极大的恐慌，刘春霆等 77 人联名向南京市政府提出缩减新街口广场面积的请求。刘氏等人认为，新街口中山、中正两路的交叉处，目前的宽度和面积已较此前增加了数倍，汽车虽常在其他街道肇祸，但在新街口从未发生，由此可以说明广场在事实上已经足够使用。而在眼下米价奇昂、百物腾贵的时期，市民的生存并不容易，前次被拆之家至今仍栖身无所，所得的地价补偿亦为数有限，另谋新居颇为不易，故从体恤民生的角度出发，政府也应当有所考虑。②

对于刘氏等人的请求，南京市政府不以为然，很快便予以拒绝。官方给出的理由是，即将建造的新街口广场为中山路转角及子午路、大丰富巷、老米桥、糖坊桥等六路的交会处，车马往来极为繁复，同时又处在城市的中心位置，目前虽然勉强够用，但从长远的角度考虑，如果达不到规划时的标准，很难保证以后的交通需求。如果现在批准缩减宽度，将来因为需要又须让市民拆让房屋，政府的花费和市民的损失将更多，不如及早确定，以收一劳永逸之效。③

---

① 《本府第三十四次纪念周报告》，载《首都市政公报》第 67 期，1930 年 9 月 15 日，特载，第 5～6 页。

② 《审查新街口民众刘春霆等呈请缩减前定新街口广场面积以恤民生案》，见《首都建设委员会经济建设组审查案汇辑初集》，1932 年，第 93～95 页。

③ 《审查新街口民众刘春霆等呈请缩减前定新街口广场面积以恤民生案》，见《首都建设委员会经济建设组审查案汇辑初集》，1932 年，第 93 页。

　　根据前人的研究和笔者掌握的资料，在 1931—1937 年开辟的南京诸马路中，出于体恤民生的考虑，官方只同意缩减太平路和中华路的宽度。其中太平路的宽度由规划时的 28 公尺缩减为 24 公尺 38 公分[1]，除了体恤民生的考虑，笔者也注意到了工务局就缩减太平路宽度给出的另一个理由，即"观瞻整齐"："至全路宽度，按照已公布之《首都干路系统图》，应为二十八公尺，惟因朱雀路北段（即益仁巷马路）开辟时，在干路系统公布之前，宽度为八十英尺，合二十四公尺三十八公分。太平路既与朱雀路北段联成直线，故太平路宽度，亦经首都建设委员会议定，照二十四公尺三十八公分开辟，以资整齐。"[2]

图 2.17　建筑中的太平路快车道

资料来源：《南京市政府公报》第 91 期，1931 年 9 月 15 日，插图。

　　官方开辟中华路时正当 1932 年南京社会经济极度萧条之际。当时，中华路商业全体代表舒敦甫等人屡次呈请将该路宽度由原定的 28 公尺缩减为

---

　　① 王俊雄：《国民政府时期南京首都计画之研究》，台湾成功大学 2002 年博士学位论文，第 237～238 页。

　　② 《工务局最近工作概况》，载《南京市政府公报》第 91 期，1931 年 9 月 15 日，第 71 页。

20 公尺，并一次性提出了八条理由。笔者经过归纳整理，将其理由大致分为以下五点。

第一，中华路在交通地位上不甚重要。按照干路系统规划，在东、西侧分别有朱雀路和中正路的情况下，中华路只是被定位为一条中心支路，若缩减该路宽度，在交通方面并无妨碍。而且该路的交通量有限，20 公尺的宽度已经足够使用。

第二，中华路两旁铺面，只有一进或间有批房的大约占全路房屋的80%，有两进房屋的占15%，而有三、四进的只占到5%。如果中华路宽度适当缩减，尚能维持商铺营业，一旦拆卸殆尽，不但市民难寻住处，营业更将无从谈起。

第三，中华路宽度缩减后，南京市政府需支付的建筑费与应发放的补偿金也可以节省不少。在国库空虚已到极点的情况下，这种做法无疑将缓解南京市政府的财政压力。

第四，此前已有太平路被允许从原定的 28 公尺缩减为 24 公尺 38 公分的先例，因此市民请求依照此例缩减中华路的宽度，并非例外之请。

第五，道路展宽的坏处其实也不少，如路上行人众多，匪徒易于混入，一旦发生劫案，对面商店视线被遮蔽，将无法实行抓捕；且伏暑夏日，日光曝射，易使商店陈设的货物遭到损坏。至于其他危害，更是数不胜数。

接到呈请后，蒋介石于当年 4 月做出批示，鉴于中华路经过的三山街等地多为繁华商业区，且现在时局艰难、商业凋敝，舒敦甫等人所呈不无特殊之处，故准予酌量缩减该路宽度，将原定的 28 公尺改为 23 公尺，以示体恤；但同时又强调，对于其他各路已定之计划，附近市民不得援例此案，呈请缩减宽度。①

除上述两条干路，官方对于市民请求缩减其他干路宽度的请求，几乎

---

① 《更改中华路宽度案》，载《南京市政府公报》第 106 期，1932 年 4 月 30 日，第 49～50 页；《减少中华路宽度案》，载《南京市政府公报》第 107 期，1932 年 5 月 15 日，第 39 页。

都予以拒绝。1931 年夏，市商会呈请缩减建设中的白下路西段的宽度，遭到了南京市政府的断然拒绝。① 1934 年 6 月，在建康路即将动工之际，该路商民黄月轩等 180 余人为保存生计，曾先后三次请求南京市政府按照中华路成例，将该路宽度由 28 公尺缩减为 23 公尺，但都遭到了拒绝。在 7 月 4 日的最后一次回复中，南京市政府强调建康路的宽度早经规划并对外公布，不能轻易更改，1932 年中华路的宽度临时缩减为 23 公尺属于特殊情形，且当时明言其他干路不得援例中华路。② 与此同时，国府路西段商民呈请缩减道路宽度，也未能获得批准。③ 1935 年春开辟珠江路时，商民李善余等人呈请缩减道路宽度，同样未能获准。④

为了减少市民的对立情绪，官方在不甚重要的次要道路上做出些许让步。1934 年 9 月，南京市政府对外宣布，自干路陆续开辟以来，南京的日常交通已得到较大改善，而道路宽度的缩减又可以减少沿线市民拆让房屋所做出的牺牲，于公于私都有裨益，因此决定成贤街经浮桥、石板桥至碑亭巷一线的街道，以及中山东路以北，中央路、中山路以东原先规划宽度为 20 公尺的次要道路，此后开辟时均缩减为 12 公尺。⑤

第六节　1927—1937 年南京城市路网的空间演化

统计资料显示，自 1927 年 6 月至 1936 年 6 月，南京新辟道路的总长

---

① 《南京市政府二十年六月份行政报告》，载《首都市政公报》第 88 期，1931 年 7 月 31 日，报告，第 5 页。

② 《开辟建康、昇州两路计划》，1931—1933 年，南京市档案馆藏，档号 1001 - 1 - 1227。

③ 《大仓园至半边街拆屋筑路准再展限三个月案》，载《南京市政府公报》第 141 期，1934 年 5 月 31 日，第 49～50 页。

④ 王俊雄：《国民政府时期南京首都计画之研究》，台湾成功大学 2002 年博士学位论文，第 239 页。

⑤ 《核定成贤街等处旧路改照十二公尺宽度执行退缩案》，载《南京市政府公报》第 145 期，1934 年 9 月，第 75～77 页；《核定改照十二公尺宽执行退缩之各街道案》，载《南京市政府公报》第 146 期，1934 年 10 月，第 75～76 页。

度约为 113.575 公里。其中，柏油路 47280.11 公尺、弹石路 40336.8 公尺、碎石路 24818.75 公尺、煤屑路 1139 公尺。[①] 不过，简单地罗列数据并不足以说明道路开辟给南京城市空间带来的影响。本节笔者将在广泛搜集文献的基础上，分时段考证南京较为重要道路的开辟情形，并绘制示意图，以此反映 1927—1937 年南京城市路网的空间演化过程。

一、北伐战争胜利前后仅开辟完成狮子巷马路

自国府定都至北伐战争胜利前后的一年多时间里，工务局虽然先后完成了狮子巷、浮桥、三元巷和益仁巷等数条道路的设计，但由于受到政局、经济等因素的限制，最终只开辟完成了一条狮子巷马路。

狮子巷旧路原本曲折参差、狭窄异常，平均宽度不及 12 尺。为了满足当时总司令部、军事委员会的实际出行需要，南京特别市市政府一成立便发布了开辟公告。因为经费极度紧张，所以工程耗时将近一年，直到 1928 年 4 月 12 日方才竣工。[②] 竣工后的狮子巷马路全长 1065 尺，车行道加上两旁人行道的总宽度达到了 100 尺，加之放弃沿用原本较为崎岖的路段，因而道路状况得到了极大改善。这条道路也成为后来的国府路中段。

总体而言，如图 2.18 所示，由于这一时段内工务局开辟的道路只此一条，南京城市路网的基本格局实质上并未发生根本性改变。

---

① 秦孝仪主编：《抗战前国家建设史料——首都建设（一）》，见《革命文献》第 91 辑，1982 年，第 33 页。根据相关资料记载，南京干路路面大部分采用柏油铺筑。次要道路及市郊公路所筑路面，则以弹石路占最多数。凡新筑道路，在当时交通尚不甚繁盛，而预备将来加浇柏油路面，一概用碎石铺筑，以便利其分期改造。因南京煤屑产量为数不多，故而此种路面亦不常用，仅在车辆较为稀少之处，用来铺筑临时路面而已。除此以外，南京的新筑道路路面还采用过石灰煤屑和混凝土铺筑，前者使用于公园内道路，后者则使用极少，参见王漱芳《京市道路工程之进展与施工概况》，载《交通杂志》第 5 卷第 2 期，1937 年 2 月，第 41～43 页。
② 《大事记》，载南京特别市工务局编印《南京特别市工务局年刊》，1928 年，第 34 页。

图 2.18　北伐胜利前后的南京城市路网

　　资料来源：根据《南京市城区已成道路图》（南京市工务局编印《南京市工务报告》，1937 年）改绘。

二、1928 年 8 月至 1930 年中山大道的开辟和南京城市中轴线的形成

北伐战争胜利后，国民政府开始推进南京道路的建设工作。1928 年 7 月底，建设委员会批准了开辟迎榇大道（中山大道）和子午线干道的计划，从而为构筑南京城市中轴线奠定了基础。至 1930 年底，除上述两条最为重要的道路，工务局还按需完成了黄埔路、中央党部路、益仁巷道路、交通路等道路的开辟工作，参见图 2.19 所示。

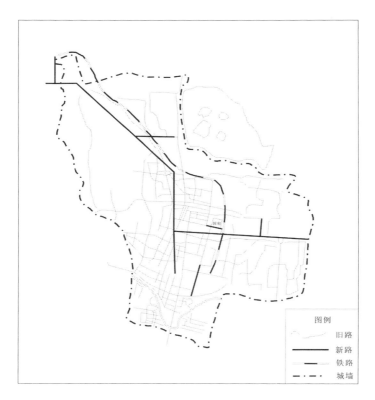

图 2.19　1930 年底的南京城市路网

资料来源：根据《南京市城区已成道路图》（南京市工务局编印《南京市工务报告》，1937 年）改绘。

由于奉安期近，在中山大道全路尚未完全测量完毕的情况下，建设首都道路工程处便于 1928 年 8 月 12 日在和会街举行了破土典礼。① 由于路线过长，为了方便施工，全路被划作江口至挹江门、挹江门至保泰街、保泰街至新街口、新街口至中山门四个区段，以招商承包的形式分别开辟。

为了保证能在孙中山先生逝世四周年时举行奉安大典，中山大道原定于 1929 年 2 月底完工，但因为 1928 年冬季雨雪连绵，加之工程浩大，材料运输困难，所以工期受到拖延，直到 1929 年 4 月 2 日才举行开路典礼②，而全路工程则至 5 月才告完成。原计划辟筑宽度为 40 公尺的路面，由于受到时间、经济条件的限制，只完成了道路中间 10 公尺的碎石柏油路面快车道，并以两旁各宽 5 公尺的游憩道作临时人行道使用。③

子午线路南段，即 1930 年后的中正路，自新街口至珠宝廊，与中山大道一同构成放射式干路。道路长约 1300 公尺，于 1929 年 5 月兴工，规划宽度为 40 公尺，但因所经地点皆非繁盛之区，故暂时开辟 10 公尺宽度的车行道。工程于 1930 年 7 月完工。

益仁巷道路，即 1930 年后的朱雀路北段，途经五马街、四象桥、刘公祠和益仁巷，为南京城市南北向的重要道路。④ 原有道路异常狭窄，不仅使得日常交通常受阻碍，还直接影响市面观瞻。工务局早有开辟此路之计划，但苦于经费无着落，加之附近市民反对，直到 1929 年 4 月方才兴工。工程于 1929 年 11 月完工。⑤ 开辟后的道路宽度为 24 公尺 38 公分，中间铺设有 10 公尺的柏油快车道。

---

① 《建筑迎榇大道，举行破土典礼》，载《首都市政周刊》第 31 期，《申报》1928 年 8 月 13 日。

② 《中山路开路典礼纪盛》，载《首都市政周刊》第 64 期，《申报》1929 年 4 月 8 日。

③ 《刘市长讲演建筑中山大道的经过》，载《首都市政周刊》第 60 期，《申报》1929 年 3 月 11 日。

④ 《朱雀路 1929 年道路图以及 1965 年道路、下水道现状图》，1967 年，南京市城市建设档案馆藏，档号 E11－0042－0138。

⑤ 《益仁巷新马路路牙、排水设备已告竣工》，载《中央日报》1929 年 11 月 12 日。

中央党部路，自中央党部门前至中山大道，附近多为菜地，道路长度接近 350 公尺。为便利孙中山先生灵柩出入，工务局于 1929 年 5 月完成此路的开辟工作。该路路面宽度为 10 公尺。此路此后亦成为中央党部往来车辆的必经之路。

黄埔路，自中央军官学校至中山大道，长度约为 1200 公尺，因召开国民党三全大会的需要，工务局授命在旧路的基础上开辟此路。工程于 1929 年 3 月竣工。该路路面宽度超过 16 公尺。[1]

交通路，即 1930 年后的热河路，自下关京沪车站至中山北路，全长 891 公尺，为下关地区出入城内的重要道路。1929 年，经过反复测量路线后，其路线最终被确定为一条直线。[2] 工务局于 1930 年 5 月开工，在填埋了部分护城河后，将其宽度辟为 12 公尺。全路于 1930 年 11 月 5 日宣告通车。[3]

三、1931—1934 年城南道路的渐次开辟和城中放射式干路的完成

在南京干路系统规划公布后，自 1931 年开始，南京道路的开辟进度较之前明显加快，不过由于中途受到九一八事变、"一·二八"事变的影响，市政府财政异常困难，许多道路被迫搁置或延迟开辟。从空间上看，这一阶段道路开辟的重点基本放在人口、商业集中的南京城南，同时汉中路和中央路的先后开辟则标志着南京城中放射式干路的完成，参见图 2.20。

太平路，北接中山东路，沿途经吉祥街、花牌楼、太平桥、门帘桥后接通朱雀路，道路长度超过 1300 公尺，为南京城市南北往来之交通要道。原有街道非常狭窄，宽度一般仅为五六公尺，路中间铺有条石小车道，两

---

① 秦孝仪主编：《抗战前国家建设史料——首都建设（一）》，见《革命文献》第 91 辑，1982 年，第 68 页。

② 《变更下关火车站至中山路路线案》，载《首都市政公报》第 42 期，1929 年 8 月 31 日，公牍，第 60 页。

③ 《下关交通路昨已全部完成》，载《中央日报》1930 年 11 月 6 日。

边则铺以片石。① 根据规划，该路宽度为 28 公尺，但因朱雀路北段即益仁巷新马路开辟时，南京干路系统规划尚未出炉，而太平路因与朱雀路北段连成一条直线，故其宽度经首都建设委员会议定，亦照朱雀路之 24 公尺38 公分开辟，以资整齐。工务局于 1931 年 3 月兴工，于同年 10 月初开辟完成。②

图 2.20　1934 年底的南京城市路网
资料来源：根据《南京市城区已成道路图》（南京市
工务局编印《南京市工务报告》，1937 年）改绘。

---

① 《1930 年至 1932 年太平路道路、下水道工程及 1965 年现状图》，1967 年，南京市城市建设档案馆藏，档号 E11-0011-0048。
② 《工务局筑路成绩》，载《中央日报》1931 年 10 月 10 日。

白下路西段，自珠宝廊至中正街，为连接中正路与朱雀路之交通要道，也是沟通南京城市东西方向的重要捷径之一。原有街道宽度不一，但都过于狭窄，最窄的内桥附近仅宽 4.5 公尺，较宽处如中正街一带，也不过 7 公尺左右[1]，以致车辆塞途、交通不便。根据干路系统规划，道路全长 638.5 公尺，规划宽度为 28 公尺。因道路地位重要，工务局决定一次性辟足规划宽度，中间铺设 10 公尺柏油路面，两旁为各宽 4 公尺的弹石路，再外侧为各宽 5 公尺的水泥人行道。[2] 工程于 1931 年 7 月开工，于 1931 年 10 月竣工。

图2.21 建筑中的白下路西段

资料来源：《南京市政府公报》第 92 期，1931 年 9 月 30 日，插图。

汉中路，自新街口至汉中门，为南京城市东西向重要干道，也是城中放射式干路的一部分。在开辟以前，沿线除个别地点为机关或民房建筑

① 《1931 年至 1957 年白下路道路、下水道工程及 1964 年现状图》，1967 年，南京市城市建设档案馆藏，档号 E11－0050－0169。

② 《工务局最近工作概况》，载《南京市政府公报》第 91 期，1931 年 9 月 15 日，第 72 页。

外，多为菜园、耕地、水塘或山丘，较为荒僻。① 为便利施工和节省经费，该路西段原先准备沿着石鼓路旧路开辟，直达汉西门，但因所经路线不是一条直线，与开辟道路的初衷矛盾，故最后决定自老米桥以西沿直线开辟新路，并新辟汉中门，作为出城之处。② 道路长约 1900 公尺，辟足 40 公尺路基，并铺设 12 公尺快车道。工程于 1931 年 7 月开工，因受时局、经费等影响③，至次年 8 月才告完成。

中华路，自白下路至中华门，途经府东街、三山街、大功坊、花市大街和南门大街，外来货物多由此路经过，为南京城市南北方向重要干路。④ 此路段商肆集中，市面繁华，但旧有道路异常狭窄，最窄处仅为 3.5 公尺，以致汽车难以通行。⑤ 根据干路系统规划，工务局原打算一次性辟足 28 公尺，但因施工时处在市况极端萧条时期，附近市民提出缩减，最终辟为 23 公尺。1932 年 8 月初，全路竣工。⑥

中央路，即原先规划的子午线路北段，自鼓楼中山北路至和平门车站，道路全长超过 3.8 公里。中央路为城北重要道路，且路线所经地方为中央党部所在，加之东接玄武路，往返车辆日增月盛，建成后又可促进城北土地的开发⑦，故被南京市政府列入 1933 年开辟计划内。根据规划，该路宽度为 40 公尺。因所经地区尚较荒僻，为适应实际交通需要、节省财力，先行开辟 16 公尺宽路基，中间铺设 10 公尺宽的碎石路面。1934 年 5

---

① 《1931 年至 1933 年新建汉中路道路、下水道工程等文件材料》，1967 年，南京市城市建设档案馆藏，档号 E11 - 0006 - 0025。

② 《变更开辟汉中路循旧路出城计划案》，载《首都市政公报》第 83 期，1931 年 5 月 15 日，公牍，第 21 页。

③ 《验收建筑汉中路第一期工程案》，载《南京市政府公报》第 106 期，1932 年 4 月 30 日，第 44 页。

④ 《南京特别市新辟干路宣传大纲》，载《首都市政公报》第 40 期，1929 年 7 月 31 日，专载，第 4 页。

⑤ 《1932 年中华路道路、下水道之工程以及 1964 年现状图》，1967 年，南京市城市建设档案馆藏，档号 E11 - 0036 - 0109。

⑥ 《中华路完成》，载《中央日报》1932 年 8 月 3 日。

⑦ 《中央路正式路面之建筑》，载《政治成绩统计》1935 年 11 月，第 195 页。

月碎石路面竣工后，因路基多由池塘及低洼之处填筑而成，恐未沉落压实，为慎重起见，工务局决定暂缓浇铺正式柏油路面，以免发生塌陷之事。① 后因召开国民党五全大会的需要，工务局于 1935 年冬季奉令赶办铺筑冷柏油②，于 1936 年 6 月初正式完成。

国府路西段，自大仓园至中山路，道路约长 1000 公尺，为国府门前的重要道路。在国府路中段、东段已经先后开辟完成的情况下③，此段道路原定于 1931 年开辟，但因市政府经费困难，延至 1934 年 11 月方才完成。旧有道路宽度狭窄，仅有 3.5 ~ 6 公尺，因该道路较为重要，一次性辟足 26 公尺。

建康路二、三段，自铜作坊起，经黑廊街、驴子市、奇望街、淮清桥、太平里至大中桥，长度约为 900 公尺，沿途所经均为南京城南繁盛地点，亦是沟通南京城市东西向的重要道路。④ 南京市政府原拟于 1932 年内开辟完成，但由于建设费用不足，所以决定暂缓开辟。至 1934 年，工务局决定重启工程，先行开辟二、三段，以在便利交通的同时改善市面观瞻。⑤ 根据干路系统规划，一次性辟足宽度 28 公尺，并于当年 11 月竣工。

四、1935 年后南京城市路网向城西、城北拓展

1934 年 6 月中下旬，蒋介石视察市政建设工作，以广州路、上海路、莫愁路等"通达四郊，甚为重要"，指示南京市政府尽早开辟⑥，从而拉开了南京城市路网向城西、城北拓展的帷幕。

---

① 《中央路正式路面暂缓施工》，载《中央日报》1934 年 6 月 7 日。
② 《第三九五次市政会议纪录》，载《南京市政府公报》第 166 期，1936 年 6 月，第 2 ~ 3 页。
③ 国府路中段为 1928 年辟成的狮子巷马路，东段为国民政府东箭道至汉府街道路，约在 1930 年底开辟完成。
④ 《南京特别市新辟干路宣传大纲》，载《首都市政公报》第 40 期，1929 年 7 月 31 日，专载，第 4 页。
⑤ 《建康路之开辟》，载《政治成绩统计》1934 年 7 月，第 242 页。
⑥ 《市府令工务局开辟通达四郊道路——广州、上海、莫愁三干路》，载《中央日报》1934 年 6 月 30 日。

广州路，原为小桃园、干河沿、清凉古道一线，沿途所经之处虽然山林幽僻，人烟稀少，但因清凉山一带计划开辟为公园住宅区，其北又有新辟之新住宅区第四区，"故此路之开辟，于连系城西住宅区之交通，及启发风景，实具重大之效用"①。道路全长约 2800 公尺，规划宽度为 28 公尺，实际铺设路宽在 4.5～6 公尺不等。工程于 1934 年 12 月开工，至次年 7 月完工。②

莫愁路，南自水西门内起，北至汉中路止，为城西贯通南北向交通之要道，开辟前除朝天宫以南一带建筑较多，其北尚较荒僻。路长 1518 公尺，路宽照规划宽度 22 公尺一次性辟足，道路中间浇铺 6 公尺柏油路面。工程于 1935 年 4 月完工。

上海路，由汉中路北至江苏路，因与中山北路而来之云南路南段相接于江苏路，"为谋水西门与中山北路间直达，藉以便利城西及新住宅区之交通起见，爰将二线继续一并开辟"③。两路全长约 2700 公尺，规划宽度皆为 22 公尺，因沿途多为耕地、水塘和山坡，先辟足 22 公尺土基，暂时铺设 6 公尺宽碎石路面。全部工程于 1935 年 11 月竣工。

在开辟上述几条干路的前后，南京城市南北向的干路已有中山路、中正路、太平路、中华路等可互相衔接，而东西向除了中山东路与汉中路连成一线，还没有第二条干线。此时，工务局考虑到珠江路、广州路恰与中山东路及汉中路平行且位于其北，可以作为又一条东西干线的备选。④ 在广州路已开始施工的情况下，该局于 1935 年初招标开辟珠江路。⑤

珠江路，东起黄埔路，沿马标、大影壁、珍珠桥、洪武街、莲花桥、三眼井、焦状元巷，接通中山路，所过地点皆为繁盛区域，道路长约 2100

---

① 南京市工务局编印：《南京市工务报告》第一章《道路》，1937 年，第 9 页。
② 《验收广州路第一期工程案》，载《南京市政府公报》第 160 期，1935 年 12 月，第 91 页。
③ 南京市工务局编印：《南京市工务报告》第一章《道路》，1937 年，第 10 页。
④ 南京市工务局编印：《南京市工务报告》第一章《道路》，1937 年，第 8 页。
⑤ 《珠江路即招标兴工》，载《中央日报》1935 年 1 月 17 日。

余公尺，按规定宽度一次性辟足 28 公尺，中间铺设 12 公尺宽柏油路面。全路工程于 1935 年 4 月开工，于 1935 年 11 月竣工。

如果说 1935 年工务局开辟的道路还侧重于城西及城西北一带的话，那么在进入 1936 年以后，根据实际交通需要，该局开始推动城北道路的开辟工作。

绥远路东段，鉴于南京城北交通日趋重要，自中央门至下关亟需一条由城外直接贯通的道路，故工务局决定开辟此路。① 道路约长 2440 公尺，暂辟宽度为 7.5 公尺的路基，铺设 5.5 公尺宽的弹石路面，并同时开辟多伦路至广东路一段。工程于 1936 年 3 月开工，于当年 7 月竣工，于当年 10 月通过验收。

黑龙江路东段、福建路、察哈尔路，三条道路递接为一线，自中央路起，经铁道部、交通部而至清凉山止，是沟通南京城北与城西的重要道路。全路长 4.3 公里，由于路线沿途所经并非繁盛区域，全路宽度暂时定为 5.5 公尺，铺弹石、煤屑两种路面。② 工程于 1936 年 4 月 1 日开工，于当年 7 月竣工，于当年 10 月通过验收。

除此以外，工务局还于 1936 年完成了此前由于经费困难而搁置已久的昇州路及建康路第四段的开辟工作，"东通中华路，西达水西门，与去年莫愁路相衔接"③，自此又一条东西向干路完整地出现在南京城南商业繁盛之处。这一阶段南京城市路网的空间格局参见图 2.22 所示。

通过本章的叙述可知，基于道路及其构成的网络在保障城市日常交通以及构建城市空间过程中所起的基础性作用，以"首都建设"为首要任务的中央机关和地方政府在 1927 年春国民政府定都南京后，便迫切希望对破旧不堪、分布不均的城市旧有路网进行改造。

---

① 南京市工务局编印：《南京市工务报告》第一章《道路》，1937 年，第 12 页。

② 《本年本市工务进展情形》，载《南京市政府公报》第 171 期，1936 年 11 月，第 104 页。

③ 《本年本市工务进展情形》，载《南京市政府公报》第 171 期，1936 年 11 月，第 104 页。

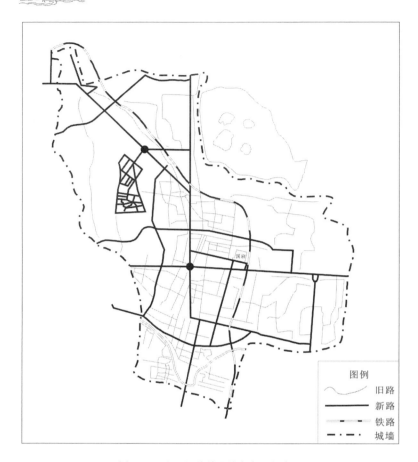

图 2.22　全面抗战前夕的南京城市路网

资料来源：根据《南京市城区已成道路图》（南京市工务局编印
《南京市工务报告》，1937 年）改绘。

　　经过 1927—1937 年十年时间的努力，南京市政府不仅对南京部分旧有
道路进行了清障和翻修，还根据制定的道路系统规划，陆续开辟了许多道
路；在保留原先城南等处棋盘式（矩形）路网结构的基础上，建成了中山
路、中央路、中正路、汉中路东西向、南北向放射式干路，并以此为基础
向城西、城北拓展路网，从而为南京城市建设构建了框架。

　　这一过程并非一帆风顺、毫无波澜。相反地，政府时刻面临着两个比
较突出而棘手的实际问题。

在捉襟见肘的建设经费面前，南京市政府常常是"巧妇难为无米之炊"，一些道路的开辟工作也深受影响，还有更多的道路则没有得到改观。尤其是干路背后的大小街巷，与干路形成了强烈反差，"细察小巷僻处，路面狭小，瓦砾凹陷，池不像池的污水之数，丘不像丘的秽物之堆，真是美中不足"①。

面对生存维艰、利益受损的普通市民因反对道路开辟和要求更改道路规划而发出的阵阵声浪，南京市政府在绝大多数情况下都保持着一种不予妥协的基本态度，只是偶尔做出一些有限的让步，以体现自己"亲民"的一面。

除了在较大程度上改善了南京城市日常的通行条件，1927—1937 年南京城市路网的改造，对南京城市空间的影响、作用和意义大致可以分为以下三种情况。

第一，如中山大道、中正路、汉中路、中央路等原本较为缺乏旧路基础的新路线，它们的开辟完成打破了南京城市原有道路的走向与分布，为其附近土地的开发与利用提供了前提和基础，实际上也成为日后南京城市空间生长的新轴线。

第二，如城南地区的太平路、朱雀路、白下路、中华路、建康路、昇州路等原本沿线建筑就非常密集的道路，在基本遵循旧有路线进行开辟时，其两侧的旧有房屋因道路宽度的增加或多或少遭到拆除，连同此后将要进行的房屋重建实际上是对旧有城市空间的一种改造。

第三，在当时南京城墙以内之地域大部分荒芜的背景下②，对于一些沿线建筑密度不大、尚有大量农地或空地的旧有道路而言，在沿用旧路开辟或施以翻修之后，一定程度上改善了原先的开发基础，从而避免了因基础设施落后影响城市观瞻，也为南京城市空间的拓展打下了良好的基础。

---

①　张崑：《南京市之我观》，载《是非公论》第 9 期，1936 年，第 17 页。数，疑作"薮"。

②　国都设计技术专员办事处编：《首都计划》，南京出版社 2006 年版，第 5 页。

第三章 普遍而多样：1927—1937 年南京土地产权的转移

现有的各种资料表明，在南京城市路网被改造的同时，1927—1937 年南京的土地产权实际上也处在一个剧烈转移的过程之中。

南京城墙内外的土地面积虽然较为广阔，但近代以来发展得相对滞后，使得城市工商业长期不振，加之人口增长也非常缓慢，故而在国民政府定都以前，全市房屋总体上处于供过于求的状态，人们对土地的需求不是很强烈，土地产权的转移亦比较有限。①

国民政府定都以后，在外来人口大量涌入的背景下，南京城市人口增势惊人。因为人们对各种土地的需求日益增长，土地产权的转移遂成为当时一个非常普遍的现象，而产权转移的方式和内容也由于交易双方和产权归属的复杂性，显得较为丰富和多样。

第一节 南京土地的产权归属

土地产权是土地社会属性的反映与表达，也是一个比较复杂且有一定争议的概念。作为一个权利束的集合，它通常包括土地的所有权、占有

---

① 阎海璘、李润青：《南京市政府实习总报告之第五编土地行政》，见南京图书馆编《二十世纪三十年代国情调查报告》第 236 册，凤凰出版社 2012 年版，第 373 页。

权、使用权（经营权）、收益权（享用权）和处置权等①，这些权利既可以统一，也可以分离。

进入民国以后，在西方土地产权制度的影响下，全国城镇土地的产权归属一改以往的划分标准，在更为强调"业权"的基础上，逐渐将土地划为公有土地和私有土地两大类。具体而言，"公有者，为政府所有，供行政上使用，或作公共用地，亦有租与民使用，政府取得租金，充行政经费；私有者，即为民所有，任民自由使用"②。

在国民政府定都南京后，南京土地产权的归属也是如此。笼统地说，中央机关单位等在南京拥有一定数量的国有土地，南京市政府管有市有土地，与这些公有土地同时存在的则是私有土地。在论述1927—1937年南京土地产权转移的方式之前，有必要先对当时南京的土地产权的归属情形做一介绍。

一、晚清以来南京混乱的土地产权状态

南京作为江南重地，自经历明末之乱以来，特别是又经历了太平天国起义，其民间土地的产权契证散失零落的为数甚多。此后虽有清末民初政府机关的数次发照补验，但均未能做到彻底整理，反使得土地产权愈加混乱③，这突出表现在以下几个方面。

第一，发行契照的机关数量众多，契照种类繁复混杂。

1864年清军克复南京后，江宁府、上元县、江宁县、善后局、劝农局、督垦局、保甲局等在招徕人口垦荒时，均发给相应契照。进入民国后，又有督军署、省长公署、江苏省会警察厅、商埠局、营产局等，颁发各自的土地契照，作为土地执业者的管业书据。甚至连一些临时机构如处分江南贡院事务所，也具备发放执照的资格。经统计，1927年以前在南京

---

①　参王万茂主编《土地资源管理学》，高等教育出版社2003年版，第103页。

②　马学强：《从传统到近代——江南城镇土地产权制度研究》，上海社会科学院出版社2002年版，第300页。

③　南京市政府秘书处编印：《南京市土地行政概况》，1935年，第11页。

市内发行过土地契照的机关有七八十个，无怪乎时人有"政出多门，未有甚于斯者也"的感叹。① 而据粗略估计，这些机关发行的契照竟不下数十种，其中比较常见的有官契、印契、新契、验契、字据、包约、丈单、管业单、照票、租照、执照、联照等。这些不同门类的契照对南京土地产权的混乱无疑起了推波助澜的作用。

第二，契照所载内容与实际情况多不相符。

自经历太平天国起义后，南京"民间殊少确实契据，人民所执产业，多与契载面积不符"，业户、坐落、面积、种类、四至等在土地契照上本应清楚载明的内容，事实上大多数时候不仅异常简略空泛，而且没有准则。有时契载的土地面积只有 20 余亩，实际上所执之地产竟有 100 亩之巨，"至于溢出数亩或数分者，则更举不胜举"②。在政府机关监管不力的情形下，土地业户或窃卖、朦领公有土地，或侵占、吞蚀私有土地，混淆产权的做法相当普遍和常见。

第三，不尽合理的土地交易习惯加剧了产权混乱。

南京民间在进行私有土地交易时，随意分割契照，有时一块面积不足 1 亩的土地，经过辗转买卖、归并后，其契照竟多至数十百张。这些契照的大小、长短、宽窄样式均不一致，上契、本契之外，又有契头、契尾彼此粘附，加之发照机关印信多样，印泥颜色不同，钤盖位置互异，致使契证支离破碎、复杂纷繁。如果遇到伪造的契照，更是难于辨认，一旦发生争执，往往缠讼数年，"稍有疏虞，动遗后患非浅"③。

第四，私人非法处置公有土地。

私人可通过承租的方式使用旗地、滩地、官地等政府所有的公有土地，如果不再需用时，可将租赁资格推让予他人，但事先须进行详细登记。由于晚清以来政局动荡，政府对此类登记疏于管理，致使租户动辄将

---

① 南京市地政局编印：《南京市土地行政》，1937 年，第 76～77 页。
② 《办理土地登记情形》，载《南京市政府公报》第 157 期，1935 年 9 月，第110 页。
③ 南京市政府秘书处编印：《南京市土地行政概况》，1935 年，第 11 页。

公有土地随意推让，次数既多，难免使产权趋于混乱。更有甚者将租赁而来的公有土地视为己有，盗卖情形屡见不鲜，从而严重混淆了土地产权的归属。①

综上，在国民政府定都初始，摆在南京特别市市政府面前的，一是琐碎纷繁、时间紧迫的首都建设任务，一是作为建设载体之土地混乱不堪的产权状况。因而土地局成立后，其职责便在于专事办理包括测量、申报、登记、调查、估价、清理等在内的诸种土地行政事宜，而又以厘清土地产权、充分整理土地和合理分配土地为最终目的，以为南京城市大规模建设奠定基础。

在南京特别市市政府看来，从事土地行政之初，统一市内公有土地的产权归属是一个不可或缺的前提，正所谓"有权即有力，有力即能运用政治，获有相当之进展"②。在这个关乎"管理地方事务之范围"的问题上，南京特别市市政府却受到了来自中央机关的重重挑战。

二、南京特别市市政府统一市内土地产权的努力及失败——国有土地的种类

南京特别市市政府成立以后，在下属主要机关陆续将普育堂、下关商埠局等拥有之土地收归市有的同时，中央机关也分别接管了不同数量的土地，从而奠定了国有土地的基础。对于中央机关办公地点范围内的土地，南京特别市市政府似乎无意过多计较其产权，双方之间的分歧主要集中在营地、官地等的产权归属上。

营地，或称营产，主要包括全国各省市县的屯卫田地、武职衙署、军营公所、驻防营舍、操场、牧场以及其他一切炮台、城基营地等。事实上，至少在 1928 年上半年时，营地还属于南京市有土地的一种，但军政部的强势介入使南京特别市市政府对营地的产权得而复失。

---

① 《公费地处理办法》，1933—1936 年，南京市档案馆藏，档号 1001 - 1 - 1246。

② 虞清楠：《地方自治声中之南京市行政权问题》，载《首都市政公报》第 41 期，1929 年 8 月 15 日，言论，第 1 页。

早在 1927 年 8 月，土地局便派员接收了原先的台营官地清理处。① 此后一段时间，南京特别市市政府想当然地认为自己主管营地，清理营地之事自应由土地局承担。土地局因此在 1928 年秋季拟定的《南京特别市市政府土地局土地行政计划书》中明确提出，"拟照清理旗地办法，随时整理"② 本市范围内之营地。与此同时，该局曾先后两次标卖（产权清理的办法之一）位于水西门和九莲塘的两处营地。③

然而此后不久，国民政府军事委员会在给各省市区所发的公函中，明确指出清理营地的工作亟应按照相关程序进行，而在此之前各地的主管机关应一律停止对营地的处理工作，同时在军政部内设立营产科，专门负责营地的管理④，这实际上剥夺了南京特别市市政府对营地产权的所有。

因为不甘心如此轻易地将营地产权就此让出，南京特别市市政府特意于 1928 年 12 月 1 日致函国民政府，询问是否可以根据相关法规，将市内营地交由土地局负责清理："查《市组织法》第五条第三项暨第十条第二项既经规定，特别市于不抵触中央法令范围以内，办理一切土地事项，所有属市区域以内关于营产事项，应否即由职府土地局清理之？"⑤

国民政府文官处接函后，表示将转交行政院核示。经该院第十三次会议讨论后，行政院做出如下决议："关于调查营产事宜，军政部已有规则公布，应由军政部办理，市政府如需用此项营产时，应另案呈请转饬军政

① 《清理市内营产案》，载《首都市政公报》第 26 期，1928 年 12 月 30 日，公牍，第 49 页。
② 《南京特别市市政府土地局土地行政计划书》，载《首都市政公报》第 21 期，1928 年 10 月 15 日，特载，第 7 页。
③ 《函复标卖营地处所案》，载《首都市政公报》第 39 期，1929 年 7 月 15 日，公牍，第 40 页。
④ 《颁发营产调查规则案》，载《首都市政公报》第 22 期，1928 年 10 月 31 日，公牍，第 18 页；《清理市内营产案》，载《首都市政公报》第 26 期，1928 年 12 月 30 日，公牍，第 49～50 页。
⑤ 《清理市内营产案》，载《首都市政公报》第 26 期，1928 年 12 月 30 日，公牍，第 50 页。

部核办。"闻此答复后，南京特别市市政府悻悻地指示土地局："市内一切营产，归军政部办理。"①

1929年2月18日，行政院明令南京特别市市政府将市内营地移交给军政部接管。但南京市政府显然还想做最后一搏。该月28日，土地局函请南京特别市市政府转呈行政院，提出江苏省各县营产、城根营地早已拨作教育基金，现在南京教育正值力谋发展之际，教育经费却颇为竭蹶，是否可以援例将本市内城根营地的租金拨充教育经费，而将营地仍交由本局负责经管，以便统一事权。②

但行政院随后以"首都防务关系权衡轻重"为由，拒绝了南京特别市市政府的这一请求。行政院在回函中说："查江苏各县城根营地，前于民国十一年十一月自齐燮元任内拨充教育基金时，即以南京城根关系国防，不得援照办理，早已明白划出在外，有案可稽。……当时不过省会之区，尚且特别保留，现为国都所在，卫戍森严，尤未便轻予划拨。明知教育经费为难，凡有可设之方，自应协力相助，惟以首都防务关系权衡轻重，实难准如所请。"③ 自此以后，在土地局编纂的市有土地行政计划或报告中，就再也没有看到"营地"的字眼。

官地产权的归属纷争更为激烈。1927年国府定都以后，土地局与江苏官产沙田事务局在南京市内官地的产权归属问题上产生了诸多争执。土地局在日常工作中发现，"往往有职局调查而发现之荒基，勘丈估价，公布标卖，该局亦同时召人承领，民众于是相率观望……其于双方之行政，皆发生困难，而于职局未来之设施尤多窒碍"④。为此，在1928年8月1日

---

① 《令知市内营产归军政部办理案》，载《首都市政公报》第30期，1929年2月28日，公牍，第28页。

② 《土地局呈送营产卷宗案》，载《首都市政公报》第32期，1929年3月31日，公牍，第51页。

③ 《移交城根营地案》，载《首都市政公报》第36期，1929年5月31日，公牍，第51页。

④ 《市内沙田官产划归市管案》，载《首都市政公报》第23期，1928年11月15日，公牍，第31页。

召开的南京特别市市政府第二次市政会议上，土地局局长杨宗炯建议提请国民政府将市内的官地划归市有，以便统一土地产权。① 不过令南京特别市市政府失望的是，财政部于 1928 年底答复道："国有、省有、市有之土地管辖性质，照中央政治会议议决，其辨别至为明了。所有各属官产，业经本部呈准，划归国有，由本部设局经理。"② 而行政院在 1929 年初处理肚带营一带官地纠纷案时，表态支持财政部，同时告诫市政府，"所谓市有土地者，必须该市以民法上之手续取得产权之地，或产权已经确定之地，性质属于市范围者，乃可称为市有，并非凡在市区域以内之土地统可称为市有也"③。到了当年夏天，国民政府更是明确表示官地的产权应归国有，而南京市内官地也就须由财政部设立的官产局管理、处分。④ 尽管如此，由于南京市政府与官产局此后在官地的产权问题上仍有纷争，所以于 1932 年 10 月与财政部商订《处分南京市内官产办法》，规定对官地的处分由市政府和官产局会同处理。1934 年 6 月《公有土地处理规则》施行后，这一处理方式仍然不变。⑤ 因此，在某种程度上可以将官地视为南京市政府和中央机关的共有产权土地。

综上所述，在南京特别市市政府统一市内土地产权的努力宣告失败的同时，营地等便成了国有土地。营地、官地及中央机关、国立学校等拥有的土地，共同构成了当时南京国有土地的主体部分。

三、南京市有土地的来源及其主要种类

市有土地，顾名思义，即南京特别市市政府所有之土地。1929 年春公

---

① 《第二次市政会议纪录》，载《南京特别市市政公报》第 17 期，1928 年 8 月 15 日，会议录，第 4 页。

② 《标卖肚带营官地案》，载《首都市政公报》第 27 期，1929 年 1 月 15 日，公牍，第 33 页。

③ 《行政院令停标卖肚带营基地案》，载《首都市政公报》第 32 期，1929 年 3 月 31 日，公牍，第 47 页。

④ 《令知沙田、官产应由财部设局处分案》，载《首都市政公报》第 38 期，1929 年 6 月 30 日，公牍，第 2 页。

⑤ 南京市政府秘书处编印：《南京市土地行政概况》，1935 年，第 16 ~ 17 页。

布施行的《修正南京特别市市政府处理市有土地暂行条例》明确规定，凡在本市区域内的土地，除了私人或法人所有以及中央法令规定其性质为国有应由中央各主管机关处理者，其余的均属于市有。市有土地统归南京特别市市政府管有、使用和收益。①

南京特别市市政府成立以后，包括土地局、教育局、财政局、旗民生计处、铁路管理处在内的下属主要机关便纷纷接管了原先许多机构如普育堂、金陵救生局、承恩寺以及商埠局、江宁铁路管理局等拥有的土地，这便是市有土地的重要来源之一。② 正如前文所述，这些土地在未被接管以前，有的没有契据，有的虽有契据但因数次推让转移而致契据遗失。此外，年久剥蚀无存、债务抵押、租地建筑、邻右侵占等种种情况亦引发了种种土地产权上的纠纷。

为统一事权、改善工作，不少机关最初接管的土地随后又陆续划归土地局管理。由于产权情形异常混乱，土地局很早就开始了针对市有土地的清查工作。根据颁行于 1929 年的《南京特别市市政府土地局清查市有土地暂行章程》，除了被清查出的由机关或团体管理以及个人占用的市有土地，土地局凡遇到无主土地时，应当发布公告，并登报招寻关系人，如果在 6 个月期限内还无人呈验执业契据，该土地应即视作市有土地。③

这就表明，市内无主土地实际上是市有土地的另一个来源。在《首都市政公报》的公牍和布告中，这样的案例比较普遍。如 1929 年在糖坊桥、明瓦廊等地，都出现过多处无主土地收归市有的情况。④ 而根据土地局的统计，仅 1934 年 7 月至 1935 年 10 月，该局接收的无主土地就达到了 123

---

① 《审查完竣之处理市有土地暂行条例》，载《首都市政公报》第 31 期，1929 年 3 月 15 日，纪事，第 4 页。

② 南京市政府秘书处编：《一年来之南京市政》，1935 年，第 66~67 页。

③ 《南京特别市市政府土地局清查市有土地暂行章程》，见《南京特别市市政法规汇编初集》，1929 年，第 283~285 页。

④ 《糖坊桥无主土地二处收归市有案》，载《首都市政公报》第 35 期，1929 年 5 月 15 日，公牍，第 38~40 页；《接收明瓦廊无主荒地三处案》，载《首都市政公报》第 45 期，1929 年 10 月 15 日，公牍，第 36~37 页。

起，面积约计 192 亩。① 不过根据时人的评价，从总体需求出发，市有土地的面积仍然偏少且大多较为零散，因此不利于南京市政府推行各种市政建设。②

除了零星接收的市内无主土地，笔者选择了以下几种比较重要的市有土地，对其基本情况加以介绍。

1. 旗地

旗地是清军入关后，按照职级拨租给旗营官兵的土地，作为居住、耕种之用，性质属于官有，政府每年仅收取极少的忙租。

南京城墙以内的旗地集中分布在城东明故宫旧址和城南王府园。前者作为清军驻防城，因驻防旗兵集中于此，旗地数量最多；后者历经元江南行御史台、吴王朱元璋旧居和承恩寺等几个历史阶段，及至清军入关，将此处收为旗产。此外在门东、门西以及城北，亦有旗地"东鳞西爪，散处全城"，形成此种局面的主要原因是，"民与民间互争无主地，无法解决者，如能径向将军署领照认租，纵系民有，亦被指作旗地，不特人民不容异议，府县亦不敢过问"③。

清中期以后，随着生活的日益腐化，旗营官兵好逸恶劳、不事生产之风气愈演愈烈，于是纷将大量旗地推让给汉人租种，仍向政府缴租。④ 与此同时，旗营官兵也有将旗地私自售卖给汉人的行径，这一违规的做法极大地扰乱了旗地的产权归属。⑤ 进入民国后，旗地的主管机关虽屡有变更，但皆以清查旗地产权和改善旗民生计为工作重点。

南京特别市市政府成立后，很快接收了原先的旗民生计处，并以土地局为主体，组织成立清理旗产委员会。后因土地局已开始办理旗产登记，

---

① 南京市政府秘书处编印：《南京市土地行政概况》，1935 年，第 17 页。

② 阎海璘、李洵青：《南京市政府实习总报告之第五编土地行政》，见南京图书馆编《二十世纪三十年代国情调查报告》第 236 册，凤凰出版社 2012 年版，第 471 页。

③ 万国鼎：《南京旗地问题》，正中书局 1935 年版，第 6 页。

④ 南京市地政局编印：《南京市土地行政》，1937 年，第 86 页。

⑤ 万国鼎：《南京旗地问题》，正中书局 1935 年版，第 64 页。

为简化机构起见，南京特别市市政府于1929年3月决定裁撤清理旗产委员会，由土地局接管该委员会的工作。①

2. 滩地

滩地，亦可称作水影地，大多分布在城外下关地区，一般是由沿江、沿河隐约可见之漫滩逐渐生长而来的。

根据史料记载，约在1914年后，商埠局陆续开始将沿江滩地等租给南京市民，以供其建筑简陋房屋等，其时放租的面积约为15亩。② 除沿江滩地，商埠局等曾花费巨资填筑小郎河而成的黄泥滩滩地，面积约有40余亩。1923年前后，福宁公司向商埠局承租此处滩地16亩，规定租期为30年。③ 余下的滩地则皆租给附近的贫民搭盖草屋使用。

由于租约订立时间较早，且为振兴市面考虑，当时订立的租金极其低微，同时由于测量未精，随着时间的推移，租约载明面积与实际多不符合，租户擅自侵占滩地的情况相当普遍。④ 南京特别市市政府在接收商埠局后，便开始计划关于清理滩地产权和改订滩地租约的工作。

3. 京市铁路沿线地

1907年，两江总督端方筹划修造宁省铁路，计划从下关江口起筑，经由关闭已久的金川门入城，直达城内中正街，长度约为7英里。该铁路至1909年8月26日全线贯通载客时，共设有江口、下关、三牌楼、丁家桥、无量庵、总督署、中正街七站。

因为施工的需要，当时政府预先购买了沿线的大量民地，除了供给工程使用，还留下了不少多余的土地，此即铁路沿线地的由来。进入民国以后，江宁铁路管理局约自1917年开始，向市民出租铁路沿线地。出租的土

---

① 《撤销清理旗产委员会案》，载《首都市政公报》第33期，1929年4月15日，公牍，第102~103页。

② 南京市政府秘书处编印：《南京市土地行政概况》，1935年，第17页。

③ 《准饬福宁公司退租并估价收买地上建筑物案》，载《首都市政公报》第62期，1930年6月30日，公牍，第32页。

④ 《下关滩地准由原租户价领案》，载《首都市政公报》第31期，1929年3月15日，公牍，第54页。

地大致可分为耕地和基地两种用途，前者只限于自种菜蔬，不得作为他用，后者准许市民搭盖房屋。但由于为时既久、监管疏失，租户大多违章转租或私自在耕地上建筑房屋，导致租地情形异常凌乱。①

1927 年 7 月，南京特别市市政府接收江宁铁路管理局，设置南京特别市铁路管理处。至 1932 年，遂改由土地局负责接管铁路沿线地，负责铁路沿线地的管理、清查及改订租约等事宜。②

4. 溢地

所谓溢地，指市民实际占有土地面积超出地契载明土地面积的那一部分土地。通俗地说，契载面积为五亩，而其实际占用之面积为八亩，此多出之三亩即溢地③。

当时南京溢地产生的原因，主要有以下三种：第一，市民侵占公地。在国民政府未定都以前，南京原本地广人稀，土地价值极低，而政府对公有地产的管理亦不甚重视，狡黠者遂得以肆意侵占。第二，市民短报漏税。为了减轻粮赋负担，市民常常故意短报面积希图漏税，等到政府整理土地、严密查核后，便无法继续隐瞒下去。第三，勘丈技术不精。过去的土地勘丈条件简陋，技术落后，往往模糊了土地的实际面积。土地局在采用新的测量方法后，便能查出大量的溢地。④

国民政府定都后，南京人口数量激增，各项建设事业猛进，需要的土地极多，土地价格也因之日益腾贵，市民侵占土地之事更甚于前，纠纷不断。⑤ 土地局查实溢地后，如果强令拆让，将使市民蒙受重大损失，但若

---

① 南京市地政局编印：《南京市土地行政》，1937 年，第 85 页。

② 南京市政府秘书处编印：《南京市土地行政概况》，1935 年，第 17 页。

③ 阎海璘、李洵青：《南京市政府实习总报告之第五编土地行政》，见南京图书馆编《二十世纪三十年代国情调查报告》第 236 册，凤凰出版社 2012 年版，第 446 页。

④ 南京市地政局编印：《南京市土地行政》，1937 年，第 90 页。

⑤ 如根据统计，南京市自 1935 年 7 月至 1936 年 6 月共计发生土地调查案件 15149 起，其中有关土地产权纠纷的，包括界址不明、契据不符及朦领、侵占、盗卖等案件 4019 起，参见南京市政府秘书处统计室编《二十四年度南京市政府行政统计报告》，1937 年，第 158 页。

任其占用，又失去了清理土地的本意。基于以上考虑，除了侵占的私有土地令其归还原主，对于市民侵占的市有土地，土地局自 1928 年后便开始陆续颁行相关法规，期望在解决产权纠纷的同时，又能为市民有效地使用土地提供必要保障。①

除了以上介绍的数种，当时南京市政府管有的市有土地还包括湖地（玄武湖、莫愁湖土地）、庄地（原普育堂、金陵救生局以及私人捐助之田地）以及洲地（八卦洲、九袱州、大小黄洲等 18 处田地）等②，由于这些土地的位置大多较为偏远，与南京城市建设的关系不甚紧密，这里不再一一展开。

四、私有土地

当时南京的国有土地和市有土地可以统称为公有土地，与之相对应的则是私有土地。

根据孙中山先生"平均地权"的思想，封建帝制被推翻后，"个人本位的时代已经过去，而依社会本位的见地，当然要使耕者有其田，并使土地上不劳而获的利益陆续归公"，因此国民政府明确规定，中华民国领域内之土地，原则上属于中华民国国民全体。

不过在当时，土地私有制度尚为一般民众所认同和尊重，如果骤然废止，恐怕将会引起剧烈的社会反响，"况且绝对公有了，如何平均分配给人民去使用，仍是极难解决的问题"。从这一现实出发，国民政府也并不否认个人相互间的私有观念，以及相关法令限制内的土地自由使用、收益的权利，因此就允许私人根据《民法》《土地法》《土地法施行法》等，在各级政府机关保留的公有土地外，依法取得土地的产权，这种土地便是私有土地。③

---

① 《修正承领溢地暂行章程案》，载《首都市政公报》第 53 期，1930 年 2 月 15 日，公牍，第 18～19 页。

② 李捷才：《本府在中央广播无线电台报告本市土地行政概况》，载《首都市政公报》第 71 期，1930 年 11 月 15 日，特载，第 14 页。

③ 陈顾远编著：《土地法》，商务印书馆 1935 年版，第 10～12 页；朱章宝：《〈土地法〉理论与诠解》，商务印书馆 1936 年版，第 51 页。

按照国民政府的设想，在"平均地权"的思想下保存土地的私有形式，绝不是一种自相矛盾的行为，因为平均地权的实现途径，"并不是强制没收私有土地，平均划分了，再行分配给全国人民，只是按照地价和土地增值征税，来实现耕者有其田的目的。同时，对于土地私有权的取得和运用，加以种种严密的限制，也可使其逐渐达到地权平均的阶段"。这种改良私有的办法在理论上为公有土地、私有土地的共存奠定了基础。①

虽然一直缺乏较为精确的统计，但与承认土地私有制度的西方各国的情形相类似，当时南京的私有土地较之于公有土地，数量更为巨大，面积也更为广阔。②

第二节　土地征收

按照时人的说法，所谓土地征收，指"国家为公共事业之需要，有偿的剥夺私人所有权，同时对需用土地人设定新权利之一种基于公法的行政处分"③。

南京作为国民政府首都，各种公共事业的建设异常纷繁，虽然拥有不少种类的公有土地，但面积相对有限且分布大多零星散碎，不敷使用，以至中央机关兴建办公和居住用房时，需用私有土地甚多，除了少数自行购买，大多数皆须通过征收的方式来获取。而南京市政府除了在开辟道路时需要征地，在建筑官署、校舍、医院、住宅以及从事其他市政建设时，同样需要征收大量的私有土地。④

---

① 陈顾远编著：《土地法》，商务印书馆 1935 年版，第 11 页。

② 张建新：《南京市地区划利用问题》，见萧铮主编《民国二十年代中国大陆土地问题资料》第 94 册，成文出版社有限公司、（美国）中文资料中心 1977 年版，第 49798 页。

③ 刘岫青：《南京市土地征收之研究》，见萧铮主编《民国二十年代中国大陆土地问题资料》第 94 册，成文出版社有限公司、（美国）中文资料中心 1977 年版，第 49578 页。

④ 南京市政府秘书处编印：《南京市土地行政概况》，1935 年，第 20 页。

一、1929—1937 年春南京的土地征收规模

借助于行政院内政部和南京市土地行政部门的相关记载，并剔除其中南京市政府历年因开辟道路所征收的私有土地，笔者统计出了 1929—1937 年春各机关单位的征地件数与征地面积，以此来反映这一时期南京的土地征收规模。

需要说明的是，有些征地申请虽然早先已经被批准，但此后由于种种原因或改换地点，或调整面积，或予以撤销；也有些征地申请虽经提出，却未能通过内政部的核准，因此征地实际上未能实施。遇到上述这些情况时，笔者逐件进行了仔细辨别与考证。同时，虽然资料的来源较为多样，使得笔者可以相互参照补充，但记载遗漏的现象仍可能存在。

表 3.1　1929—1937 年春各机关单位在南京征地件数与面积统计

征地机关单位	征地件数	征地面积
中央党部	3 件	72 亩
中央政治学校	1 件	8 亩
国民政府	1 件	18 亩
陆海空军总司令部	3 件	506 亩
建设委员会	3 件	45 亩
立法院	1 件	27 亩
考试院	3 件	64 亩
工商部	2 件	310 亩
军政部	6 件	616 亩
外交部	1 件	17 亩
交通部	1 件	20 亩
铁道部	1 件	48 亩
教育部	4 件	14 亩

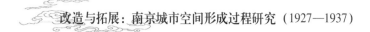
（续表）

征地机关单位	征地件数	征地面积
审计部	1 件	1 亩
卫生署（部）	3 件	224 亩
铨选部	1 件	57 亩
中央水工试验所	1 件	23 亩
宪兵司令部	2 件	31 亩
首都电厂	2 件	3 亩
首都警察厅	7 件	198 亩
首都地方法院	1 件	3 亩
中央图书馆	1 件	47 亩
中央博物院	1 件	93 亩
励志社	1 件	100 亩
中国童子军司令部	1 件	185 亩
江苏省立国学图书馆	1 件	10 亩
南京市政府	102 件	6382 亩

说明：为了便于统计起见，笔者根据四舍五入的原则，将各机关单位的征地面积一律只保留到个位数。除表格所列出的征地面积，根据资料的介绍，当时尚有 4700 亩私有土地不知为何种机关或团体所征收。

资料来源：1929—1935 年上半年的数据由《六年来之土地征收》（《内政消息》1934 年第 2、3、4、6、7 期）和《内政年鉴·土地篇》（1936 年）第 526～539 页相关内容统计而来，1935 年下半年至 1936 年的数据则根据《南京市土地行政》（南京市地政局编印，1937 年）第 97～104 页的内容整理获得。

通过表 3.1 可以看出，如果加上尚未统计在内的总理葬事筹备处、实业部、侨务委员会、全国经济委员会、中央研究院等，1937 年前在南京征收过土地的机关单位多达 30 余个，但各机关征收土地的面积实际上相差悬殊。

例如，审计部在这段时间里，仅征收过 1 亩余土地；首都地方法院也只征收过 3 亩左右的土地，而首都电厂虽曾两次征地，但面积加起来也不过与首都地方法院相同；中央政治学校、江苏省立国学图书馆等征收的土地，也都仅在 10 亩上下。这一类征地面积不多的机关单位有相当一部分是沿用南京的旧有房屋作为办公场所的，在不需要大规模建筑房屋的情况下，征地面积自然有限，反之则需要大量征地。

大多数中央机关单位只进行过一次征地，征地件数最多的是首都警察厅，数量也不过 7 件。征地件数和面积最多的是南京市政府，至 1937 年春，征地件数达 102 件，总共征收过接近 6400 亩私有土地，作为对当时南京城市建设有重要作用的机关，这样的结果并不令人感到意外。

二、1929—1936 年南京土地征收的空间分布

由于现有资料中关于南京土地征收地点的记载比较简略，加之涉及大量的私人信息，笔者未能如愿获取 20 世纪 30 年代的南京地籍资料，故在分析 1929—1936 年南京土地征收的空间分布时，无法非常精细地展示每次征地的具体地块及其周边情形。

为了说明这个问题，笔者在这里采用一种比较简单的方法，即根据 1929—1936 年各机关单位的征地记录，用图示标注的方法将各机关单位征地的地点反映在绘制的示意图上，再配合简要的文字说明。如此，我们便能大致了解 1929—1936 年各机关单位在南京征地的空间分布情形。

1. 1929—1930 年

由于定都南京未久，不少中央机关在这两年间都忙于征收私有土地，以扩充旧有官署或建筑新的官署，这也成为该时段南京土地征收的最大特点。在图 3.1 中，笔者用五角星标注这一类征地地点。

如图所示，一部分机关因为沿用南京的旧有建筑作为办公场所，故在征地扩充官署时，一般都选在原地点附近进行。如中央党部在丁家桥江苏咨议局原址办公，两次征收近 70 亩土地；中央政治学校在头道高井江苏法政大学原址征地 8 亩余；陆海空军总司令部在三元巷河海工科大学原址两次征地近 6 亩；国民政府文官处在两江总督署原址征地 18 亩等。

伴随着 1929 年 4 月中山大道的初步通车，一部分中央机关开始选择在这条南京城市中轴线沿线征收土地，以建筑新的官署。如铁道部在萨家湾

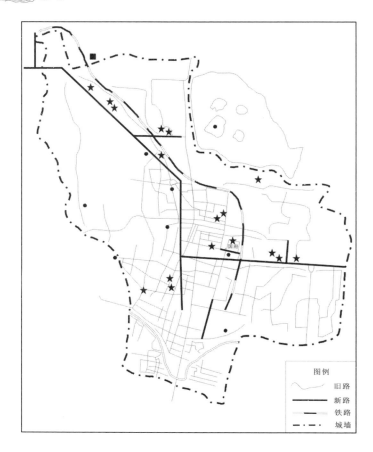

图3.1 1929—1930年各机关单位征地分布情形

资料来源：根据《南京市城区已成道路图》（南京市工务

局编印《南京市工务报告》，1937年）改绘。

征地16亩余，军政部在三牌楼两次征地约32亩，外交部在狮子桥附近征地17亩，工商部在大仓园征地9亩余，卫生署（部）在黄埔路一带两次征地近170亩，励志社则在相近的地点征地100亩，等等。

除此以外，南京市政府在这两年内在北河口、清凉山等郊外征地约300亩，以为南京自来水设施的安装工作奠定基础，同时还在金川门等城市边缘地带征地约28亩，以建筑平民住宅。笔者在图3.1中用正方形标注这类非建筑官署目的的征地地点。

2. 1931—1934 年

随着 1931—1934 年各机关单位征地件数的增加，征地的地点也越发分散，不过如果按照各机关举办的公共事业种类细细划分，各类事业的征地地点仍有一些基本的规律可循。[①]

在这期间，仍有一些中央机关以建筑官署为目的而征收土地。笔者在图 3.2 中用五角星标注此类征地地点。一部分机关仍在旧有建筑附近征地，如审计部在中正街征地 1 亩，宪兵司令部在朝天宫附近两次征地约 31 亩；一部分机关在中山大道沿线征地，如军政部在三牌楼先后三次征地近 63 亩，中央宣传委员会在新街口上乘庵征地约 8 亩；除此之外，中国童子军司令部在五台山征地 185 亩，铁道部在下关老江口征地 48 亩，等等。这些都是中央机关征地地点更为分散的体现。

出于维护治安、管理人口以及辅助市政的需要，警察驻所一般都会分布在人口和建筑较为密集之处。具体而言，首都警察厅在这期间分别在石板桥征地 2 亩、寿星桥征地 1 亩、利济巷征地 1 亩、老王府巷征地 1 亩、慧园街征地 1 亩，而其在中华门附近的征地甚至达到了 160 亩之巨。笔者在图 3.2 中用梯形标注此类征收地点。

与之相似，各类学校大多也会分布在人口较为密集之处。笔者在图 3.2 中用十字形标注南京市政府在这期间因筹办学校所征土地的地点。征地情况具体为下关虹门口 5 亩、花露岗 19 亩、宝塔桥 3 亩、马道街 3 亩、香铺营 4 亩、斗鸡闸 7 亩、二条巷 3 亩、窑湾街 2 亩、五台山 8 亩、新廊街 1 亩、慧园街 1 亩、普利律寺 2 亩、安品街 2 亩、裴家桥 8 亩、大影壁 1 亩、淮清桥 1 亩、大悲巷 3 亩、昇平桥 1 亩、邓府巷 3 亩、莲花桥 1 亩、

---

① 对于当时各机关团体举办各类公共事业征收土地的基本趋势，有文献指出，"政府方面因筹办公共事业而收用土地者则日有所闻，不惟征收之数量与年俱增，其收用土地所兴办之事业亦日见进步。如十八、十九年间因国都初定，征收之土地多属建筑官署方面，至二十年以后则多系关于交通、教育、学术及改良市村之用，尤以建设小学及迁移棚户、建筑贫民宿舍所征收之土地为最多"，参见《内政年鉴·土地篇》，1936 年，第 526 页。

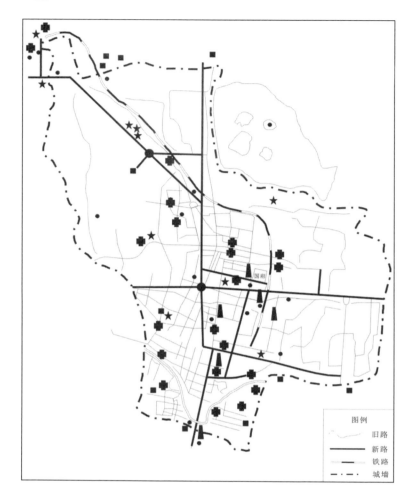

图 3.2　1931—1934 年各机关单位征地分布情形

资料来源：根据《南京市城区已成道路图》（南京市工务局编印《南京市工务报告》，1937 年）改绘。

金銮巷 6 亩、九龙桥 12 亩、青岛路 25 亩、木匠营 3 亩。这里既有原先南京人口就比较集中的花露岗、马道街、窑湾街、慧园街、淮清桥、昇平桥等地，也有五台山、裴家桥、大悲巷、邓府巷、斗鸡闸等原本人口较为稀疏之处，这表明上述等地此时已经有了一定程度的发展。

　　改善市民的居住条件也是这一时期南京市政府着力进行的工作。为此，南京市政府征收了大量土地。由于住宅档次的差别，其征地地点也有所不同。笔者在图3.3中用正方形标注此类征地地点。新住宅区由于档次较高，南京市政府选择在城北中山北路沿线人烟稀少、地势富于变化的大方巷、古林寺以西征地1100余亩作为开辟基础。而在城市边缘比较荒僻的地区，如金川门（153亩）、和平门（5亩）、止马营（17亩）、七里街（360亩）、老虎头（239亩）、石门槛（50亩）、造币厂（24亩）等地，市政府则分别征收了不同面积的土地，用来建筑平民住宅、迁移市内棚户。

除此以外，南京市政府在开辟公园时，一般选择在原有风景名胜的基础上进行，故而在玄武湖非洲（87亩）、清凉山（290亩）、随园（13亩）等地皆征收了一定数量的私有土地。

3. 1935—1936年

1935—1936年各机关单位多征地建筑官署等。沿中山大道分布的有交通部（萨家湾，20亩）、首都警察厅（保泰街口，33亩）和中央博物院（半山园，93亩）。在旧有办公地点征地的有中央党部（丁家桥，2亩）、铨选部（蓝家庄，57亩）、教育部（双井巷，1亩）、江苏省立国学图书馆（龙蟠里，10亩）、首都地方法院（莲子营，3亩）。此外，中央图书馆（国府路，47亩）、中央宣传委员会（玄武湖亚洲，5亩）也分别在不同的地点征地。笔者在图3.3中用五角星标注此类征地地点。

随着城市人口的增长，这期间南京市政府仍然非常重视建筑学校校舍。此类征地的具体情况为米行街9亩、花露岗34亩、崔八巷4亩、督粮厅51亩、宫后山1亩、武定门1亩、云南路11亩、金銮巷1亩、杨公井3亩、老虎桥4亩、龙江桥1亩、估衣廊6亩、仓巷3亩、程善坊1亩、筹市口40亩、糖坊桥1亩、莲花桥1亩、竺桥3亩、黄泥岗4亩、水西门4亩、红纸桥4亩、中街村2亩、芦席营2亩、宝塔根9亩。笔者在图3.3中用十字形标注此类征地地点。此时，官方亦准备在宫后山、武定门等平民住宅所在之处以及芦席营、筹市口、云南路等城北原先较为荒僻之处筹办学校，这说明这些地方的人口都有一定程度的增加。

除此以外，南京市政府还在丁家桥、同仁街、科巷、雨花路、水西门

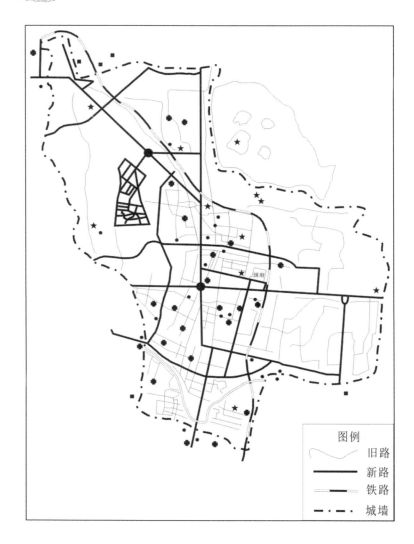

图3.3　1935—1936年各机关单位征地分布情形

资料来源：根据《南京市城区已成道路图》（南京市工务局编印
《南京市工务报告》，1937年）改绘。

等地征地19亩，以建筑菜场；在丰富巷、太平路、花家巷、户部街、丹凤
街、娃娃桥等地征地10亩，以建筑公共厕所。一般而言，这些地点都是建
筑和人口较为密集之处。

通过以上对各机关单位征地地点的具体分析，我们大致能够得出以下几点认识：（1）中山大道作为当时南京城市发展的中轴线，一批中央机关选择在其沿线征地建筑官署等，这直接带动了沿线新住宅区、鼓楼周边和新街口周边地区的发展，以致裴家桥、云南路、糖坊桥、邓府巷等地都有筹办学校的活动；（2）南京市政府开始有意识地在一些原本建筑和人口比较稠密之处（如花露岗、马道街、慧园街、利济巷、科巷、丹凤街等）征收土地，以配备学校、菜场和公厕等，从而加强、完善原先比较薄弱的学校、菜场、公厕等公用设施建设，首都警察厅也有意识地在这些地点附近征地以设置警点，从而加强管理；（3）城墙沿线的城市边缘地带，如金川门、和平门、七里街、石门槛等地，成为南京市政府征地建设平民住宅的首选；（4）就征地面积而言，城北中山北路、中央路沿线、中山东路逸仙桥以东段以及一些城市边缘地带因为原先的人口、建筑比较稀少，故各机关单位在上述地点的征地，一般面积都比较广阔；而在原先人口稠密地区的征地，通常情况下面积都相对有限。

三、各机关单位在征地过程中存在的突出问题

各机关单位在进行土地征收时，南京市政府可以直接办理，而中央机关一般情况下则委托南京市政府代为办理征地。[1] 土地征收本身所隐含的强制色彩使得征地机关和被征地市民始终处于一种不对等的状态，尽管有法规上的一些约束，但后者的权益仍然时常受到侵害。对于这一问题，当时即有学者明确指出官方在征地过程中野蛮而粗暴的行径。[2] 美国著名女作家赛珍珠在目睹了国府定都后不久工务局一次强行拆除市民房屋的整个过程后，用文字记载下了她震惊而悲愤的心情。[3]

补偿不力是被征地市民权益受到侵害的又一个突出表现。根据相关研

---

[1]　南京市政府秘书处编印：《南京市土地行政概况》，1935 年，第 20 页。

[2]　刘岫青：《南京市土地征收之研究》，见萧铮主编《民国二十年代中国大陆土地问题资料》第 94 册，成文出版社有限公司、（美国）中文资料中心 1977 年版，第 49697 页。

[3]　［美］赛珍珠著，尚营林、张志强、李文中等译：《我的中国世界——美国著名女作家赛珍珠自传》，湖南文艺出版社 1991 年版，第 270～271 页。

究，当时南京土地征收的地价补偿遵循孙中山先生"平均地权"思想中的"涨价归公"原则，以市场交易价格为准。但在具体操作时，官方要么以土地市场的非常态交易案例为标准，要么参照的土地买卖案例时间过早，要么故意压低地价补偿标准，导致地价补偿标准偏低，常常引起市民的极大不满。① 为了挽回损失，曾有市民提请拨给市有土地，以抵补被征收的土地，但被南京市政府毫不留情地拒绝②；也有市民请求发还被征收却未使用的多余土地，同样被南京市政府明确拒绝③。

除了态度粗暴和补偿不力，1927—1937 年各机关单位在南京实施的"保留征收"，也在一定程度上侵害了市民的权益。所谓"保留征收"指的是机关单位想要征收某块面积较大的土地实现特定用途，但苦于财力不允许，不能即刻完成征地，又不愿意将来错失这块土地，因此就以"保留征收"的办法预定该地，并限制附近土地业户的开发和利用。④ 一旦这个保留时间过久，超出一年以上，市民空有土地却不能开发，既使市民遭受极大损失，又容易加剧政府与市民之间的矛盾，对双方均无裨益。而在当时的南京，类似这样的情况绝非偶然出现，第一工商业区如此，中央政治区亦如此，这里仅以前者为例略做说明。

1931 年初，南京市政府为振兴工商业、繁荣城市经济，计划在区位条件较好的下关九甲圩征地 1100 亩余。⑤ 由于担心自身利益受损，附近市民对征地采取了不配合的态度，并向中央党部、行政院、内政部、首都建设委员会等机关

① 王瑞庆：《南京国民政府时期的征地制度及运行研究》，华中师范大学 2012 年博士学位论文，第 135 ~ 141 页。

② 《仇幼恂请拨市地以抵被征土地案》，载《南京市政府公报》第 105 期，1932 年 4 月 15 日，第 76 ~ 78 页。

③ 《大庙区农会呈请发还金川门外平民住宅余地案》，载《南京市政府公报》第 102 期，1932 年 2 月 29 日，第 40 页；《大庙区农会呈请发还金川门外平民住宅余地案》，载《南京市政府公报》第 103 期，1932 年 3 月 15 日，第 31 页。

④ 《核准凡已经确定征收短期内不能发给地价或已经指定保留短期内不能征收之土地，概由业户申请所有权登记案》，载《南京市政府公报》第 154 期，1935 年 6 月，第 77 页。

⑤ 《本府为征收九甲圩一带土地建筑第一工商业区说明书》，载《首都市政公报》第 83 期，1931 年 5 月 15 日，专载，第 2 页。

提起诉愿。至当年10月，土地局仍未收到上述机关的任何批令，以致征地工作不能进行。① 恰在此时，九一八事变和"一·二八"事变先后爆发，加上国民政府迁往洛阳办公，南京市政府的财政经费变得十分困难，根本没有余力征收如此大范围的土地，第一工商业区的征地工作就此陷入停滞状态。②

不过，由于南京市政府以保留征收的办法，早已指定征地范围内的市民停止一切建筑及土地买卖事宜③，因此即使这些土地暂时未被征收，市民也不能自由使用。1933年春，附近市民代表吴涵佩、赵益孙等4人以"征地迁延日久，未克举办，以致该处土地未能利用，殊为可惜"为由，函请南京市政府做出决断，要么"发给相当地价，并即刻兴工"，要么"准予人民自由建筑、买卖，以恤民艰"④。考虑到经济实在困难的现状和市民的一再请求，南京市政府决定除保留部分土地用来建筑码头、修筑马路外，其余土地准予市民自由建筑和买卖。⑤ 到了1935年初，参事会发现即便是原先保留的土地，市政府也无力征收，这才决定放弃保留征收，但市民受限开发至此已将近四年时间。⑥

第三节　土地拨借

中央机关、南京市政府以及其他团体等在举办各类公共事业时，可以

---

① 《征收土地开辟第一工商业区案》，载《南京市政府公报》第94期，1931年10月31日，第51~52页。

② 秦孝仪主编：《抗战前国家建设史料——首都建设（一）》，见《革命文献》，第91辑，1982年，第65页。

③ 《为拟征收下关中山路以南亩建筑第一工商业区，所有在该地范围以内各业户应即停止建筑及买卖由》，载《首都市政公报》第76期，1931年1月31日，布告，第8页。

④ 《第一工商业区》，1930年，南京市档案馆藏，档号1001－3－160。

⑤ 《第一工商业区土地除建筑码头及马路用地外准予人民自由建筑、买卖案》，载《南京市政府公报》第128期，1933年4月30日，第77页。

⑥ 1935年2月21日及3月7日南京市政府参事两次开会审查，认为堆栈码头及之前保留的土地如果收归市有，估计约需70万元，费用过于浩大，市府无法承受，故最终决定放弃征收，但为了保证土地的工商业用途，同时制订三项土地限制使用办法，参见《核定第一工商业区沿江保留地带免予征收案》，载《南京市政府公报》第151期，1935年3月，第77~78页。

采用征收等方式获取私有土地。事实上除此以外，他们常常还需要使用对方管有的公有土地。根据当时文献的记载，这一种发生在各机关单位之间的土地产权转移方式，统称为土地拨借。

笔者注意到，1927年8月2日国民政府公布施行的《南京特别市开辟马路收用土地章程》中早就有了如下规定：南京特别市市政府在进行筑路征地时，凡是位于划定路线以内的官地、公地、公共团体以及教会所有的土地，应当由其主管者按期拨出，以便工务局尽早施工。① 这应该是国民政府定都南京后关于土地拨借的最早规定之一。

从笔者目前掌握的资料来看，关于1927—1937年各机关单位之间相互拨借公有土地的件数、面积和地点等，尚缺乏比较全面的记载和统计。笔者通过翻检南京市政公报中的土地类公牍，发现与土地拨借相关的记载基本集中在1929—1930年。关于1929—1930年各机关单位间相互拨借公有土地的申请，笔者共查找、整理出10余件。这大致能反映出这类行为在当时具有一定的普遍性，详情可参见表3.2所示。

表3.2　1929—1930年各机关单位间相互申请拨借土地情形

申请时间	申请机关	拨借机关	市地位置	市地面积	拨地用途
1929年2月	考试院	南京特别市市政府	武庙西、北两部市地	近90亩	扩展院址
1929年2月左右	建设委员会	南京特别市市政府	下关湖北街首都电厂分厂毗连市地	20余亩	建筑下关电灯分厂厂房
1929年3月	中央合作社	南京特别市市政府	碑亭巷市有土地	约1亩	用作社址
1929年7月左右	模范军医院	南京特别市市政府	励志社前面旗营空地	约50亩	建筑院屋

① 《南京特别市开辟马路收用土地章程》，载《南京特别市市政公报补编》，1928年10月补印，例规，第19页。

（续表）

申请时间	申请机关	拨借机关	市地位置	市地面积	拨地用途
1929 年 7 月	黄埔同学会	南京特别市市政府	狮子巷市有土地	约 3 亩	建筑会址
1929 年 7 月左右	首都卫戌司令部	南京特别市市政府	黄泥滩市有土地	20 余亩	建筑营房
1929 年夏	国军编遣委员会中央第一编遣区	军政部营产科	和会街西首	300 方丈	建设军用汽车棚厂
1929 年 8 月左右	工商部	南京特别市市政府	延龄巷市有土地	2 亩	设立职工俱乐部
1929 年 9 月	航空署	南京特别市市政府	大校场市有土地	不详	扩充飞机场
1929 年 11 月左右	陆军教导队	南京特别市市政府	马标前市有土地	23 亩	建筑营房
1929 年 11 月	工商部	南京特别市市政府	淮清桥一带市有土地	300 亩	建筑首都国货工厂合作商场
1930 年 5 月	南京特别市市政府	军政部营产科	金川门外	不详	迁移棚户之所

资料来源：根据《首都市政公报》第 31～72 期土地类公牍整理。

　　不过，1931 年以后的南京市政公报中罕有关于土地拨借的记载，虽然没有更多直接的证据，但行政院于 1934 年 6 月正式颁行的《公有土地处理规则》中有关土地拨借的规定可以从侧面反映出这一类行为在当时应该仍比较普遍。《公有土地处理规则》同时特别强调"本规则施行前，各省市处理公有土地单行章则，有与本规则不符者，应修改之"①，既突出了这部国家层面上的法规的权威性，又从法律文本上统一了此类土地产权的转移。笔者推测相关记载的减少以至消失，很有可能是因为随着南京土地行政事务的逐渐增多，市政公报每期有限的容量使得其刊载焦点不再集中于

---

　　① 南京市地政局编印：《南京市土地行政》，1937 年，第 4 页。

此。因此，下面将要展开介绍的数个案例都发生在1929—1930年。

一、各机关单位之间相互拨借公有土地

1. 南京市政府拨借市有土地给中央机关

北伐战争胜利以后，国民政府宣布国家正式进入训政阶段。较大规模的南京城市建设便从这时陆续开展起来。"南京因为首都之区，机关林立，需地较多，以致向职府请拨土地者纷至沓来"，面对这样一种情形，南京特别市市政府于1928年底授意土地局尽快制定相关法规，以便规范此类急剧增加的申请土地拨借的行为。①

1929年获准颁行的《修正南京特别市市政府处理市有土地暂行条例》明确规定，国民政府各直属机关，凡在本市区域以内，因公需用市有土地时，应呈请国民政府令行市政府拨用之。各机关呈请国民政府拨用市有土地时，须将使用市有土地的必要面积和详细图样同时附呈，经过核准后，发交市政府指拨。② 而那些不直属于国民政府的机关或团体在需用市有土地时，必须经由市政府核准。③

与此同时，为了保障南京特别市市政府的利益，凡经指拨市有土地使用之各机关，除因公处分外，不得自由变卖；凡经指拨市有土地使用之各机关，对于该土地全部或一部分不需要时，仍应交还市政府管理。而在本条例实施以前，所有机关及各类团体在使用市有土地时，也必须符合上述规定。④ 笔者以下给出两个实例。

1929年2月，刚刚成立不久的考试院致函南京特别市市政府，以武庙

---

① 《处理市有土地案》，载《首都市政公报》第26期，1928年12月30日，公牍，第53页。

② 《修正南京特别市市政府处理市有土地暂行条例》，载《首都市政公报》第29期，1929年2月15日，例规，第3页。

③ 《清理市有土地案》，载《首都市政公报》第26期，1928年12月30日，公牍，第47页。

④ 《审查完竣之处理市有土地暂行条例》，载《首都市政公报》第31期，1929年3月15日，纪事，第4~5页。

西、北两部共有市有土地近90亩，毗连该院新址，颇合将来扩充、添筑之用，请求将该地划拨管理、使用。南京特别市市政府同意了这一请求，并命令财政局派员前往，先行调查当下该地附近土地的使用情况。财政局经过核实后呈复，"本局管理该院毗连公地，约计八十余亩，前由胡嘉陶等九户承租在案。内有四十余亩，系胡嘉陶承租创设工艺厂，其余均系贫民早年承租，开垦种园地以谋生计。惟此项公地毗连该院，理应划拨"。南京特别市市政府于是派出市产股经收员李仲文，与考试院课员张一宽共同前往该处，办理具体的拨借事宜，并将此事通知各家租户。① 土地拨借完成后，考试院的院址范围大为扩展，其范围"东至靶子场，西至北极阁山脚，南至宁省铁路边，北至台城墙根"②，从而为日后扩展办公空间奠定了坚实基础，如图3.4所示。

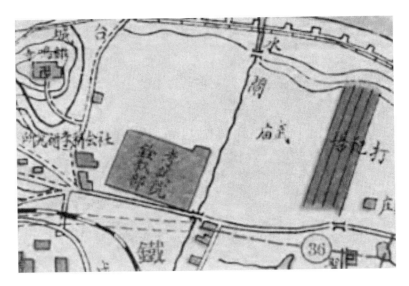

图3.4 1932年左右考试院附近形势图
资料来源：武昌亚新地学社《南京市实测新图》，1934年。

① 《考试院请划拨武庙西、北两部公地案》，载《首都市政公报》第31期，1929年3月15日，公牍，第56～57页。
② 《测量考试院院址案》，载《首都市政公报》第41期，1929年8月15日，公牍，第54页。

同年 11 月，行政院第四十二次会议批准了工商部在南京创办首都国货工厂合作商场的提议。随后，工商部特意致函南京特别市市政府，商请拨借约 300 亩土地，用以建设国货商场，"现查首都官地，系属贵市政府管辖范围，事关设置商场、提倡国货，且经行政院令行贵市政府颁发本部原拟计划有案。本部以首都国货工厂合作商场既经咨商财政部拨款进行，关于指拨官地，以资建筑一节，应请贵市政府按照原计划第一条所规定，先就本市商业繁盛、交通便利之区，指拨适当地基，会同筹办"①。南京特别市市政府接函后，迅速指示土地局派员实地调查，经土地局调查后回复，"有无三百亩公地可拨，再四搜查，实无相当公地。惟在淮清桥、八府塘、葛家菜园、织造府一带，约有三百亩左右，其中有民地、官产、水塘等在内"②。因此，除函请工商部依法征收此处的私有土地外，南京特别市市政府准予拨借官地官房。③

2. 中央机关拨借国有土地给南京市政府

南京市政府在推行市政建设时，由于国有土地不在自己的管辖范围内，因而在使用国有土地之前也需要征得各个管有机关的同意，方可获准拨借。这里试举一例说明。

由于自身收入过于低微，无力租住房屋，许多挣扎在贫困线附近的市民只能选择在南京市范围内觅地搭建棚屋。随着这类人口的增加，市内棚屋散处各地，亦为数不少④，这对南京城市的交通、观瞻、卫生、安全等都构成了一定妨碍。

为了改善这一状况，南京特别市市政府在 1930 年做出嗣后本市城内任

---

① 《指拨首都国货工厂合作商场地址案》，载《首都市政公报》第 49 期，1929 年 12 月 15 日，公牍，第 39 ~ 40 页。

② 《建筑国货商场案》，载《首都市政公报》第 53 期，1930 年 2 月 15 日，公牍，第 21 页。

③ 《令饬勘定国货工厂合作商场基地案》，载《首都市政公报》第 62 期，1930 年 6 月 30 日，公牍，第 29 页。

④ 《令饬筹建平民住宅容纳棚户、苦力案》，载《首都市政公报》第 74 期，1930 年 12 月 31 日，公牍，第 25 页。

何地方不准搭盖棚屋决定的同时①，又打算分别饬令棚户迁移，并指定较为偏僻的地点作为棚户迁移或暂居之所。工务局、土地局会同考察后商定，把定淮门外之旷地、小东门与金川门外铁路城墙间之空地、小东门外紧接城根与高子塘间之营地预划为棚户迁移之处，如图 3.5 所示。因为最后一处土地隶属于军政部营产科，所以南京特别市市政府没有直接使用的权限。

图3.5　小东门、金川门外迁移棚户之处形势图

资料来源：武昌亚新地学社《南京市实测新图》，1934 年。

①　《本市城内任何地方不准搭盖棚房案》，载《首都市政公报》第 56 期，1930年 3 月 31 日，公牍，第 10~11 页。

有鉴于此，南京特别市市政府于 1930 年 6 月 4 日向军政部提出商请借用该处营地，作为暂时迁移棚户的地点，并承诺平民住宅建筑完成后，即行腾出予以归还。① 军政部随后同意了这一请求，并派出工作人员会同勘定所需用营地之面积。②

3. 中央机关之间进行的土地拨借

除了南京市政府和中央机关相互拨借公有土地，当时中央机关之间也会进行土地拨借，这里也给出一例。

1929 年夏，国军编遣委员会中央第一编遣区经理分处奉令购办军用汽车 300 辆，并在南京寻觅土地建筑棚厂，以资保管。该处以"收买民产既须时日，自以借用土地为宜"为由，向南京特别市市政府商请拨借市有土地。土地局奉令后，准备于城北一带觅地拨借市地 300 方丈。经该局调查员桂汝豫会同第一编遣区经理分处课员周立望查勘后，"查得小营空地，及大石桥陆军测量局前面空地，三牌楼、和会街西首空地三处"。比较过后，周立望择定和会街西首空地为最合适之地点。

不过，由于此处空地实际上为营地，其产权并不属于自己的管辖范围，南京特别市市政府为此提醒第一编遣区经理分处，"自应请由贵处径向军政部拨借办理"③。故而这起案例本质上应属于中央机关之间进行的土地拨借。

二、土地拨借事实上关乎普通市民利益

土地拨借并非如相关法规规定的那般简单，仅仅涉及各机关单位之间的利益。事实上，这种土地产权转移常常还牵扯南京市民的切身利益。因

---

① 《咨请拨借小东门外营地，以便迁移本市棚户案》，载《首都市政公报》第 62 期，1930 年 6 月 30 日，公牍，第 23～24 页。

② 《拨借营地迁移棚户案》，载《首都市政公报》第 63 期，1930 年 7 月 15 日，公牍，第 23 页。

③ 《勘定军用汽车棚厂地址案》，载《首都市政公报》第 43 期，1929 年 9 月 15 日，公牍，第 55 页。

此，土地拨借常会使官民之间产生纠纷与矛盾。

就像考试院请求拨借市地那一例所展示的，虽然拨借的市有土地暂时未被南京市政府使用，但南京市政府也不会任其随意闲置。为增加财政收入，南京市政府通常会选择将市有土地出租给市民建屋或开垦。如1935年南京市的351处市有土地，放租了126处。① 在获允拨给市地以后，机关单位要做的一项必不可少的工作便是令租地市民限期拆让和迁出。这时就会涉及土地定着物的补偿问题，故实施起来多少还会经历些许波折。笔者在此提供一个案例，略做说明。

1929年夏，首都卫戍司令部以下关、浦口二区巡查队缺乏营房为由，觅定了下关黄泥滩与浦口津浦铁路两处土地。经呈报总司令部同意后，转请南京特别市市政府迅速将上述两处土地按照地图所示准予拨用，以便及早兴工建筑。下关黄泥滩附近情形如图3.6所示。

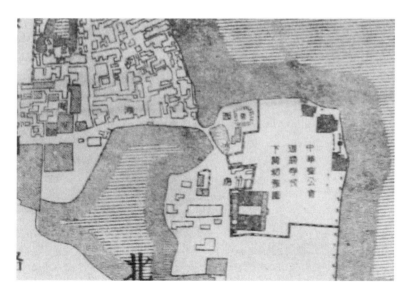

图3.6　1929年下关黄泥滩附近形势图

资料来源：《南京特别市土地局二千五百分之一地图》，1929年，
南京市档案馆藏，档号03-4-10。

---

① 南京市政府秘书处编印：《南京市土地行政概况》，1935年，第17页。

然而，就在土地局派员实地调查的过程中，福宁公司代表陆广陵声称该公司曾于 1923 年向商埠局租地 16 亩，因为时局关系迄今仅仅修筑了占地 8 亩的房屋，其余 8 亩虽也缴租，却一直未使用，以致六年来损失甚巨；且该地原系小郎河填成，地势甚低，由该公司出资填平，花费巨大；以前的损失尚且未获弥补，现在南京市政府又忽然令其立刻迁让，"敝公司势将破产"。为了保全公司，陆氏指出，该公司租地以东尚有土地 20 余亩，系由南首圣公路出入，交通也颇为方便，因此提请市政府改变拨借福宁公司租地的打算，改为拨借其他土地。①

南京特别市市政府研究后发现，原先打算拨借的福宁公司租地，面积不过 8 亩左右，而租地以东的市有土地则有 20 余亩，如果将此地拨借给首都卫戍司令部建筑营房，亦足够使用，况该处交通也不无便利。因此，南京特别市市政府于 1929 年 7 月中旬建议总司令部放弃商借福宁公司租地，而由本府另外拨借其他市地使用，如此军商两无妨碍，庶免纠纷。总司令部随后表示同意，并饬令营房设计处查照办理。②

出现以上这种结果，无论是对申请拨借市地的机关单位而言，还是对承租市地的南京市民而言，自然都是皆大欢喜的。不过在现实当中，一旦遇到没有多余的市地可以拨借而租地市民又必须迁出时，并不算高的定着物补偿标准往往会引起官民之间的矛盾和纷争。③

第四节　土地买卖

土地买卖是产权所有者将土地作为商品进行交易的活动，也是将土地

---

① 《呈复指拨黄泥滩公地一案情形案》，载《首都市政公报》第 40 期，1929 年 7 月 31 日，公牍，第 38 页。

② 《指拨公地内划出福宁公司租地案》，载《首都市政公报》第 41 期，1929 年 8 月 15 日，公牍，第 62 页。

③ 王瑞庆：《1927 年—1937 年南京市征地补偿研究》，南京师范大学 2008 年硕士学位论文，第 38 页。

产权出让给他人的行为。进入买卖活动中的土地必须以所有权私有为前提，即必须是私有土地。这种土地产权转移方式既可以发生在私人之间，也可以发生在私人与各机关单位之间。

根据史料记载，在国民政府定都以前，"南京之地产买卖甚微，价值亦极稳定，城北荒地，均为竹园、菜地"①。1927 年国府定都后，伴随着城市人口的迅速增长和基础设施的逐步改善，出于各种目的的土地买卖活动日趋频繁，南京的土地价格亦随之飞涨。②

一、1927—1937 年南京土地买卖相关制度的演变

1. 土地买卖呈报制度的确立与完善

由于史料的缺失，笔者无法知晓北伐战争胜利以前南京土地买卖的具体情况。根据笔者的推测，在这一阶段的土地买卖过程中，很有可能出现过诸如市民私自盗卖公有土地之类的违规行为。笔者之所以做出这样一种推测，主要依据是 1928 年 8 月 20 日南京特别市市政府土地局发出的一条指令。

这条指令的具体内容为：根据土地局组织条例关于该局登记科注册股掌管本市区域内土地登记、民产转移的规定，今后南京市民凡在进行土地买卖时，应先将详细情形呈报本局审定，通过初审后再转呈南京特别市市政府核准，之后交易才能够生效。倘若买卖双方未经上述程序而私下自行买卖，一概无效。③ 由此不难想象，正是鉴于之前的土地买卖可能存在着混淆公私土地产权的违规行为，南京特别市市政府才有必要在北伐战争胜利后，很快便确立起较为严格的土地买卖呈报制度。

除了混淆公私土地产权，即便是产权已经确定为私有、可以进行买卖

---

① 《京市房地产概况》，载《中央日报》1935 年 2 月 7 日。
② 李君明：《南京市地产经营概况》，载《地政周刊》第 10 期，《中央日报》1934 年 12 月 11 日。
③ 《为令土地局布告关于土地买卖应呈报核准由》，载《南京特别市市政公报》第 19 期，1928 年 9 月 15 日，公牍汇要，第 4 页。

的土地也存在着一些亟须解决的问题。契据对于土地的重要性不言而喻，土地局在审核南京土地买卖的过程中发现了这样一种普遍现象，即将要进行交易的土地之契据没有详细记载土地的位置、四至、面积、价格等重要内容。而随着土地买卖案件的增多，这类问题越来越突出。

为厘清私有土地产权、避免日后引起纠纷，南京特别市市政府于 1928年 11 月 24 日指示土地局，今后南京市民买卖土地时，必须先由该局派员从事勘丈，并就勘丈结果与契据内容进行认真比对，以此来确定买卖土地的"产权是否确实，四至是否相符，面积有无错误，价值是否真确"①，以示慎重。

在上述指令的基础上，1929 年 6 月 26 日召开的南京特别市市政府第五十一次市政会议修正通过了《南京特别市土地买卖暂行章程》，用法律条文的形式对土地买卖的具体流程做了规范，并很快获准施行。

根据该章程，凡在南京市内进行土地买卖活动时，应由出卖人先期呈报土地局，并缴验原有土地契据，同时领取《买卖土地呈报书》，依式分别将出卖人姓名、承买人姓名、土地所在坐落、四至和面积、土地类型及价值、证明书据、中证人姓名以及呈报日期等内容填写清楚。

在接到申请后，土地局应及时派出工作人员，分别进行审验契据、勘丈土地与绘制勘图等工作。经审查契据无讹、产权确定并与勘丈图核对相符无误后，方可由该局具文转呈南京特别市市政府核示。

南京特别市市政府一旦予以核准，土地局将立即通知出卖人领回原缴契据，并发给勘丈图。双方当事人应及时购用规定的契纸缮具买卖契约，并将契税缴纳完毕。如果未能遵照上述流程办理土地买卖事宜，一律视作无效。

随着外来人口的大量涌入以及市政基础设施的逐渐改善，南京土地买卖件数日益增多。面对这种趋势，土地局认为如果仍按照《南京特别市土地买卖暂行章程》的规定，将土地买卖逐件专案呈报南京特别市市政府，

---

① 《审定买卖土地标准案》，载《首都市政公报》第 25 期，1928 年 12 月 15 日，公牍，第 37 页。

公文往返需时，效率受此影响势必非常低下，且会使买卖双方感到不便。

为便利买卖起见，土地局询问南京特别市市政府，此后是否可以将通过初审的买卖案件汇总后，每旬集中呈报一次。南京特别市市政府对于土地局的这一建议表示肯定，但考虑到按旬呈报时间偏长，因此于 1930 年 6 月 2 日做出规定，经过土地局审查"书据无讹、产权实在"的土地，通过初审后，该局应于每星期汇总列表一次，并向市政府呈报核示。①

2. 卖典不动产经纪人制度的实施与废除

根据相关文献的记载，南京的土地买卖活动存在着一种沿袭已久的做法，即"中人居间介绍"。南京在清代分属上元县、江宁县时，县署就曾按照地段指定以介绍房地买卖为业的"官牙"，代替官府掌握所管地段内土地买卖的动态，同时代买方办理官府契税以及过户、交割等事宜。民间买卖土地时，"官牙"即便没有参加买卖双方的洽谈，成交时也必须到场，并在契约上加盖戳记，如此才算完成买卖手续。进入民国后，"官中"一类的中介人在土地买卖中仍然承担着相似的作用。②

以上这些官准的中介人因在土地买卖的过程中经常勒索酬金，故而一度被政府严令取缔。自禁革之后，民间土地的买卖一概由私人延揽说合。然而，这些不需要经过政府登记的中介人在承揽土地买卖时，"或以不谙土地法规；或以只图中资，不问产权之纠葛、契据之真伪；甚或任意操纵，短价匿税，实于市民置产，以及市面繁荣，均大有妨碍"③。为了解决这些问题，在土地买卖日益活跃的情形下，南京市政府决定于 1931 年初实施卖典不动产经纪人制度，希图在保障买卖双方权益的同时，不致使政府的收益遭受损失。

---

① 《土地买卖案件应每星期汇报一次案》，载《首都市政公报》第 62 期，1930 年 6 月 30 日，公牍，第 21～22 页。

② 南京市地方志编纂委员会编著：《南京土地管理志》，江苏人民出版社 1999 年版，第 344 页。

③ 《举办卖典不动产经纪人登记》，载《首都市政公报》第 75 期，1931 年 1 月 15 日，纪事，第 15 页。

为了防止经纪人可能出现的违规行为，南京市政府颁行了《南京市卖典不动产经纪人登记暂行规则》。该规则对卖典不动产经纪人的申请登记资格、申请注意事项以及经理土地买卖行为等都做了比较严格的条款约束。

首先，凡打算申请登记的经纪人，年龄必须在25周岁以上，曾受中等教育或有较高的文字功底，同时熟悉相关的土地法规以及南京的土地买卖情形。除此之外，申请人必须品行端正，且不能有任何违法记录，诸如贪官污吏及土豪劣绅经判决确定者、曾受徒刑处分及褫夺公权尚未复权者、曾经宣告破产者、曾受禁治产宣告者、吸用鸦片或其他用品者，皆不在被允许申请登记的范围内。

其次，卖典不动产经纪人申请登记时，需要详细填写申请书，并取具当时南京殷实商店的保证书，同时缴纳1000元的高额保证金。经土地局审查合格准予登记后，经纪人还需缴纳一定数额的注册费和执照费，方可正式领取执照，经理不动产买卖事宜。此外，为防止经纪人的数量过多而导致质量良莠不齐的情形出现，该规则暂时限定经纪人的名额为50人。

最后，经纪人在经办土地买卖时，应当接受土地局的指挥监督，不得出现操纵勒索行为。买卖成交后，应立即向该局填表报告，并帮助业主履行关于土地买卖的各项法定手续。无论人数多寡，经纪人收取的手续费不得超过土地原价的2%。如果出现帮同侵占、盗卖公地和伪造契照等不法行为，土地局可撤销经纪人的登记资格，并没收其所缴之保证金。①

该规则颁行后，申请登记者一时颇为踊跃。② 而自卖典不动产经纪人制度实施后，当事双方在进行土地买卖时，必须要有一名经纪人在契纸上签名盖章作证，如此交易方可生效。③ 由于经纪人对土地买卖的规则和流

---

① 《南京市卖典不动产经纪人登记暂行规则》，载《首都市政公报》第75期，1931年1月15日，例规，第7～8页。

② 《登记卖典不动产经纪人》，载《首都市政公报》第76期，1931年1月31日，纪事，第17页。

③ 《举办卖典不动产经纪人登记》，载《首都市政公报》第75期，1931年1月15日，纪事，第15页。

程颇为熟悉，在居间处理的过程中省却了许多不必要的周折，加之有利可图，所以经纪人经手土地买卖时便会竭尽全力地去促成交易，这些都使得南京土地买卖的件数大幅度增加。

遗憾的是，即便有比较严格的条款约束，但对经济利益的过分追逐还是使得经纪人在土地买卖过程中出现了种种违规行为，诸如借用权威操纵勒索，帮同市民侵占盗卖公有土地、伪造土地契据等，各种情弊层出不穷。① 1931 年夏，经纪人谢向荣涉嫌帮同马魁龙、雷时若等人盗卖位于大悲巷的一处旗地。南京市政府在派员查明事实真相以后，虽然撤销了谢氏的卖典不动产经纪人登记，并将其缴纳的保证金全部没收②，但对于当时经纪人普遍存在的违规行为，实际上并未给予更为严厉的处理。③

石瑛于 1932 年 4 月就任市长后，认为卖典不动产经纪人制度已成为当时南京的第一弊政，因此授意下属机关废止此项已实施了一年零三个月的制度。经南京市政府第二零三次市政会议议决，土地局于 4 月中下旬布告废除《南京市卖典不动产经纪人登记暂行规则》，撤销已经登记在册的经纪人并停止其职务。④

卖典不动产经纪人制度废除以后，"土地买卖，亦不规定须经经纪人之媒介，但一般经纪人，仍可受人委托，从事说合，政府亦不取缔，惟否认其法律上之地位而已"⑤。此后，南京市政府又通过屡次修正不动产卖典

① 高信：《南京市之地价与地价税》，正中书局 1935 年版，第 62 页。
② 《为撤销卖典不动产经纪人谢向荣登记由》，载《首都市政公报》第 86 期，1931 年 6 月 30 日，布告，第 3～4 页。
③ 根据高信的统计，当时南京市登记的卖典不动产经纪人共计 39 名，至 1932 年 4 月南京市政府决定废止卖典不动产经纪人制度时，该市尚有 36 名经纪人，可知其间因违法一共撤销过 3 人的资格，参见《废止卖典不动产经纪人登记暂行规则案》，载《南京市政府公报》第 106 期，1932 年 4 月 30 日，第 49 页。
④ 《撤销卖典不动产经纪人登记案》，载《南京市政府公报》第 106 期，1932 年 4 月 30 日，第 68 页。
⑤ 阎海璘、李润青：《南京市政府实习总报告之第五编土地行政》，见南京图书馆编《二十世纪三十年代国情调查报告》第 236 册，凤凰出版社 2012 年版，第 388～389 页。

规则，对市民购买土地后的纳税程序进行了调整，明确要求在市民缴纳契税以后，土地局才会发还原缴契据。① 南京市政府的这一做法可能是出于整理财政的需要。

二、1928—1936 年南京的土地买卖件数

从理论上来说，土地买卖件数是评价与衡量土地买卖这一产权转移方式频度最为重要的指标，它实际上又会受到政局安危、经济兴衰、城建水平以及买卖制度等多重因素的影响。② 而土地买卖呈报制度的确立为我们今天寻找到较为完整的南京土地交易数据，进而分析其基本趋势提供了可能。笔者根据使用资料的不同，分时段阐述之。

1. 1928 年 11 月至 1933 年 5 月

笔者在这段论述中依据的资料是中央政治学校地政学院学者高信花费数年时间查阅大量土地类案卷于 1935 年撰成的《南京市之地价与地价税》一书。该书以土地买卖情形作为影响当时南京地价变动的重要因素之一，记录了许多与土地买卖有关的珍贵数据。高信通过查阅土地局（财政局）在 1928 年 11 月至 1933 年 5 月核准的土地买卖案件，按月统计出了这期间南京的土地买卖件数，详情如表 3.3 所示。

表3.3　1928 年 11 月至 1933 年 5 月南京土地买卖件数

	1928 年	1929 年	1930 年	1931 年	1932 年	1933 年
1 月		8 件	11 件	73 件	78 件	34 件
2 月		3 件	3 件	71 件	65 件	24 件
3 月		13 件	40 件	54 件	33 件	29 件
4 月		18 件	30 件	73 件	47 件	33 件

① 《修正南京市不动产卖典暂行规则》，载《南京市政府公报》第 159 期，1935 年 11 月，第 12 页。

② 高信：《南京市之地价与地价税》，正中书局 1935 年版，第 52~62 页。

（续表）

	1928 年	1929 年	1930 年	1931 年	1932 年	1933 年
5 月		12 件	38 件	85 件	35 件	34 件
6 月		14 件	37 件	101 件	27 件	
7 月		20 件	17 件	76 件	17 件	
8 月		23 件	30 件	60 件	52 件	
9 月		33 件	35 件	92 件	57 件	
10 月		32 件	43 件	99 件	37 件	
11 月	4 件	19 件	49 件	64 件	39 件	
12 月	8 件	24 件	60 件	97 件	50 件	
总计	12 件	219 件	393 件	945 件	537 件	154 件

资料来源：高信《南京市之地价与地价税》，正中书局 1935 年版，第 60 页。

2. 1933 年 5 月至 1935 年 3 月

由于受到写作时间的限制，高信对南京土地买卖件数的统计只进行到 1933 年 5 月间，所幸《南京市政府公报》从第 91 期（1931 年 9 月）开始，于每期附录部分刊载《土地局（财政局）核准土地买卖案件一览表》[①]，较为详细地记录了土地买卖案件的主要信息，包括出卖人、受买人、地产坐落、土地面积和价银等项，并一直持续到第 151 期（1935 年 3 月）。

通过翻检第 130～151 期《南京市政府公报》中关于土地买卖的记载，笔者统计出了 1933 年 5 月 22 日至 1935 年 3 月 16 日南京土地买卖的件数，详情如表 3.4 所示。

---

① 由于受到九一八事变和"一·二八"事变的影响，南京市政府的财政状况异常困难，因此不得不决定将土地局归并于财政局，故核准土地买卖的机关名称亦随之发生变动。在《南京市政府公报》中，第 91～107 期为《土地局核准土地买卖案件一览表》或《土地局核准土地买卖案件表》，第 108～151 期则为《财政局核准土地买卖案件一览表》。

表3.4 1933年5月22日至1935年3月16日南京土地买卖件数

起点时间	讫点时间	件数	起点时间	讫点时间	件数
1933年5月22日	6月17日	52	4月23日	5月19日	55
6月19日	7月21日	39	5月21日	6月9日	48
7月23日	8月12日	21	6月11日	6月30日	62
8月14日	9月9日	50	7月2日	8月11日	74
9月11日	10月21日	96	8月13日	9月15日	117
10月23日	11月18日	55	9月17日	10月20日	73
11月20日	12月9日	50	10月22日	11月17日	76
12月11日	1934年1月20日	96	11月19日	12月15日	65
1月22日	2月17日	73	12月17日	1935年1月19日	65
2月19日	3月17日	51	1月21日	2月2日	72
3月19日	4月21日	80	2月4日	3月16日	93

资料来源：根据《南京市政府公报》第130～151期附录《财政局核准土地买卖案件一览表》整理而成。

3. 1935年7月至1936年6月

在1935年春马超俊重新担任南京市市长后，《南京市政府公报》的体例发生了变化，从第152期开始不再刊登《财政局核准土地买卖案件一览表》，因此笔者无法据此统计后续时间里南京市土地买卖的件数。幸运的是，笔者在查阅资料时发现《二十四年度南京市政府行政统计报告》一书记录了该市1935年7月至1936年6月的土地买卖情况。

在这期间，南京土地买卖件数共计990件。其中第一区139件，第二区87件，第三区75件，第四区102件，第五区185件，第六区280件，第七区5件，第八区0件；乡区方面，上新河区27件，孝陵卫区1件，燕子矶区89件。[1] 与城区相比，虽然乡区的面积更为广阔，但土地买卖的件

---

[1] 南京市政府秘书处统计室编：《二十四年度南京市政府行政统计报告》，1937年，第155页。

数明显较少，在一定程度上反映出当时南京的土地买卖多集中于城区范围内。

　　笔者根据以上三个大致能够相互衔接的时段内的土地买卖件数，并使用相邻年份数据比较的方法，对1935、1936两个年份的交易情况做相关的数据回归分析后，将1929—1936年南京的土地买卖件数呈现在图3.7中。

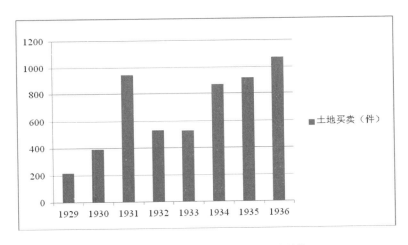

图3.7　1929—1936年南京的土地买卖件数

　　就土地买卖的具体趋势言之，虽然国民政府于1927年4月即宣告成立，但由于当时全国的政局还未完全稳定下来，同时各院、部、会等也正在筹备酝酿之中，尚且没有十分具体的设定；而各方为军、政两界服务的人员，也都因为大局未定，大多没有携眷来到南京；所以南京的土地买卖在最初的一年多时间里并不十分繁盛，根据记载，当时只有旅馆、客栈等生意兴隆。

　　1928年夏北伐战争胜利后，全国政局渐趋稳定，国民政府亦粗具规模。伴随着五院十部以及各个委员会的次第成立，大量的服务人员亦携同眷属前来，南京人口迅速增长。此时除了各机关开始购买土地，南京商界因为有利可图，也竞相扩充营业，纷纷购进土地。1929—1931年因此成为南京土地买卖最为繁盛的时期之一。① 当然，1931 年南京土地买卖件数的激增，一定程度上也受益于当时的卖典不动产经纪人制度，而次年的土地买卖件数之所以回落明显，与该制度的废除也有重要关系。②

九一八事变发生后，国民政府各机关鉴于局势动荡、中央财政竭蹶，购买土地的数量大幅减少。而一般的资产阶级惊恐于时局，为保险起见，大多选择将现金存进银行，不敢买卖土地。到次年"一·二八"事变后，国民政府迁往洛阳办公，本地银行不敢放款，商界在竭力紧缩的状况下，维持现状尚且不易，更无力拿出巨款来购买土地。③ 虽然也有一些战时投机行为，但总体而言，1932—1933 年南京的土地买卖件数呈现出较为明显的下降态势。

1934 年后，政局好转，南京银行界为运用大量的淤积资金，开始大规模地投资房地产。④ 房地产公司等在取得银行的支持后，也开始大肆购买土地，加之 1934 年 9 月省市划界的最终完成，南京市的行政面积扩张数倍，这些都使得南京的土地买卖呈现出较为明显的增长趋势。

三、1927—1937 年南京土地的主要购买者

国府定都后，南京作为全国的政治中心，人口迅速增加，市面商业也获得一定发展，加之旧式房屋数量有限、设施简陋，所以市民对土地的需求日渐增长。不过就现实情形来看，南京涨势迅猛的土地价格与绝大多数从业者菲薄的收入之间存在的巨大反差，决定了当时并非人人都有购买土

① 阎海璘、李洵青：《南京市政府实习总报告之第五编土地行政》，见南京图书馆编《二十世纪三十年代国情调查报告》第 236 册，凤凰出版社 2012 年版，第 374 ~ 375 页。

② 高信：《南京市之地价与地价税》，正中书局 1935 年版，第 59 ~ 62 页。

③ 阎海璘、李洵青：《南京市政府实习总报告之第五编土地行政》，见南京图书馆编《二十世纪三十年代国情调查报告》第 236 册，凤凰出版社 2012 年版，第 375 ~ 376 页。

④ 徐智：《上海商业储蓄银行南京分行发展历程述略（1917—1937)》，载《兰州学刊》2012 年第 4 期。

地的能力。

受地理位置、人口分布、政治局势、购买能力、市政建设和投机行为等因素的影响，南京的土地价格在国民政府定都以后虽然因时因地而不同，但就其总体趋势而言，与国民政府定都之前相比，仍然上涨明显，具体情形可参看表 3.5 所示。

表 3.5　1928—1934 年南京地价中心点每方土地的价格情形

	1928 年	1929 年	1930 年	1931 年	1932 年	1933 年	1934 年
新街口		150 元	400 元	700 元	400 元	280 元	520 元
太平路	50 元	100 元	150 元	480 元	300 元	350 元	450 元
中华路中段		250 元	420 元	500 元	300 元	350 元	400 元
中华路北段		120 元	200 元	350 元	300 元	420 元	500 元
夫子庙		100 元	120 元	150 元	130 元	100 元	120 元
唱经楼、鱼市街	50 元	70 元	80 元	100 元	180 元	150 元	125 元
大方巷、山西路	15 元	20 元	25 元	36 元	44 元	50 元	45 元
傅厚岗	20 元	21 元	22 元	40 元	40 元	42 元	50 元
三牌楼	14 元	20 元	22 元	29 元	42 元	36 元	50 元
下关大马路	140 元	160 元	200 元	200 元	180 元	160 元	180 元

资料来源：南京市政府秘书处编印《南京市土地行政概况》，1935 年，第 35 页。

而根据记载，1932 年前后，除兵工、汽车等个别行业外，南京工商业从业人员的月平均收入在 10 元上下[1]；虽然到 1934 年时有一定程度的增加[2]，但当时南京的土地价格也在上涨，因此一般从业者不具备购买土地

---

[1]　《南京市各业职业工会会员工资统计表》，见南京市社会局编印《南京社会特刊》（第三册），1932 年，插页。

[2]　《南京市工人工资及工时统计表》，见南京市社会局编印《南京社会调查统计资料专刊》，1935 年，第 12 ~ 13 页。

的实力，大量无业者或失业者更无力购地。根据记载，当时南京土地的购买者多是少数有资力者。笔者将1927—1937年南京土地的主要购买者分成以下几类。

1. 房地产公司

因为南京的土地价格高昂，所以有能力购买土地、建筑房屋的个人并不多，除少数高级官僚和各界名流外，普通市民根本无力购买土地，甚至连许多中下级公务员也不能例外。① 南京的新建房屋，无论是商店还是住宅，皆以租赁为多。因为有利可图，房地产公司便如雨后春笋般大量出现，被时人称为"京市地产专营机关"。20世纪30年代后，这一类公司相继成立营业，大有风起云涌之势，至1934年底已经突破了10家。②

根据当时的调查，房地产公司一般又有两种发展模式，一种是房产合作社，另一种是普通的地产公司。

前者可以金陵房产合作社为例。该合作社位于西华门四条巷良友里，成立缘由是南京人口激增，房租奇昂，公务员普遍感受居住困难，因此成立房产合作社组织。其主要职能是代理入社社员购买土地、建筑住宅，其名虽为"合作"，实际上仍是盈利机构，后改称为金陵房地产公司。根据记载，金陵房产合作社曾先后在良友里购地6亩、竺桥大悲庵购地16亩，分由社员10人承购，每人约占地1亩，开辟为桃源新村。③ 除此以外，该合作社在鼓楼金银街、城南马路街等地，亦购置了面积不等的土地。当时这类房产合作社还有民众房屋合作社等。

后者可以益昌地产公司为代表。该公司成立于1932年10月，地址位于钞库街24号，为股份有限公司，固定资本为12万元。由于自身的资本有限，尚不足以购买大量的土地，所以该公司不得不以浙江兴业银行为后

---

① 郑震宇：《南京市征收地价税问题》，载《南京市政府公报》第175期，1937年3月，第115页。

② 《京市房地产概况》，载《中央日报》1935年2月7日。

③ 李君明：《南京市地产经营概况》，载《地政周刊》第10期，《中央日报》1934年12月11日。

盾，多做地产抵押，"当其购进地产之后，随即押出，复以押得之款，购置他产，如此循环，以少数之现金，可作大量之营业"，可使流动资金周转灵活，以此来扩大购买土地的规模。该公司在购买土地时，对土地的位置、价格、产权等甚为重视，故而经营业绩较佳。[①] 又如乐居房地产公司，固定资本为 12 万元，曾与银行合作融资在汉府街梅园新村一带购买土地。[②] 除此以外，当时南京比较知名的房地产公司还有兴业地产公司、大兴地产公司、福陵地产公司等。

值得注意的是，房地产公司在购买土地、向南京市政府申请登记时，往往不直接使用公司的名义，而以堂名或某记代表之，这样做的目的主要是保持隐秘从而避免引起他人的过分关注。[③] 笔者在翻检《土地局（财政局）核准土地买卖案件一览表》时，的确发现了许多这样的现象，直接用公司名称登记的案件极为有限，而用诸如黄京华堂、赵承德堂、朱永华堂以及闻博记、岳仁记、黄漫记等名称登记的案件颇多。虽无法准确弄清其购买者，但这些名称很有可能就是某些房地产公司的化名。

2. 营造厂

自国民政府定都以来，无论是各机关开辟道路、建筑官署和营房，还是房地产公司或普通市民建筑商铺和住屋，总体上都保持着未曾间断的态势。南京营造业的发展得益于此，特别发达。即便是在 1932—1933 年南京社会经济最为困难的时期，在各行业处于全面衰退的情形下，营造业仍然盈利丰厚。[④]

根据 1934 年建设委员会经济调查所的统计，南京当时共有 480 家营造

---

① 李君明：《南京市地产经营概况》，载《地政周刊》第 10 期，《中央日报》1934 年 12 月 11 日。

② 周坤寿：《南京市市政府实习报告》，见萧铮主编《民国二十年代中国大陆土地问题资料》第 106 册，成文出版社有限公司、（美国）中文资料中心 1977 年版，第 56338 页。

③ 李君明：《南京市地产经营概况》，载《地政周刊》第 10 期，《中央日报》1934 年 12 月 11 日。

④ 上海银行业务处编：《廿二年度全行经理月报及行会纪录纲要》，1934 年，第 26 页。

厂，按照资本在 5 万元以上、1 万元以上、2000 元以上和 200 元以上的标准，全市营造厂可分成甲、乙、丙、丁四等。其中甲等 63 家、乙等 79 家、丙等 186 家、丁等 152 家，总资本登记数为 434 万余元，遥居各工业之首。① 因为有利可图，加之有一定的经济基础，有些营造厂逐渐不再将自己的业务范围限定在设计和营造房屋等方面，而是开始从事购地建屋的活动。②

如根据《土地局（财政局）核准土地买卖案件一览表》的记载，甲等裕庆公司、甲等建华营造公司、甲等新亨营造厂、甲等申泰营造公司等在南京不同地区都购有一定数量的土地。

3. 银行

因为有利可图，南京的许多银行很早就开始涉足房地产投资，如 1930 年仅在新街口附近一带，就有多家银行购置土地。③ 进入 20 世纪 30 年代后，伴随着农村经济的日益破产，内地的资金开始向大城市集中，南京银行界在吸收了大量存款的同时，因社会经济萧条、商号不敢进货，放款日益困难。④ 局势好转后，在资金淤积十分严重的情况下，为保障经营安全、获取高额利润，南京银行界开始大规模地购买土地。

当时的学者已经注意到，专营的房地产公司大多因为资本较少、势力有限，在南京的土地市场上只是充当配角，而"最足述而藉得吾人注意者，决为兼营机关。何谓兼营地产机关，即是说：其营业不以地产为主，而以地产为附之谓。此种机关，大抵为银行：如浙江兴业银行、上海银行、中国银行、中国实业银行、农工银行、江苏银行、盐业银行、中南银

---

① 建设委员会经济调查所统计课编：《中国经济志·南京市》，1934 年，第 165 页。

② 南京市地方志编纂委员会编著：《南京土地管理志》，江苏人民出版社 1999 年版，第 341 页。

③ 《本府第四次纪念周报告》，载《首都市政公报》第 76 期，1931 年 1 月 31 日，特载，第 13～14 页。

④ 《二十三年南京管辖行业务研究报告》，1934 年，上海市档案馆藏，档号 Q275－1－847。

行等，皆兼营地产，其中以浙江兴业银行、上海银行，及中国实业银行，所经营之规模为最大"①。

高信的研究表明，当时南京的各家银行不仅以本行的名义直接购买土地，还通过创办房地产公司，使用储业堂、信立堂、信仁堂、信德堂、信业堂、惠农记等名称，进行土地买卖交易活动。②

笔者在查阅档案的过程中，发现了一份上海商业储蓄银行创办"信业堂"以经营土地买卖的合约，兹抄录如下：

> 立合约人南京上海商业银行和蒋仁山（以下简称甲、乙方），兹因甲方拟在南京兴办一房地产公司，预备先以银元 10 万元购买房地产，乙方愿代甲方经手接洽购买事宜，双方订定条件如下：
>
> 1. 购买房地之权，完全由甲方自主，乙方须按甲方之意办理。
>
> 2. 甲方托乙方经手所购之房地产，概用信业堂名义。
>
> 3. 甲方允将用信业堂户名所购房地产，于出卖后或估价与所兴办之房地产公司时，比得之余利，每 10 元按 1.5 元交与乙方，以作酬劳（此项余利按照第 4 条所定之标准计算之）。
>
> 4. 甲方开立信业堂透支户，所有购买房地产之正价及费用等项，均在该透支户内支付，该户欠息按月 8 厘计算。
>
> 5. 乙方所有经手购房地之费用，须照实开支。
>
> 6. 乙方因代甲方信业堂户名购买房地所分得之佣金，概须收回信业堂透支户归公，以减轻成本。
>
> 7. 甲方由乙方代购买房地，如有纠葛及被人欺骗而受损失，概由乙方担负赔偿。
>
> 8. 乙方介绍之卖主，概须与甲方直接见面，以免隔膜。
>
> 9. 乙方既由甲方付给按第 3 条所述之酬金，不得有暗中将房地产

---

① 李君明：《南京市地产经营概况（续）》，载《地政周刊》第 11 期，《中央日报》1934 年 12 月 18 日。
② 高信：《南京市之地价与地价税》，正中书局 1935 年版，第 63～67 页。

之价增加，以使甲方多支付款项。

  10. 本合约共缮两份，各执一份为凭。

1930 年 12 月 1 日

立合约人 李桐村、蒋仁山

见议人 孙永贞①

  信业堂创办后，凭借着较为雄厚的资本，积极参与南京的土地买卖活动，仅在 1931 年一年时间里，就购买了将近 120 亩土地。② 而根据上海商业储蓄银行的档案记载，1933 年、1934 年，信业堂均为该行的放款大户；1935 年，该行放款给信业堂近 50 万元；1936 年，又放款逾 40 万元③。这表明信业堂仍在积极从事土地买卖活动。

  除信业堂外，当时的储业堂、信立堂、信仁堂、信德堂以及惠农记在南京也分别购买土地近 35 亩、67 亩、188 亩、67 亩、101 亩。④ 截至 1935 年，仅以上六家的购地面积就已接近 600 亩。而根据当时房地产公司从业人员的介绍，各大银行在南京购买土地的资金数额均在百万元以上。⑤

  需要说明的是，以银行界为突出代表的南京房地产投资者如此大规模地购买土地，与当时国民政府提倡的"平均地权"存在着根本性的矛盾和冲突，这也造成了南京日益严重的土地分配不均问题。这不仅使南京的房

---

  ① 《南京上海商业储蓄银行经营房地产》，1930 年，南京市档案馆藏，档号 1023 - 1 - 326。

  ② 高信：《南京市之地价与地价税》，正中书局 1935 年版，第 66 页。笔者还根据《土地局核准土地买卖案件一览表》，对 1931 年信业堂购买土地的情形进行了增补。

  ③ 《二十三年南京管辖行业务研究报告》，1934 年，上海市档案馆藏，档号 Q275 - 1 - 847；《南京管辖行二十四年业务报告》，1935 年，上海市档案馆藏，档号 Q275 - 1 - 847；《南京管辖行二十五年度营业报告》，1936 年，上海市档案馆藏，档号 Q275 - 1 - 847。

  ④ 高信：《南京市之地价与地价税》，正中书局 1935 年版，第 64 ~ 67 页。笔者还根据《土地局（财政局）核准土地买卖案件一览表》对 1931—1935 年初储业堂、信立堂、信仁堂、信德堂、惠农记购买土地的情形进行了增补。

  ⑤ 高信：《南京市之地价与地价税》，正中书局 1935 年版，第 67 页。

地产投资者可以随时买进卖出，进行土地投机活动，还为他们直接操纵和控制土地的开发与利用提供了可能。

4. 各机关单位

除征收土地外，当时的各机关单位还通过购买私人土地，作为兴办各种公共事业的基础。[①] 从便利建筑的角度出发，各机关单位一般情况下都在原办公地点附近购买土地，以便于拓展官署。当然，也有不少机关单位择址购地新建办公场所。下面列举几例。

最高法院原先在汉中路附近一所教会学校旧址办公，后以房屋陈旧、工作不便为由，向司法院呈请择地兴建办公大楼，经批准后于1932年在中山北路南侧购买土地28亩余。[②]

中央地质调查所因科研工作需要，筹划建造一座地质矿产陈列馆；1933年由所长翁文灏出面筹划、募捐，购买了当时称作水晶台的地皮。[③]

外交部在弃用原先设在三牌楼将军庙的活动场所后，计划建造一座旨在联络国际人士感情的国际联欢社，并于1935年12月在中山北路三步两桥附近沿街购地约17亩。[④]

笔者根据《土地局（财政局）核准土地买卖案件一览表》，汇总了1931—1935年各机关单位购买土地的情形，详见表3.6。

表3.6　1931—1935年各机关单位在南京购买土地情形一览

时间	机关	地点	面积
1931年9月	海军部	盐仓桥	1.3143亩
1931年10月	江苏教育厅经费管理处	警厅后街	4.6914亩

---

① 《呈请转饬本京各机关如买受地产须照章缴纳契税案》，载《南京市政府公报》第111期，1932年7月15日，第95页。

② 卢海鸣、杨新华主编：《南京民国建筑》，南京大学出版社2001年版，第83页。

③ 卢海鸣、杨新华主编：《南京民国建筑》，南京大学出版社2001年版，第125页。

④ 卢海鸣、杨新华主编：《南京民国建筑》，南京大学出版社2001年版，第301页。

（续表）

时间	机关	地点	面积
1931 年 10 月	中央政治学校	红纸廊	0.3836 亩
1931 年 10 月	军政部兵工署	石婆婆巷	0.7791 亩
1932 年 11 月	海军部	雷家埂	1.5995 亩
1933 年 6 月	外交部	三条巷	2.2073 亩
1933 年 7 月	外交部	二条巷	11.0061 亩
1933 年 8 月	外交部	傅厚岗	6.3983 亩
1934 年 4 月	中央日报社	中山路	2.2966 亩
1934 年 5 月	首都电厂	东门街	1.0389 亩
1934 年 6 月	国立编译馆	西家大塘	3.0694 亩
1934 年 6 月	教育部	双井巷	0.9242 亩
1934 年 8 月	南京市公园管理处	玄武湖	298.8132 亩
1934 年 12 月	中央通讯社	阴阳营	0.8079 亩
1935 年 1 月	海军部	挹江门内	1.2683 亩
1935 年 2 月	中央国术馆	铁汤池	0.4596 亩
1935 年 2 月	司法院	中山北路	9.5448 亩
1935 年 2 月	中央国术馆	铁汤池	1.3075 亩

资料来源：根据《南京市政府公报》第 91～151 期附录《土地局（财政局）核准土地买卖案件一览表》整理。

5. 个人

这里所谓的个人，一般情况下指有资力的高级官僚和各界名流。高信认为"在京市购买土地之人，大抵为商界与军政界"①，事实上除此以外，当时不少文化界和学术界名人也在这一行列中。

如为了改善居住和作画条件，时为中央大学艺术系教授的徐悲鸿在吴

---

① 高信：《南京市之地价与地价税》，正中书局 1935 年版，第 53 页。

稚晖、钮永建、李石曾、黄膺白等人的帮助下，于 1931 年在杂草丛生的傅厚岗购买了 2 亩荒地。①

20 世纪 30 年代中央研究院历史语言研究所新建的三层宫殿式建筑，为研究人员安心科研提供了优越条件。很多人开始对自己在南京的住处做永久打算。著名语言学家赵元任的夫人杨步伟对自家和其他名人在 1935 年前后购买蓝家庄一带土地的情形，有过如下一段回忆：

> 有人到新住宅区去买地，有的在左近打主意，因为大家都想盖房子，但左近地自然不够，因为多数已给教育部、考试院和中央大学的人早买了。我们从萧友梅手上分了两亩，因为他们的音乐院规定在上海，他不须要有那一大地在南京，所以卖了三分之一给我们，地名蓝家庄，我家是二十四号。蒋梦麟等人也买了些地，也在路对面。②

根据笔者翻检《土地局（财政局）核准土地买卖案件一览表》后的不完全统计，当时在南京购买土地的名人还有章之汶（农学家，金陵大学农学院院长）、万国鼎（地政学家）、李四光（地质学家）、陈鹤琴（教育学家）、丁福成（实业家，福昌饭店老板）、姚雨耕（建筑学家）、毕辅良（外交家）、甘贡三（昆曲世家）、吴醴泉（教育学家）、李迪俊（外交部秘书）、李世琼（机械工程专家）、邵逸周（武汉大学教授）等。

四、1931—1934 年南京土地买卖的空间分布

南京土地买卖的空间分布情形实际上与城市空间的改造与拓展有着很大的关联性。早在 20 世纪 30 年代，阎海璘、李洵青二人在调查实习报告中曾根据自身掌握的土地登记资料，分别统计过 1931—1933 年上半年南京市内各区的土地买卖件数，以此表明各区土地交易的频度，如表 3.7 所示。

---

① 卢海鸣、杨新华主编：《南京民国建筑》，南京大学出版社 2001 年版，第 415 页。

② 杨步伟：《杂记赵家》，传记文学出版社 1972 年版，第 81 页。

表 3.7　1931—1933 年上半年南京市内各区土地买卖件数

	东区	南区	西区	北区	中区	下关
1931 年	69	93	87	297	155	10
1932 年	87	63	58	128	68	14
1933 年（至 6 月）	19	16	17	62	34	6
合计	175	172	165	487	257	30

资料来源：阎海璘、李洵青《南京市政府实习总报告之第五编土地行政》，见南京图书馆编《二十世纪三十年代国情调查报告》第 236 册，凤凰出版社 2012 年版，第 380 页。

由上表可知，在这两年半时间内，南京北区的土地买卖件数最多，以下依次为中区、东区、南区和西区，下关数量最少，由此可知北区之地皮生意最为活泼，中区亦颇不弱，而下关则几为死区。[1]

同时二人对当时南京市内各区土地买卖涉及的街道数量做出统计，以此反映各区土地交易空间范围的广狭，参见表 3.8。

表 3.8　1931—1933 年上半年南京市内各区土地买卖涉及之街道数量统计

	东区	南区	西区	北区	中区	下关
1931 年	21	54	31	74	84	7
1932 年	16	52	31	53	46	10
1933 年（至 6 月）	7	15	12	33	25	2

资料来源：阎海璘、李洵青《南京市政府实习总报告之第五编土地行政》，见南京图书馆编《二十世纪三十年代国情调查报告》第 236 册，凤凰出版社 2012 年版，第 379 页。

阎、李二人承认这项统计虽然存在一定的重复，如同一街道计算两次

---

① 阎海璘、李洵青：《南京市政府实习总报告之第五编土地行政》，见南京图书馆编《二十世纪三十年代国情调查报告》第 236 册，凤凰出版社 2012 年版，第 381 页。

或三次，但仍能大致反映出南京北区的土地买卖空间范围最广、中区次之、南区又次之、下关最少的基本格局，"盖因北区乃系新辟区，且新建机关为数甚多，故所需土地亦多，而买卖之范围遂亦广。所谓买卖范围广，谓在该区内土地之买卖最普遍，其范围及于全区，并非限于一隅之谓也"[1]。

在统计出各区同一街道的土地买卖件数后，二人又简要提及当时汉府路、竺桥、新街口等土地买卖较为频繁之处。[2]

客观地说，虽然阎、李二人统计出的土地买卖件数比笔者统计出的要少，但这对我们分析当时南京市内各区土地的买卖频度和空间范围影响不大。二人报告的欠缺之处主要在于对土地买卖具体地点的分析比较简略。

为了更精确地说明这一问题，笔者尝试利用《土地局（财政局）核准土地买卖案件一览表》提供的信息，对1931—1934年南京土地买卖的空间分布情形做具体分析。由于这一时段内南京土地买卖的件数接近3000件，一一统计难度颇大，所以笔者采用的方法是将土地买卖次数在3次及以上的地点予以记录，并分别统计同一地点在这期间的土地买卖面积之和，具体统计结果参见表3.9。

表3.9　1931—1934年南京各地点土地买卖次数与面积统计

街道	次数	面积（亩）	街道	次数	面积（亩）	街道	次数	面积（亩）
紫竹林	7	258	北极阁	4	20	盐仓桥	5	6
傅厚岗	83	168	新街口	15	19	百子亭	6	6
阴阳营	36	122	永庆巷	13	18	糖坊桥	13	6
三牌楼	49	82	五条巷	11	18	香铺营	5	6

①　阎海璘、李洵青：《南京市政府实习总报告之第五编土地行政》，见南京图书馆编《二十世纪三十年代国情调查报告》第236册，凤凰出版社2012年版，第380页。

②　阎海璘、李洵青：《南京市政府实习总报告之第五编土地行政》，见南京图书馆编《二十世纪三十年代国情调查报告》第236册，凤凰出版社2012年版，第384～385页。

（续表）

街道	次数	面积（亩）	街道	次数	面积（亩）	街道	次数	面积（亩）
高楼门	50	76	大树根	6	17	上乘庵	7	6
马家街	40	63	公园路	13	16	邓府巷	6	6
四卫头	16	57	府东街	18	16	左所巷	4	6
童家巷	19	57	陶谷新村	7	15	太平桥	5	6
廖家巷	21	56	鼓楼五条巷	8	15	小西湖	4	6
蓝家庄	31	52	大石桥	15	15	西流湾	3	5
芦席营	32	48	柏果园	11	14	铁管巷	3	5
东瓜市	12	39	牌楼巷	12	14	双石鼓	6	5
东门街	26	38	鼓楼三条巷	6	14	大王府巷	3	5
破布营	13	38	金银街	10	13	堂子巷	3	5
马路街	30	37	大行宫	13	13	科巷	4	5
虹桥	9	36	鼓楼	8	12	文昌巷	7	5
筹市口	14	35	南台巷	11	11	驴子巷	5	5
竺桥	49	35	鼓楼头条巷	8	11	三步两桥	4	4
老菜市	14	35	青石街	9	11	和平门	3	4
二条巷	18	35	城湾街	3	10	保泰街	3	4
汉府街	41	32	湖南路	11	9	双龙巷	3	4
西家大塘	14	28	吉祥街	8	9	薛家巷	5	4
四条巷	12	28	鼓楼二条巷	5	9	管家桥	3	4
草场门	9	28	游府西街	15	8	红纸廊	3	4
傅佐园	15	26	沈举人巷	6	8	大中桥	4	4
板井	7	25	武学园	9	8	老米桥	4	3
大悲巷	29	25	慧园里	6	8	三山街	7	3

（续表）

街道	次数	面积（亩）	街道	次数	面积（亩）	街道	次数	面积（亩）
定淮门	4	24	新住宅区	4	7	三条巷	4	2
新门口	12	23	新菜市	4	7	户部街	4	2
鼓楼四条巷	9	22	十字街	5	7	铜银巷	3	2
挹江门	3	22	利济巷	4	7	红花地	3	2
许家巷	9	22	止马营	14	7	张府园	3	2
山西路	6	20	成贤街	11	6	九眼井	3	2
大方巷	8	20	湖北路	4	6			

说明: 为了便于统计, 笔者根据四舍五入的原则, 将各地土地买卖的面积一律只保留到个位数。

资料来源: 根据《南京市政府公报》第 91～149 期《土地局（财政局）核准土地买卖案件一览表》整理、统计而成。

笔者根据表 3.9 所示 1931—1934 年南京各地点土地买卖面积的大小, 绘制出图 3.8, 以便更直观地反映该时段内南京土地买卖空间分布的特征, 并尝试给出一些比较具体的分析。

根据图 3.8, 我们可以发现 1931—1934 年南京土地买卖的空间分布情形有以下几个特点。（1）中山北路、中央路先后开辟完成后, 为城北土地的开发提供了便利, 这两条道路沿线连同鼓楼附近的傅厚岗、阴阳营、高楼门、金银街、蓝家庄等地区的土地买卖活动都比较集中和频繁。如中山北路开辟后, 官方就注意到道路沿线土地买卖日渐增加,"其受筑路之利益, 已显而易见"[1]。由于这一地区位处城北, 军政机关林立, 加之尚有大量未开发的土地, 所以土地买卖涉及的面积比较广阔。（2）以新街口广场四周为核心, 向西可以延伸至汉中路乃至西南方向的朝天宫一带, 这一地

---

① 《中山北路筑路摊费案》, 载《南京市政府公报》第 96 期, 1931 年 11 月 30 日, 第 74 页。

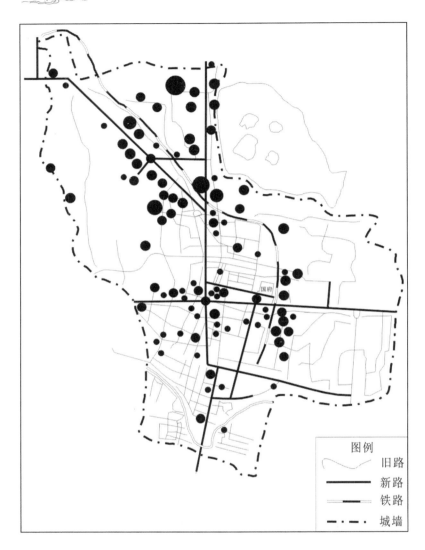

图3.8　1931—1934年南京土地买卖的空间分布情形

资料来源：根据《1931—1934年南京各地点土地买卖次数与面积统计》表绘制，底图取自第二章。

区大部分位处城中，自放射式干路在新街口广场交会后，附近的交通极为便利，加之尚有许多土地闲置，因此该地区的土地买卖也比较集中。其中新街口附近的土地买卖在国府定都后不久即已开始。1928年秋中山大道筑路工程动工未久，已有数家房地产公司在大行宫、土街口一带收买价值数十万元的土地。①（3）国民政府附近有不少机关单位，土地买卖比较集中地发生在尚有较多空地的东北方向的汉府街、大悲巷、竺桥等地，以及东南方向的二条巷、三条巷、四条巷乃至更远的马路街、公园路等地，从位置上来看，这一带已非常接近立法院、监察院和审计部等机关。（4）相对而言，由于城南地区原先的人口、建筑已经较为密集，闲置的土地数量相对较少，所以城南地区的土地买卖总体上呈现出零星分布的状态，面积亦相对有限。②

第五节 土地标卖、放领与放租等

出于增加收入、厘清产权和促进开发的多重考虑，南京市政府等机关通常还会以标卖、放领与放租的方式，将除了留作公用以及有特别规定用途的公有土地产权出让给私人。这些产权转移方式的不同之处在于，"承租之公有土地，应由管有机关发给租照"，私人获得土地的使用权；"承领或标卖之公有土地，应由主管地方政府依据放领或标卖机关所发执照依法予以登记，发给土地所有权状及勘图"，私人获得土地的所有权。③

就1927—1937年南京市政府主管的市有土地而言，由于这些市有土地种类复杂繁多、面积零星散碎，以致有关标卖、放领和放租市地的相关统计难以系统进行，因此我们今天所能看到的资料，大多只是当时南京市土地行政部门按照市地分类进行的关于其产权清理与处理的一般性文字描述。笔者借助这些资料，同时尽可能地搜寻市政公报中的土地类公牍，试

---

① 《对于买卖中山路旁基地之规定》，载《首都市政公报》第22期，1928年10月31日，纪事，第6~7页。

② 阎海璘、李润青：《南京市政府实习总报告之第五编土地行政》，见南京图书馆编《二十世纪三十年代国情调查报告》第236册，凤凰出版社2012年版，第384页。

③ 南京市地政局编印：《南京市土地行政》，1937年，第4页。

图将 1927—1937 年南京市这几种"公有土地民有化"的产权转移方式的大致面貌呈现出来。

一、土地标卖

土地标卖是南京市政府采用竞标的方法将市有土地产权出让给私人的方式。根据南京市有土地标卖章程，标卖的市地既可由南京市民呈请，也可由土地局自行指定，需经过土地评价委员会的地价评定。竞标时至少需有两标，超过底价最高者得标，得标者可在缴足标价后领取土地的管业执照。[①]

从笔者目前掌握的资料来看，大约在北伐战争胜利以后，为了促进市面发展、充裕市府财政收入，南京特别市市政府土地局开始比较集中地标卖包括接收而来的散布市内的荒地和下关滩地在内的市有土地。通过翻检市政公报中的土地类公牍，笔者将 1928—1932 年关于土地局标卖各类市有土地情形的记录整理如表 3.10 所示。与土地拨借一样，或许同样是由于刊载重点的变动，笔者在 1933 年后的《南京市政府公报》中很难见到标卖市地的内容。

表 3.10　1928—1932 年南京市土地行政部门标卖市有土地情形

投标日期	市地位置、类型	中标情形简述
1928 年 10 月 8 日	下关黄泥滩、牵牛巷等 7 处滩地、基地	不详
1928 年 10 月 18 日	下关黑洋桥东北滩地，市内水西门 48 号基地	不详

---

① 《南京特别市市政府土地局标卖市有基地、滩地章程》，见《南京特别市市政法规汇编初集》，1929 年，第 286～287 页。

（续表）

投标日期	市地位置、类型	中标情形简述
1928 年 12 月 24 日	太平门、鼓楼西五条巷基地，下关黄泥滩、宁省铁路桥、厂门口、河沿街滩地	除太平门两处基地及鼓楼西五条巷基地、黄泥滩滩地均未有人标买外，当时投标者只有三人。其中，曹植三标买黄泥滩新马路滩地，王松云标买宁省铁路桥东北首滩地，但两人所投标价仅照评价委员会评定之最低价额，当即宣告由于不合定章，两标不能发生效力。徐德华投标厂门口河沿街滩地，总额超过标额 15.54 元，虽只有一人投标，但经南京特别市市政府破例批准得标
1929 年 2 月 4 日	下关黄泥滩滩地、下关铁路桥东北滩地	投标黄泥滩滩地者，曹道才每方 76 元，胡光祖每方 75.5 元；投标铁路桥东北滩地者，王松云每方 61.2 元，李宝昌每方 60.5 元。照章应由曹道才和王松云分别得标，但因开标时曹道才、胡光祖、李宝昌皆不在场，其所投之标与《标卖章程》的规定不一致，故此次投标无效，需要择期再投
1929 年 6 月 26 日	下关龙江桥税所前第二段及第六段滩地	投标龙江桥税所前第二段滩地者，蔡春培每方 61.2 元，蒋子荇每方 60.5 元；投标第六段滩地者，徐成金每方 61.1 元，徐建亭每方 60.6 元，谢书松每方 62 元；当即确定由蔡春培、谢书松分别得标
1929 年 7 月 6 日	老王府、明瓦廊、箍桶巷、大方巷基地	老王府、大方巷基地均无人投标；投标箍桶巷基地者，马伯泉独标，每方 20 元，由于不符合定章，宣告无效；投标明瓦廊基地者，邓醒素每方 17.02 元，王兴仁每方 15.976 元，当即确定该基地由邓醒素得标
1929 年 9 月 12 日	老王府、箍桶巷、八府塘、寿星桥基地	投标老王府基地者，隆泰号独标，洋 1800.05 元；投标寿星桥基地者，郑江氏独标，洋 72.3 元，均因不符合定章，宣告无效。投标箍桶巷基地者，张文幹总标洋 361.1 元，徐春江总标洋 310 元，当即确定该基地由张文幹得标；投标八府塘基地者，孙治美总标洋 445 元，郑江氏总标洋 341.5 元，当即确定该基地由孙治美得标

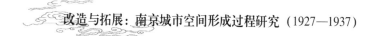
（续表）

投标日期	市地位置、类型	中标情形简述
1930 年 9 月 3 日	下关交通路小菜场右首基地	参加投标者有十余户之多，最后以投标价格最高的信记得标
1930 年 12 月 22 日	西华门内三条巷、三条巷内仁孝里基地	不详
1931 年 3 月 9 日	上乘庵、百子亭、柳叶街地藏庵、宫后山市有土地	宫后山两处两地无人投标，百子亭市地只有傅曙一户投标，不符合定章。投标上乘庵市地者七人，其中王林记每方 46 元，志华记每方 42.67 元，万爱廷每方 40 元，沈星南每方 40.5 元，金仲蛰每方 40.2 元，徐康记每方 35.26 元，徐寿珠每方 31.5 元，以王林记投标价格最高，当即确定该地由王林记得标。投标柳叶街地藏庵市地者两人，王荫亭每方 20.119 元，蔡继福每方 16.15 元，前者得标
1932 年 4 月 30 日	下关商埠街等十九处市有土地	除保泰街市地因标领者只有一户而停止投标外，投标三十四标市地者两人，刘拥书堂每方 58.15 元，黄剑华每方 51.11 元，当即确定该地由刘拥书堂得标。而其余的十七处市地，均未有人投标

资料来源：根据 1928—1932 年《首都市政公报》《南京市政府公报》中的土地类公牍整理。

由表 3.10 可以看出，对于一些位置较好、面积适当的市有土地，有一定经济实力的私人或房地产投资者都乐于取得其产权，不少市地的投标者众多便是明证。相对于由某人单独缴价领地，标卖这种方式由于给了众人竞标的机会，无疑显得较为公允。如当时财政局就认为，"市有土地以前或予市民承领，或予开投，向无一定办法，似尚不足以昭公允"，因此该局局长在 1932 年 4 月 13 日召开的南京市政府第二零三次市政会议上提议，为了公平起见，旗地、溢地以外的市有土地，以后只要将产权出让给市民，应一律采用标卖的方式进行。①

毋庸讳言的是，对于南京市政府而言，众人竞标带来的必然是高出底价的收益，而且这种竞争越激烈，政府的收益也就越丰厚。因此，借助于土地标卖的方式，以获得更多的财政收入，应该也是政府需要着重考虑的方面之一。

二、土地放领

土地放领也是当时南京市政府将市有土地产权出让给私人的方式之一。与土地标卖一样，市地既可由南京市民申请承领，也可由土地局公告放领。面积在 1 亩以下的市地，市政府即可批准放领；而 1 亩以上的市地，还必须呈奉行政院核准。② 根据笔者对相关文献的解读与分析，1927—1937 年南京市有土地的放领大致可以分成如下两类情形。

1. 市民承领原租地

这一类情形通常指市民根据南京市政府制订的相关办法，在缴纳一定金额后，承领原先的承租市地，从而将市有土地的使用权变更为所有权。不过从实际情形来看，这类放领大多由政府强制推行，虽然也会给予租户一定的优惠，但许多租户本身并不具备领地实力，致使领地数量受到限制。

这类领地情形最初可能肇始于南京特别市市政府清理下关滩地产权之时。前文已述，在 1914 年前后，下关滩地由商埠局租予市民建筑房屋，租金极为低微，加之推让过频、测丈不精，所以"十数年来，难免私自侵占情弊"，土地产权异常混乱。

1929 年初，土地局考虑到"此项滩地既经订期租赁，一俟期满，以建筑物之关系，势必由原租户继续承租，长此相沿，实即永租之变相。现时民间已有私相推让情事，如再年久，更恐误认租借权而为所有权"③，因此

---

① 《令饬出卖市地时除旗地、溢地外须一律标卖案》，载《南京市政府公报》第 106 期，1932 年 4 月 30 日，第 48 页。

② 南京市地政局编印：《南京市土地行政》，1937 年，第 81 页。

③ 《下关滩地准由原租户价领案》，载《首都市政公报》第 31 期，1929 年 3 月 15 日，公牍，第 54～55 页。

决定派员按户测量，估测地价并提交土地评价委员会评定，之后再由原租户限期缴价承领。这样做的好处在于，既能够彻底厘清土地产权，又能够增加市政府的财政收入，此外，市民还可以"得建筑上永久之安全"，重新修建以往因租地而草率搭建的简陋房屋。不过在刚开始的数月时间内，领地市民为数寥寥，在南京特别市市政府针对承领时存在的种种现实问题采取相应对策后，承领者才有所增加。①

南京市内的旗地也有类似的放领情形。1930 年 8 月，土地局鉴于南京地价飞涨，遂计划对城内王府园、东花园、门东、门西及城北的旗地产权进行清理。根据市政会议决议，旗地拟由原承租人缴价承领，考虑到旗地虽系租赁性质，但因现在的承租人多由推让而来，如果按照时价十足缴领，似乎显得不太公平，最后决定由承租人按照评定地价的四成缴价承领。②

该办法公布后，虽有一些租户遵照价领，但无力承领者亦复不少。为鼓励租户承领土地，财政局于 1934 年 9 月决定"如欲缴价承领，其应缴地价，准予八折计算"，"以本年内为有效期间，过期不予折减"。③ 此后，南京市政府又数次虑及经济困难的租户为数甚多，一时间筹款有相当的难度，最后决定将折减期限延长至 1936 年 9 月。④ 根据地政局的统计，该局

---

① 数月间承领者数量寥寥，土地局经调查发现，各租户租地后有转租予他人建筑者或有建筑后连同租地转押予他人者等情形，表明原租户无力缴价已成事实，该局于是在 1929 年 9 月决定改由转租人承领。至当年底承领者仍然较少，各租户认为工务局《取缔建筑章程》规定凡临河之新建筑应自河岸线起退缩十尺，而许多滩地面积本就不大，如果按照规则十足退缩，势必对滩地建筑造成窒碍，故而大多不愿承领。有鉴于此，南京特别市市政府决定采取变通办法，将退缩尺度减少为五尺，同时规定市民一次性缴价筹措不及，可分为三期分缴，以方便租户承领。参见《下关滩地由转租人承领案》，载《首都市政公报》第 45 期，1929 年 10 月 15 日，公牍，第 33 页；《土地局呈请变通下关滩地办法案》，载《首都市政公报》第 49 期，1929 年 12 月 15 日，公牍，第 37 页。

② 《令知清理旗产办法经议决通过案》，载《首都市政公报》第 67 期，1930 年 9 月 15 日，公牍，第 37 页。

③ 《南京市财政局处理旗地办法》，载《南京市政府公报》第 145 期，1934 年 9 月，第 21 页。

④ 《核准处理旗地办法一、三两条再展期三个月案》，载《南京市政府公报》第 166 期，1936 年 6 月，第 59 ~ 60 页。

自 1935 年 7 月至 1937 年 3 月共计放领旗地 93 件，面积约为 96 亩。①

2. 市民直接承领市有土地

除了上述由租地到领地的情形，当时南京的市有土地放领还存在着另一类由市民直接承领的情形，而这最初应该是土地局标卖市地的一种变通做法。

国民政府定都后，南京特别市市政府与江苏官产沙田事务局在土地产权方面存在纠纷。土地局规定南京市民获取市内荒基、滩地等，必须通过标卖的方式才算合法，而市民一般通过相对简单的承领方式就可以从官产沙田事务局处获得土地产权，这就导致南京市民舍难就易，纷纷前往官产沙田事务局请领土地。土地局由此感到，"职局处此环境，若不通权达变，何以挽救于将来"，除呈请国府明确土地产权归属外，还期望造成既定事实，因此明确规定，凡市内荒基如有市民请领，需经土地局派员履勘请领之地，确与原具呈人之产权有毗连之关系，一经土地评价委员会评定地价后，即由原具呈人缴价承领；而与具呈人没有毗连关系的土地，则仍然按照相关程序办理标卖事宜。②

现有资料表明，当时南京市政府就曾以放领的形式处理溢地。虽多次修正相关章程，但始终遵循着"不妨碍市政计划之溢地，得由原占用人按照评定价额优先缴价承领"的核心原则，期"于清理土地之中，仍寓便利市民之意，且可确定产权，免除纠纷"③。

而从实际情形来看，由于溢地的承领价格较高，超出了占用人的负担能力，许多市民有心无力，所以不愿承领者同样不少。对此，财政局认为，如果不将价额适当降低，似不足以鼓励原占用人承领溢地。南京市政府因此于 1933 年 11 月决定给予占用人限期减价承领溢地的优惠④，并一

---

① 南京市地政局编印：《南京市土地行政》，1937 年，第 88～90 页。

② 《令准价领市内荒基案》，载《首都市政公报》第 28 期，1929 年 1 月 31 日，公牍，第 52～53 页。

③ 《修正承领溢地暂行章程案》，载《首都市政公报》第 53 期，1930 年 2 月 15 日，公牍，第 18～19 页。

④ 《限期减价给领溢地案》，载《南京市政府公报》第 135 期，1933 年 11 月 30 日，第 37 页。

再延迟给予优惠的期限。根据地政局的统计，自 1935 年 7 月至 1937 年 3 月，该局共计放领溢地 139 件，面积约为 14 亩。①

除了溢地，笔者在搜集资料的过程中，还注意到无论是在城北的傅厚岗一带，还是在城南的中华路、建康路，都有南京市民向南京市政府申请承领市有土地的案例。② 这类遍及市内、较为零散的领地申请，在当时的南京应该还有很多。如根据地政局的统计，自 1935 年 7 月至 1937 年 3 月，该局共计放领市地 81 件，面积约为 18 亩。③

相对而言，20 世纪 30 年代比较集中的南京市地承领，多发生在位于中山北路沿线的大方巷、古林寺以西的新住宅区。当时，在南京市政府完成土地征收并划分宅地区段后，各界社会名流和团体便开始纷纷缴价，以承领一定数量的土地。

三、土地放租

市有土地放租也是 1927—1937 年南京土地产权转移的方式之一。根据 1929 年颁行的《南京特别市市政府土地局市有土地租赁章程》，南京市民既可以自行申请承租市有土地，也可以由土地局指定市地招租，承租权由缴租最高者享有，每月租价不得低于地价的百分之一，承担人不得私自转租市地，承租期满后可酌情再议续租。④ 由于租金偏高，不少租户的负担很重，故此后颁行的《公有土地处理规则》决定将月租额调整为评定地价的千分之一至千分之五。⑤

---

① 南京市地政局编印：《南京市土地行政》，1937 年，第 91～92 页。
② 《梅奕儒请领傅厚岗市地》，1937 年，南京市档案馆藏，档号 1001－1－1300；《冯锦生等请领江宁府署公地案》，载《南京市政府公报》第 99 期，1932 年 1 月 15 日，第 46 页；《核定承领市地及征收土地筑路摊费负担办法案》，载《南京市政府公报》第 164 期，1936 年 4 月，第 53 页。
③ 南京市地政局编印：《南京市土地行政》，1937 年，第 82～83 页。
④ 《南京特别市市政府土地局市有土地租赁章程》，载《首都市政公报》第 36 期，1929 年 5 月 31 日，例规，第 3 页。
⑤ 《公有土地处理规则》，载《南京市政府公报》第 142 期，1934 年 6 月，第 15 页。

根据记载，南京市放租的市有土地分为市滩地、市铁路沿线地、散处市内空地及四所村、五所村棚户住宅空地。1937 年左右，租出滩地 13 亩余、铁路沿线地 56 亩余。这两种市有土地虽在国府定都前就已租出，但 1927—1937 年不排除有承租人的改变。散处市内空地不准建筑房屋，1937 年左右租出 8 亩余。1937 年左右，四所村、五所村棚户区内空地租出 103 亩余，供棚户自行搭盖棚屋。上述市有土地共租出 181 亩余。[①]

四、南京土地产权转移的其他方式

除了以上重点论及的数种土地产权转移方式，外国人承租土地也是 1927—1937 年南京土地产权转移的方式之一。通过前文有关外国教会租用南京土地兴办教堂、医院和学校等内容的介绍，可知这种土地产权转移在国民政府定都以前就已经存在。

国民政府定都后，南京作为政治中心，一些国家纷纷在此租地，作为建筑使馆之用。颁行于 1935 年 10 月 8 日的《南京市内外国使馆租用馆址暂行办法》规定，外国使馆在南京市内租用土地建筑馆舍，可以用使馆的名义永租，租用地点及面积由外交部呈请行政院核定。经行政院核定后，其应缴之租金应于交付永租凭证以前全部缴纳完毕。租金全部缴清后，即由南京市政府、外交部会同外国使馆钉立永租界桩。[②]

需要说明的是，为保护国家利益，外国人在中国本无购买土地之权，而租用土地原则上只享有土地的使用权。不过由于采用了较为特殊的"永租"方式，其功能便发生了一些微妙的变化。在永久使用的土地上，诸如房屋在内的定着物，就基本等同于归外国人所有。[③] 因此为了防止其涉足盈利性的房地产业，该暂行办法明确规定：永租之地除供使馆官员办公、

---

① 南京市地政局编印：《南京市土地行政》，1937 年，第 85~86 页。

② 《南京市内外国使馆租用馆址暂行办法》，载《南京市政府公报》第 158 期，1935 年 10 月，第 20 页。

③ 马学强：《从传统到近代——江南城镇土地产权制度研究》，上海社会科学院出版社 2002 年版，第 313 页。

居住，不得转移产权或作其他收益及营业之用，从而杜绝了外国人变相盈利的可能。

此外，当时南京的土地产权转移方式还有土地交换和土地赠予等，为此南京市政府还颁行过《南京市不动产交换及赠与规则》。如根据财政局的调查统计，1934 年南京共发生土地交换 23 件、土地赠予 8 件。①

通过本章的分析可以看出，在 1927—1937 年外来人口大量涌入、城市人口快速增长的大背景下，因为旧有房屋供不应求，人们对土地的需求日益强烈，由此发生的土地产权转移现象在当时的南京非常普遍。本章论述南京土地产权的转移，实质上就是在说明各类土地业主是通过何种方式获取一定数量的土地的。这是他们进行土地开发与利用的一个不可或缺的环节。

由于土地获取者和土地产权归属的复杂性，1927—1937 年南京土地产权转移的方式和内容显得较为丰富多样。笔者根据前文的论述，试将这十年间南京几类最主要的土地产权转移方式总结如表 3.11 所示。

表 3.11　1927—1937 年南京土地产权转移的主要方式

产权转移方式	产权出让者	产权获得者	土地产权变更
土地征收	私人土地业主	机关单位	所有权变更，私有土地转变为公有土地
土地拨借	机关单位	机关单位	使用权变更，公有土地性质不变
土地买卖	私人土地业主	机关单位、私人业主	所有权变更，私有土地转变为公有土地，或私有土地性质不变
土地标卖、放领和放租	机关单位	私人业主	所有权变更，公有土地转变为私有土地；使用权变更，公有土地性质不变

① 《南京市财政局土地行政报告（民国二十三年一月至二十四年三月）》，载《地政月刊》第 3 卷第 3 期，1935 年 3 月，第 387 页。

　　通过上表并结合前文可知，1927—1937 年南京的机关单位及各类私人业主通过各种产权转移方式，获得了相应的土地。其中，中央政府和地方机关获取土地的目的是举办各类公共事业。南京市土地行政部门关于各类土地使用面积的调查表明，除了宅地高居第一，南京各机关的行政用地占比也很可观，1935 年占全部用地比重的 7.36%，1937 年这一数字上升到近 15%。① 与此同时，通过买卖等方式，大量的土地日益集中在少数人的手中，这为其进行土地投机和垄断奠定了基础，也为其进一步操纵和控制南京土地的开发与利用提供了可能，这是 1927—1937 年南京土地产权转移过程中值得引起人们注意的负面问题。

　　从根据相对完整的南京土地征收和土地买卖资料得出的空间分布特征来看，这些产权发生转移的土地，不仅分布在原先人口、建筑密度较大的城南，还分布在许多旧有道路的沿线，同时更可沿着新辟道路（如汉中路、中山北路、中央路等）向城西、城北等方向做较大范围的延伸。值得一提的是，由于城北此前的开发程度相对有限，所以这一区域内发生产权转移的土地的面积往往都比较巨大。

---

　　① 南京市政府秘书处编印：《南京市土地行政概况》，1935 年，第 10 页；南京市地政局编印：《南京市土地行政》，1937 年，第 54 页。

第四章　进展与局限：1927—1937 年南京土地的开发利用与城市空间结构的改变

　　各类土地业主在通过各种方式获取一定数量的土地后进行的土地开发与利用活动，拓展了原先的南京城市空间，加之对一部分旧有城市空间的改造，使 1927—1937 年的南京城市空间得以最终形成。城市的空间结构也在这一过程中出现了一些变化。

　　在现代城市规划和维护首都观瞻的背景下，1927—1937 年南京土地的开发与利用不能再像 1927 年以前一般自由随意，必须遵循官方制定的一系列建筑管控与规范措施。与此同时，土地开发和利用的进度也引起了中央和地方政府的高度关注和重视。无奈当时多重因素存在与交织，致使南京土地的开发和利用受到了明显的干扰和限制。进展与局限成为当时南京城市空间形成过程中两个比较突出的特点。

第一节　1927—1937 年南京土地开发利用的总体情况

　　自国民政府定都以后，随着南京城市人口的迅速增长和基础设施的逐渐改善，大批的公私建筑拔地而起，南京城市面貌日新月异。[①] 工务局于 1937 年编辑出版的《南京市工务报告》之《建筑》一章的篇首部分有如下一段文字：

―――――――――――――

　　① 南京市政府秘书处编印：《十年来之南京》，1937 年，第 65 页。

　　都市繁荣，人口荟萃，所需要之公共建筑，以及各类民众之居
住、享用、游息，须由政府为之通盘规划设施，期使求供相应，各得
其所者，盖无不与日而剧增。两年以来，关于此等建筑工程，由本局
直接办理者，为数至夥，析其大要，凡为十种。至此外公私自办之建
筑，则见《取缔》章。①

　　这段文字从宏观层面上将 1927—1937 年南京修建的各类建筑分为工务
局办理的建筑和公私自办的建筑两大类。这给笔者以很大的启示。为下文
论述清晰和便利起见，笔者的思路也将循此展开。

一、工务局办理的建筑

　　1927—1937 年由工务局办理的建筑工程，本质上属于南京市政府举行
的市政公用建设。正如《南京市工务报告》所言，如果按照类别进行划
分，这类建筑大致可分为十余种。在市政府财政十分困难的情形下，除市
政机关的办公用房外，这些新建筑大多是南京市民日常生活所急需的。笔
者以下分类简要介绍。

1. 平民住宅

　　市民生存的首要问题莫过于居住问题。自国民政府定都以来，南京人
口数量激增，但市内房屋的增加未能与之保持同步，加之开辟道路拆除了
不少房屋，遂导致了南京住宅的供需矛盾。虽然房地产商投资建造的房屋
为数不少，但租金昂贵，"前之仅租一元、十元者，今则需十元、数十元
矣"，所以普通市民一般很难承担得起。为了解决这些人群的实际居住困
难，南京特别市市政府决定仿照西方国家，实施公营住宅政策。

　　自 1928 年起，工务局在光华门、金川门、宫后山、和平门等城市边缘
地带先后勘定、征收多处土地，在此基础上，通过标卖市有房屋和发行市

---

①　南京市工务局编印：《南京市工务报告》第三章《建筑》，1937 年，第 1 页。

政公债筹集资金①，陆续建成了一批条件和设施较为简陋的平民住宅，并以十分低廉的价格租予普通市民。

图4.1　新民门外平民住宅掠影
资料来源：南京市政府秘书处编《新南京》，1935 年，插图。

根据表4.1所示，截至 1937 年春，该局共建筑完成各种平民住宅和湖民住宅 900 余间，但与南京庞大的贫困人口相比，这些住宅无疑是杯水车薪，供不应求。例如，1937 年七里街平民住宅建成后，因为申请租住者太多，一时间无法确定承租人选，最后只能采用抽签的方式来决定租户人选。②

表4.1　1928—1937 年工务局建筑平民住宅、湖民住宅之情形

年份	地点	住宅类型	数量
1928 年	光华门外	乙种平民住宅	平房 100 间
1929 年	武定门内	丙种平民住宅	平房 200 间

①　邵鸿猷：《建筑市民住宅》，载《首都市政公报》第 54 期，1930 年 2 月 28 日，言论，第 1 页。
②　《通济门外平民住宅明日抽签决定租户》，载《中央日报》1937 年 4 月 24 日。

（续表）

时间	地点	住宅类型	数量
1931 年	新民门外	戊种平民住宅	平房 270 间
1931 年	中山门外	戊种平民住宅	平房 8 间
1931 年	玄武湖靠城墙附近	湖民住宅	平房 100 间
1934 年	宫后山	甲、乙两种平民住宅	楼房 6 间，平房 24 间
1935 年	和平门外	戊种平民住宅	60 所
1937 年	通济门外七里街	平民住宅	200 间

资料来源：《玄武湖湖民住宅落成》，载《首都市政公报》第 89 期，1931 年 8 月 15 日，纪事，第 3 页；《本市平民住宅》，载《中央日报》1936 年 6 月 1 日；《通济门外平民住宅明日抽签决定租户》，载《中央日报》1937 年 4 月 24 日；陈岳麟《南京市实习调查日记》，见萧铮主编《民国二十年代中国大陆土地问题资料》第 102 册，成文出版社有限公司、（美国）中文资料中心 1977 年版，第 53852 ~ 53863 页。

2. 学校

国民政府定都后，本着提高市民文化素质和培养首都模范市民的双重目的，南京市政府十分重视发展南京的教育事业。① 由于人口激增，学龄儿童的数量亦随之增加。虽然南京的教育事业面临着快速发展的机遇，无奈原有校舍数量过少且大多破旧，以致无法容纳日益增多的学生。

为避免适龄儿童失学，除继续租借旧有房屋作为校舍外，南京市政府认为"自非添建校舍，不足以谋救济而期普及"。经过认真擘画，工务局开始逐年在人口较为密集之处添建中小学校舍。

至 1937 年全面抗战前，工务局完成了包括市立第一中学、鼓楼小学、老江口小学、太平门小学、西区实验学校、中山门小学、香铺营小学、大中桥小学、米行街小学、斗鸡闸小学、府西街小学、英威街小学、莲花桥

---

① 虞清楠：《首都振兴小学的必要》，载《首都市政公报》第 36 期，1929 年 5 月 31 日，言论，第 2 ~ 3 页；剑萍：《调查学龄儿童与振兴小学教育》，载《首都市政公报》第 40 期，1929 年 7 月 31 日，言论，第 2 ~ 3 页。

小学、山西路小学、考棚小学、小河南小学、窑湾小学、莫愁湖小学、程善坊小学、兴中门小学、仓巷小学、崔八巷小学、九龙桥小学、长乐路小学、大行宫小学、承恩寺小学、邓府巷小学、四所村小学、高井小学、昇平桥小学、汉口路小学、五台山小学、铜坊苑小学、竺桥小学、市立师范学校、马道街小学、评事街小学、武定门小学、剪子巷小学、莲子营小学、三牌楼小学、下关小学、淮清桥小学、三条巷小学、游府西街小学等在内的 50 余所中小学校教室、宿舍和群房的建设工作①，为南京教育事业的发展奠定了一定基础。其中，仅从 1935 年 4 月至 1937 年 3 月，工务局就先后完成了 20 余所学校校舍的建设工作，面积总计超过 12400 平方公尺。②

　　3. 医院

　　国民政府定都以前，南京规模较大的医院的数量还比较有限，虽然有不少私人诊所，但收费高昂，所以一般市民难以承受。南京特别市市政府成立后，曾先后在复成桥、丰富路、槽坊巷、热河路、黑廊街等处，采取租用民房和建筑新屋的方式，设置了 7 所市立诊疗所。③

　　不过，已有的市立诊疗所由于规模过小，既不能容纳数量过多的病人，一旦遇到特殊的重症，又没有足够的医疗水平诊治。为了较好地解决南京市民的看病问题，在经费十分困难的情况下，工务局开始筹备建设医疗水平较高、设施较为完善的医院。

　　1933 年 6 月，传染病医院首先被设置在下关商埠街外交宾馆内，专门负责收治患有伤寒、白喉、天花、鼠疫、霍乱、赤痢等传染性疾病的病人。④ 随后，南京市政府又在下江考棚租用民房设立了戒烟医院。考虑到

---

　　① 南京市政府秘书处编印：《十年来之南京》，1937 年，第 66~67 页。
　　② 南京市工务局编印：《南京市工务报告》第三章《建筑》，1937 年，第 1 页。
　　③ 南京市政府秘书处编印：《十年来之南京》，1937 年，第 66 页；南京市工务局编印：《南京市工务报告》第三章《建筑》，1937 年，第 4~5 页。
　　④ 《成立传染病医院案》，载《南京市政府公报》第 130 期，1933 年 6 月 30 日，第 85 页。

当时南京还缺乏一所综合性的市立医院，进入 1935 年后，工务局选择在下江考棚戒烟医院的旧址上建筑市立医院和传染病医院。工程于当年 11 月全部完成。建筑的前进为市立医院，后进为传染病医院，皆为二层楼房，加上厨房、汽车间、停尸房、宿舍等，总面积共计 1827 平方公尺。[①] 次年 5 月，工务局又在四所村一带择定戒烟医院新址[②]，并开始筹备动工兴建。

4. 公园

城市人口密集，商铺林立，房屋栉比，空气污浊，交通繁忙，沙尘四扬。公园不仅可供市民闲暇时游憩、增进生活乐趣，还有益于卫生，"而且园林四布，花木丛生"，使人心旷神怡的同时，又可以增添都市美感，因此公园是城市不可或缺的重要组成部分。[③] 虽然 1927—1937 年南京许多公园中的人工建筑物或构筑物不一定占据很大比重，公园里更多的是自然景观和山水风景，但公园仍是南京不可或缺的重要组成部分。设置公园也是城市土地利用的方式之一。

除中山陵园附设的公园外，根据记载，当时南京比较著名的公园还有第一公园、秦淮小公园、玄武湖公园、竺桥小公园、白鹭洲公园、鼓楼公园等，除栽种、培植与布置花草外，工务局还十分重视公园内建筑的添造工作。如第一公园，因附近居民稠密且儿童甚多，而南京尚无比较正规的儿童娱乐场所，南京市政府决定在该园西北部特辟儿童游乐场，并在园西开设动物园。鼓楼公园当时也设有儿童游乐场。而公园里一些具有纪念意义的祠庙、墓冢、纪念碑等，更是政府机关宣扬其意识形态的重要载体。[④]

5. 其他

除了以上几种较为重要的建筑，工务局于 1927—1937 年还选择在城市

---

① 南京市工务局编印：《南京市工务报告》第三章《建筑》，1937 年，第 4 页。

② 《建筑戒烟医院案》，载《南京市政府公报》第 165 期，1936 年 5 月，第 73 页。

③ 贾宗复：《南京市政府实习总报告之第六编工务行政》，见南京图书馆编《二十世纪三十年代国情调查报告》第 237 册，凤凰出版社 2012 年版，第 459 页。

④ 王楠、陈蕴茜：《烈士祠与民国时期辛亥革命记忆》，载《民国档案》2011 年第 3 期。

的边缘地带建造救济收容所，如中华门外邓府山妇女习艺所、燕子矶笆斗山灾农乞丐收容所；选择在市内人烟稠密和交通繁忙处，如中华路、彩霞街、程阁老巷、丁家桥、下关杨家花园、八府塘、科巷、同仁街等，修建菜场；选择在人烟密集处，如中山东路水巷、管家巷、花家巷、丹凤街、户部街、大丰富巷、下关朝月楼以及大行宫学堂巷、破布营等，修建公共厕所；选择在人口、建筑密度较大的地点，如夫子庙、热河路等处，修建公共浴室。①

二、公私自办的建筑

这里所谓的公私自办建筑，主要指南京市政府以外的各机关单位建造的官署、文教、卫生、娱乐等建筑，以及私人或团体建造的房屋。与工务局办理的建筑相比，关于1927—1937年南京公私自办建筑的文献记载明显不够细致、集中。笔者以下使用相关统计资料，试图用三个指标，着重从总体上说明1937年以前南京公私房屋的建筑规模，同时提取部分当时建筑执照中的地点信息，绘图展示其大致分布状况。

1. 1927—1936年南京新建公私房屋的建筑规模

（1）1931—1936年南京新建公私房屋的数量

第一个指标是1931—1936年南京新建公私房屋的数量。需要说明的是，由于当时工务局对此项数据的统计不够完整，所以笔者不得不使用一些来源多样的资料。但这些资料零散且缺乏系统性，所以前后的统计单位并不统一。

具体而言，1931年以前的数据因缺乏统计，今天已很难查找到；1931—1934年的统计单位为房屋间数，具体数据可参见图4.2；从1935年开始，统计单位则变成了房屋所数。这直接导致1931—1936年的这一指标缺乏连续性，影响了笔者对当时南京新建公私房屋数量的整体判断。

---

① 南京市工务局编印：《南京市工务报告》第三章《建筑》，1937年，第5～6、16、24页；严宏湘：《数月来之工务概况》，载《南京市政府公报》第148期，1934年12月，第104页。

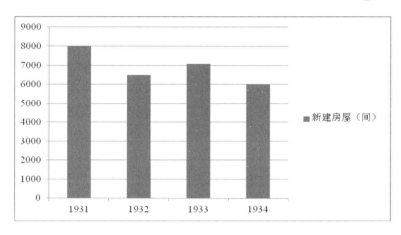

图 4.2 1931—1934 年南京市新建房屋数量
资料来源：《南京市历年新建房屋概况比较图 自 20 年至 23
年》，载《南京市政府公报》第 159 期，1935 年 11 月，插页。

至于 1935 年、1936 年南京新建公私房屋的数量，根据《二十四年度
南京市政府行政统计报告》的记载，1935 年 7 月至 1936 年 6 月，该市新
建公私房屋共计 1192 所。① 而根据工务局的统计，1935 年 4 月至 1937 年 3
月，由该局发给建筑执照的南京市新建公私房屋的数量多达 2717 所。②

我们由以上两条大约可以推知，在 1935 年、1936 年两年时间里，南
京每年的新建公私房屋数量至少都在 1000 所以上。

（2）1927—1936 年南京新建公私房屋的占地面积

第二个指标是 1927—1936 年南京新建房屋的占地面积。1937 年编印
的《南京市工务报告》中有这样一份弥足珍贵的统计资料，详情如图 4.3
所示。

这里有两个问题需要说明。其一，《南京市工务报告》中这项关于南
京新建公私房屋的统计，仅简单地标明为面积。仔细琢磨，不禁使人疑

---

① 南京市政府秘书处统计室编：《二十四年度南京市政府行政统计报告》，1937
年 4 月，第 215 页。

② 《两年来新建房屋统计》，载《中央日报》1937 年 7 月 5 日。

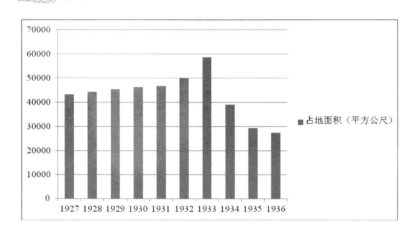

图4.3　1927—1936年南京新建公私房屋占地面积

资料来源：《南京市近年建筑统计图》，见《南京市工务报告》，
1937年，附图22。

惑，此处的面积究竟指占地面积还是建筑面积，这两个概念实际上有着很
大的差别。通过对比更多的资料，笔者确定此处指占地面积①。其二，在
《南京市工务报告》中，（占地）面积的单位为平方市尺，但笔者通过计算
发现，这一数据明显不够合理，1927—1936年南京新建公私房屋的占地面
积不至于仅有70亩出头。带着这个疑问，笔者随后又从其他资料中找到了
线索，从而可以确定原先的单位有误，此处的单位应为平方公尺。② 换算
以后，该时段内南京新建公私房屋的占地面积约为650亩。

（3）1927—1936年南京新建公私房屋的造价

第三个指标是1927—1936年南京新建公私房屋的造价。依据工务局的

---

① 《南京市二十四年度新建房屋面积、造价统计表》，载《南京市政府公报》第
172期，统计，1936年12月，第117页；秦孝仪主编：《抗战前国家建设史料——首
都建设（一）》，见《革命文献》第91辑，1982年，第88～89页。

② 《南京市历年新建房屋概况比较图　自20年至23年》，载《南京市政府公报》
第159期，1935年11月，插页；陈岳麟：《南京市实习调查日记》，见萧铮主编《民
国二十年代中国大陆土地问题资料》第102册，成文出版社有限公司、（美国）中文资
料中心1977年版，第53829～53830页。

逐年统计，笔者将 1927—1936 年南京新建公私房屋的造价情况呈现在图 4.4 中。

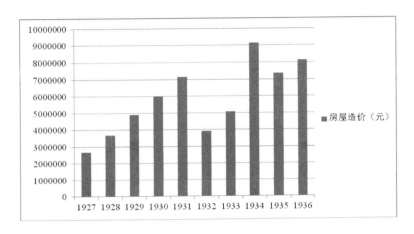

图 4.4 1927—1936 年南京新建公私房屋造价

资料来源：《南京市近年建筑统计图》，见《南京市工务报告》，

1937 年，附图 22。

对于南京房屋造价的变动趋势，《中央日报》曾计算如下，自 1927 年至 1934 年，南京市新建房屋的造价共计 42598138 元，平均每年约为 530 万元，而 1935 年 4 月至 1937 年 3 月的两年间的造价，比前数年每年的造价平均数高出 330 万元以上。①

稍加观察可以发现，这一增长趋势实际上与南京历年新建公私房屋占地面积的变化并不保持同步。根据笔者的推测，可能存在以下两个主要原因：第一，1935—1937 年的建筑材料价格在上涨；第二，楼房的大量建造，使得这两年南京新建公私房屋在占地面积较此前有明显缩减的情况下能维持可观的总造价。

2. 1927—1935 年南京新建公私房屋的空间分布

为了展示南京新建公私房屋的空间分布情形，笔者在这里使用的是目

---

① 《京市府呈请行政院发行库券九十六万元》，载《中央日报》1937 年 6 月 8 日。

前南京市档案馆所藏的 1927 年 7 月至 1935 年 4 月由工务局核发的建筑执照（共有 6381 张，档案目录集结成 8 册）。由于此类档案涉及大量的私人信息，在利用受限的情形下，笔者只好于每个年份随机选取 50 张，一共选择了九个年份的 450 张执照。笔者将其建筑地点信息提取后，在示意图上予以标注，并借此观察该时段内南京城市空间的拓展情况。笔者选取的建筑执照的信息参见表 4.2，由此绘制而成的 1927—1935 年南京新建公私房屋的空间分布情形如图 4.5 所示。

表 4.2　笔者选取的 1927—1935 年南京市工务局核发的建筑执照

年份	目录册数	页码	执照编号
1927	第 2 册	第 14～18 页	0131～0180
1928	第 2 册	第 34～38 页	0331～0380
1929	第 3 册	第 32～36 页	1311～1360
1930	第 4 册	第 23～27 页	2221～2270
1931	第 5 册	第 23～27 页	3220～3269
1932	第 5 册	第 58～62 页	3570～3619
1933	第 6 册	第 57～61 页	4560～4609
1934	第 7 册	第 34～38 页	5330～5379
1935	第 8 册	第 8～12 页	6070～6119

资料来源：《南京市工务局建筑执照》，1927—1935 年，南京市档案馆藏，档号 1001－3（建）。

从图 4.5 能够看出，1927—1935 年南京新建公私房屋的空间分布并不均衡。白下路以南的城南地区因为原先建筑稠密，所以这一地区在 1927 年后的新建公私房屋相对较少，从时间上看，新建的房屋也大多符合道路开辟后的房屋重建情形；由于中央政治区一直缺乏建设资金且存在土地产权纠纷，所以以明故宫为主体的城东长时间未获进展，"从励志社再向东，路旁全是荒芜的空地，空地上全是大石块和乱砖瓦，有几处低洼下去的池

国府

图例

旧路

新路

铁路

城墙

图 4.5　1927—1935 年南京新建公私房屋的空间分布情形

说明：底图取自第二章。

塘"①；自白下路以北直至鼓楼一带是国民政府定都后南京新建公私房屋比较集中的区域，其中国民政府附近、新街口广场周边以及鼓楼一带新建房屋的分布，与当时南京土地买卖的地点存在高度吻合；城西莫愁路一带，新建房屋不多，"自朝天宫西行约五六百步，抵止马营，即趋平民住宅，附近除新辟之莫愁路外，街道畸零，铺房、住房类皆破旧狭窄，想见首都近年之繁盛尚未及于此地，西式楼房不得一见"②；而鼓楼以北的中山北路和中央路沿线虽建有不少房屋，但除新住宅区第一区外，建筑总体上显得较为稀疏。此外，新住宅区以西直至清凉门之间的广大区域以及富贵山、覆舟山一带，房屋只在广阔的地面上作点状分布，余下的皆是乡野景观，这一状况直到 1949 年前后也未有根本性的改变。③ 通过前文的叙述可知，1927—1937 年工务局新建的房屋大多分布在人口稠密、交通繁忙之处，除了位于城市边缘地带的平民住宅、救济收容所等，工务局在此十年间新建的房屋基本位于南京新建公私房屋的空间分布范围内。

时人留下的不少文字也可以佐证当时南京土地开发与利用的程度。这些文字在赞叹南京日益繁华的市容的同时，也注意到了城墙内大片未经开发的原始景观。城北的中山北路沿线房屋较为稀疏，乡村景观交错其间。时人对此多有比较细致的描写。如陈西滢曾谈到爱南京的理由：

> 也许有人觉得乡村与城市应当划分得清楚：乡村得像乡村，城市得像城市。可是我爱南京就在它的城野不分明。你转过一个热闹的市集就看得见青青的田亩，走尽一条街就到了一座小小的山丘，坐在你的小园里就望得见龙蟠的钟山，虎踞的石头。④

---

① 倪锡英：《南京》，中华书局 1936 年版，第 47 页。

② 陈岳麟：《南京市实习调查日记》，见萧铮主编《民国二十年代中国大陆土地问题资料》第 102 册，成文出版社有限公司、（美国）中文资料中心 1977 年版，第 53858～53859 页。

③ 赵松乔、白秀珍：《南京都市地理初步研究》，载《地理学报》1950 年第 2 期，第 55～56 页。

④ 陈西滢：《南京》，见蔡玉洗主编《南京情调》，江苏文艺出版社 2000 年版，第 13 页。

如邓启东曾谈及南京城市的最大特色：

> 当各位由下关沿中山马路进城的时候，沿途虽不乏壮丽的官舍及稀疏的住宅作为点缀，但乡村景象很是浓厚：菜圃、桑园、稻田、茂林、修竹，随在皆是，真不信此身已入京都了。就是在城南人烟稠密的区域，池塘菜圃也常与繁华的市街相间，一脚尚在街头，一脚已踏入田野，以都市而兼具乡村的风味，实为南京最大的特色。①

如张恨水曾歌颂南京城北的野趣：

> 它空旷而萧疏，生定了是合于秋意的。过了鼓楼中山北路，两行半黄半绿的树影划破了广大的平畴，两旁有三三五五的整齐房屋，有三三五五的竹林，有三三五五的野塘，也有不成片段的菜圃和草地。②

第二节　南京土地开发与利用的管控与规范

从维护城市公众利益的角度出发，虽然土地系个人所有，但个人不能随意建筑。这是因为个人的建筑行为和方式与城市的日常交通、公共卫生、生活环境以及景观生态等息息相关③，正所谓"衣食住行四事，为人

---

① 邓启东：《豁蒙楼上话南京》，见丁帆选编《江城子——名人笔下的老南京》，北京出版社 1999 年版，第 138 页。

② 张恨水：《秋意侵城北》，见丁帆选编《江城子——名人笔下的老南京》，北京出版社 1999 年版，第 385 页。

③ 邵鸿猷：《建筑取缔与市民安全》，载《首都市政公报》第 45 期，1929 年 10 月 15 日，言论，第 1～2 页。

生要素，其住行二字，均与建筑有关，人人应知注意"①。

遗憾的是，因为过往政府对南京土地的开发与利用存在监管疏漏，加之诸如零修、补砌之事无须呈报②，所以城市建筑毫无规范、凌乱不堪，无论是对首都城市观瞻，还是对个人居住环境，都造成了极大的破坏。关于这一点，南京特别市市政府德籍顾问舒巴德曾在 1929 年的一次市政演讲中说道：

> 现在南京从高处俯瞰，全市则冈陵起伏，原野平铺，未尝不呈庄严灿烂之景象，然苟驱车作实地考察，则所在建筑物，皆参差不齐，光线空气，毫不讲求，狭长广袤，漫无规则，盖以市民只知在其地上任意建筑，不受任何拘束，侵占私土地者有之，更或将一凳一几置于人行道上，任意营业，妨碍实多。③

国民政府定都以后，为从根本上求得南京建筑的整齐规范、保障南京市民的居住环境，在确立了建筑（修缮、杂项工程）呈报领照制度的大前提下，除在改造和开辟道路时拆除一些旧有建筑物和障碍物外，对于其他旧式房屋，工务局一般会根据其是否妨碍公众利益以及房屋的破损程度等，或督促市民予以修缮，或令其拆除重建。④ 与此同时，对于新建筑的房屋，工务局则通过制定各种建筑办法、条例与规则，希望加强对

---

① ［德］舒巴德：《建筑取缔之意义》，载《首都市政公报》第 39 期，1929 年 7 月 15 日，专载，第 1 页。

② 《南京特别市市政府令第三〇三号》，载《南京特别市市政公报》第 2 期，1927 年 10 月 15 日，令文，第 31 页。

③ ［德］舒巴德：《建筑物取缔之意义》，载《首都市政公报》第 40 期，1929 年 7 月 31 日，专载，第 1 页。

④ 《取缔危险房屋》，载《首都市政公报》第 63 期，1930 年 7 月 15 日，纪事，第 9 ~ 10 页。如根据工务局的统计，该局在 1935 年共拆除南京各类危险房屋 56 处，其中房屋本身危险的 21 处、门墙危险的 9 处、山墙危险的 26 处，参见《南京市工务局廿四年度取缔违章建筑及危险房屋统计表》，载《南京市政府公报》第 174 期，1937 年 2 月，第 97 页。

单体建筑、新辟干路沿线建筑和城市功能区建筑甚至棚户建筑的控制与规范，以此来合理引导南京城市土地的开发与利用。然而，在具体实施过程中，由于受到种种条件的限制，南京房屋的建造与修缮不免较官方原先的期望打些折扣，而这又给首都城市观瞻和市民日常生活带来了一些消极影响。

一、建筑（修缮、杂项工程）呈报领照制度

南京特别市市政府成立后，除工务局自行建筑的房屋外，市内其他各种公私房屋的建筑、修缮、杂项工程，均需要市民或机关呈请并领取相应执照后方可兴工。前文对建筑（修缮、杂项工程）呈报领照制度有过一个比较简要的介绍。该制度在发展和完善的过程中，逐渐形成以下一些主要特征，从而为南京土地的合理开发和利用提供了较为可靠的保障。

表4.3 1927 年下半年—1934 年上半年南京市各类执照数量统计

年度	建筑执照	修缮执照	杂项执照	总计（件）
1927（7—12 月）	171	391	0	562
1928	559	720	395	1674
1929	1113	647	1098	2858
1930	688	727	597	2012
1931	1012	722	350	2084
1932	647	486	294	1427
1933	762	860	358	1980
1934（1—6 月）	417	393	236	1046

资料来源：秦孝仪主编《抗战前国家建设史料——首都建设（一）》，见《革命文献》第 91 辑，1982 年，第 88～89 页。

1. 呈报内容丰富，发照程序严格

笔者仅以建筑执照为例，对南京市民建造房屋时需要呈报的内容和核

发执照的相关程序略做说明。

鉴于南京土地的产权较为混乱，在土地登记尚未举行之前，为杜绝日后引起不必要的争执与纠纷，市民在呈报建筑时，首先需要完成一个勘丈建筑用地的程序。① 根据 1928 年公布的《建筑用地勘丈暂行简章》可知，市民在报建房屋时，均须申请勘丈，同时呈验土地契据，经土地局审查产权完毕并发给勘丈图单和建筑用户图后，才可前往工务局继续申领建筑执照的后续程序。随着土地登记的进行，1935 年后凡已经登记过并核发图状的土地，业户如果打算呈报建筑，可以"检图连同摹绘抄白，径向工务局呈报"，以简化程序。②

市民在请领执照时，应依式填写两份建筑呈报图则，内容主要包括建造地址、建筑路由图、建筑工程说明、房屋间数、建筑面积与四至、建筑费用与期限等。在填写完毕并分别加盖业户和承建人印章后，市民须将呈报图则连同工程图样、勘丈图单、工程合同或账单、施工细则、工程计算书以及退缩标准图等附件，一起送往工务局审核。③ 工务局初审合格后，发给一纸收据，作为市民将来领收执照的凭证。

随后，工务局会尽快派出工作人员，根据呈报内容前往建筑地点查勘，绘图具报，并填写查勘报告单。在经过校正图样、审查路线、规定退缩等环节，同时验明建筑用地产权证明文件无误后，工务局才会批准发照，随同发还一份呈报图则，并及时通知土地局等予以备案。④

在较为严格的发照程序和标准面前，并不是所有的呈请都能获得批准。例如根据工务局的统计，1935 年前往该局请领各类执照的数量为 3188

① 南京市政府秘书处编：《新南京》第五章《市财政及地政概况》，1933 年，第 4 页。

② 《规定凡已经登记核发图状之土地业户声请建筑准予检图径向工务局呈报案》，载《南京市政府公报》第 150 期，1935 年 2 月，第 93～94 页。

③ 《修缮、建筑、杂项营造三种图则附市民修建房屋揭示表》，1932 年，南京市档案馆藏，档号 1001－1－1039。

④ 秦孝仪主编：《抗战前国家建设史料——首都建设（二）》，见《革命文献》第 92 辑，1982 年，第 164 页。

件，但实际上只核发了 2770 件。①

2. 协同审核机关增加

根据前文所述，南京市民在呈报建筑、领取执照的过程中，需要通过工务局和土地局的严格审核。因为南京市政府虑及建筑的注意事项日渐增多，所以其他一些机关也开始协同参与到这一过程中来，以给予更为严格的把关。

（1）首都警察厅

公安局在维护南京市政方面的作用尤为显著。得知 1929 年春国民政府有将市公安局改隶内政部的打算后，南京特别市市政府职员虞清楠明确表达出反对意见。虞氏指出，公安局对包括修建房屋在内的各项市政负有直接的责任，"取缔得彻底，市政的设施就可得着良好的成绩，取缔得不彻底，市政的设施，非但不能得着良好的成绩，并且还有很坏的影响的"②。当年夏，舒巴德在一次演讲中，也提及南京警察对建筑管理的重要作用，"地方警察对于建筑取缔极有力量，现在南京是中国首都，意想中希望他将来成为世界最大都市之一，然而欲求此意想实现，非得力于地方警察不可，而以建筑警察为尤要"③。

尽管最终未能改变市公安局于 1929 年 11 月 1 日改隶内政部，并更名为首都警察厅的事实④，但在随后有关南京市民呈报建筑的管理和审核中，虑及城市治安、消防等诸方面的影响，南京特别市市政府请求首都警察厅给予协助。⑤ 内政部同样发现，"本市管理建筑事项，工务局与警察厅，常

---

① 《南京市工务局二十四年度核发各种营造执照统计表》，载《南京市政府公报》第 174 期，1937 年 2 月，第 98 页。

② 虞清楠：《公安与市政》，载《首都市政公报》第 31 期，1929 年 3 月 15 日，言论，第 1 页。

③ ［德］舒巴德：《建筑取缔之意义》，载《首都市政公报》第 39 期，1929 年 7 月 15 日，专载，第 1 页。

④ 《首都警察厅今日成立》，载《中央日报》1929 年 11 月 1 日。

⑤ 《规定取缔建筑办法》，载《首都市政公报》第 84 期，1931 年 5 月 31 日，纪事，第 6 页。

发生连带关系"，于是双方在 1931 年 5 月拟订了《管理建筑事项办法》，经行政院核准后，由南京市政府和首都警察厅共同遵照执行。该办法对首都警察厅协作参与审核领照工作有如下规定。

首先，凡南京市民建筑房屋或修理破损房屋，在呈请工务局勘明给照时，应随时知照管辖范围内之警局。其次，凡领照兴工的市民，必须在正式动工的前一天，将动工日期报由管辖警局备查；管辖警局接到报告后，应迅速派出警员前往施工地点查核。再次，管辖警局查有未领工务局执照、擅兴土木以及漏夜偷工者，应立刻勒令其停止一切工程。最后，对于旅馆、茶社等各种公共娱乐场所之建筑，以及经营煤油、花爆等铺店，应由工务局邀同首都警察厅派员会勘；警察厅认为并无不合之处后，再由工务局发给执照，以收互助之效。①

（2）南京警备司令部

近代以来科技水平的进步使得战争技术亦日趋发达，"由海陆战变而空中战，由平面战进而空军战斗，不但肆其威力于战场，即远距离之内地，凡重要都市、经济中心、资源地方，随时随地皆有被袭击破坏之可能"②。南京地处东部沿海地带，其重要的政治地位使其亦可能成为敌人空袭的对象。正基于此，进入 20 世纪 30 年代后，一些军事管理机关也开始参与到审核南京公私建筑呈报领照的过程中来，"又以近年正遭国难严重之时，市政国防，随在有密切之关系，所有市区建筑之管理，有不得不与军事主管机关会商进行者，固不可持平时之眼光观之也"③。

例如南京警备司令部通过制定《首都公私建筑应行注意事项》，要求建筑物应符合现代防空之要求，以免被敌机发现后遭受打击，规定建筑房屋使用红白色渲成之材料，钢骨水泥较大之建筑物，如机关、工厂、银

① 《管理建筑事项办法》，载《首都市政公报》第 88 期，1931 年 7 月 31 日，纪事，第 4 页。
② 《本市之防空问题》，载《南京市政府公报》第 169 期，1936 年 9 月，第 111 页。
③ 南京市工务局编印：《南京市工务报告》第四章《取缔》，1937 年，第 1 页。

行、仓库等，务须设置防空掩体，同时尽量少用木材，以此作为协同审核发照的标准。①

1934 年 11 月初，根据南京警备司令部的意见，南京市政府转令工务局，嗣后无论公私建筑，请领执照时必须向建筑人声明改用灰瓦灰墙，"于建筑美术之中，宜顾虑防空伪装原则"。出于经济利益考虑，金城机器砖瓦公司此后呈请继续使用机制红砖，一些机关单位如炮兵学校、军事委员会资源委员会也仍在使用红砖红瓦，与防空要求不符。对此，南京警备司令部于 1936 年 4 月 10 日致函工务局，若各营造公司及建筑业主嗣后仍用红色砖瓦建筑房屋，不遵禁令，应暂缓发放各类执照，对固执己见者应予以一定的惩罚。②

3. 惩处措施严厉

惩处机制是保障建筑呈报领照制度正常运作的重要手段。个人或单位如果违反相关规定建筑或修缮房屋，将会受到一系列比较严厉的处罚。笔者将分类予以阐述。

（1）未领执照擅自兴工

"市民不报告工务局，而擅自动工建筑，为害甚大，必须使业户及包工明了此义。"③ 南京市民若未领执照、擅自动工，一经查实，将会受到工务局的惩处。

如 1927 年秋，城北三眼井 35 号户主林寿兴未经呈报，擅自动工翻盖瓦房 3 间。经周云卿举报后，工务局取缔课派员查明情况属实，责令林氏补报领照，并予以相应处罚。④ 又如 1929 年夏，商民柳中亮欲在鸭子塘附

---

① 《本市一切建设应顾及国防之关系》，1931—1933 年，南京市档案馆藏，档号1001 - 1 - 1157。

② 《军委会令公私建筑禁用红墙红砖》，1933—1936 年，南京市档案馆藏，档号1001 - 3 - 241。

③ ［德］舒巴德：《建筑取缔之意义》，载《首都市政公报》第 39 期，1929 年 7月 15 日，专载，第 1 页。

④ 《南京特别市市政府指令第六六四号》，载《南京特别市市政公报》第 4 期，1927 年 11 月 15 日，公牍汇要，第 102 页。

近建造世界大戏院，虽已呈报图样和建筑报告，只因工程亟待建筑，故未等到执照发下即行动工。后经工务局查明，以手续不合，饬令其即日停工，并接受处罚。①

对于部分行为狡猾、故意违反章则、情节较为严重且不知悔改的市民，工务局通过组织、派遣拆屋队的方式，采取强制拆卸的措施，"以资取缔，而维市政云"②。如 1929 年夏，高家酒店 13 号住户李锦寿向工务局呈报在中山路旁建筑房屋，该局批复在中山路计划未定之前，路旁 100 公尺以内暂缓发给执照。未料李氏抗令不遵，擅自兴工，工务局立即通告该户，限其 3 日内自行拆除。后因该户仍然置若罔闻，工务局遂派员予以强制拆除。③

工务局对建筑事项非常重视，即便是各机关团体新建房屋，事先也必须呈报领照，之后才可动工兴建。④ 对于未能严格执行这一制度的机关单位，南京特别市市政府三令五申，并限令其补领建筑执照。

由于各种原因，各机关团体早期在南京修建房屋时，大多未能依照定章请领执照，对于南京市政建设不无妨碍。针对这一情况，1930 年春，工务局特意将当时未申领建筑执照即开工建设的各机关单位造具成表，呈请南京特别市市政府核示。市政府随即表明自己的态度，市内所有的建筑，无论公私，均应事先呈报，经勘验并发给建筑执照后，才可兴工。为了切实督促这些机关补领执照，南京特别市市政府将这种不合规定和程序的做法呈报给行政院，"请予分别咨令补领执照，并通令嗣后建筑，务先领照，

---

① 《柳中亮建造世界大戏院案》，载《首都市政公报》第 42 期，1929 年 8 月 31 日，公牍，第 60 页。

② 《取缔违章修建房屋》，载《首都市政公报》第 40 期，1929 年 7 月 31 日，纪事，第 5 页。

③ 《拆除违章建筑物》，载《首都市政公报》第 42 期，1929 年 8 月 31 日，纪事，第 6 页。

④ 《南京特别市市政府指令第六二○号》，载《南京特别市市政公报》第 20 期，1928 年 9 月 30 日，公牍汇要，第 43 页。

方得兴工"①。当月底，市政府接到了行政院的指令，"准如所请，分别咨令补照，并通令首都各机关，以后建筑，应先领取执照，然后动工建筑"②。

然而经过半年左右的时间，工务局反馈给南京市政府的信息表明，"市内各公务机关，遇有建筑工程等事，每仍不按手续办理，以致时有分歧，殊不合法治之本意"，并以海军部为例说明。

海军部拟在下关海军操场内修建首都海军医院。兴华建筑公司负责承建这一工程，但事先并未照章呈报。工务局曾经函请海军部，转饬兴华建筑公司来局呈报，未曾想该公司置若罔闻，虽屡次通告，催其补报建筑执照，"亦复始终违宕，抗不遵办"。面对这种情形，工务局无奈地请示市政府，"可否仰恳转呈行政院，再令各机关照章呈报，以重首都之建设"③。

南京市政府接函后，于 9 月 5 日将工务局意见转呈行政院。④ 9 月中旬，行政院发布指令，嗣后一切建筑均须遵照规章，通报给照，始可兴工，"再令各部会转饬所属京内各机关一体遵照"⑤。

（2）未按执照内容兴工

当时，许多南京市民尽管请领了执照，但并未严格按执照内容建筑房屋。出现这种情况时，工务局也会对其施以相应的惩罚。

例如内桥 5 号住户汪永庆向工务局呈报在王府园建筑 12 间房屋，在该局核发执照后，汪氏又擅自添造平房 3 间。取缔科在派员查明情况属实后，于 1929 年 7 月 25 日紧急通告该户，务必遵照建筑执照施工，限 4 日内自

---

① 《本府呈请行政院令各机关补领建筑执照》，载《首都市政公报》第 55 期，1930 年 3 月 15 日，纪事，第 4 页。

② 《首都公私建筑须向工务局领照动工》，载《首都市政公报》第 56 期，1930 年 3 月 31 日，纪事，第 4 页。

③ 《各机关遇有建筑须先报勘领照》，载《首都市政公报》第 69 期，1930 年 10 月 15 日，纪事，第 8 页。

④ 《呈请通令京内各机关遇有建筑均须报勘领照案》，载《首都市政公报》第 68 期，1930 年 9 月 30 日，公牍，第 16 页。

⑤ 《令知以奉院令准予通令京内各机关遇有建筑须遵章报验案》，载《首都市政公报》第 68 期，1930 年 9 月 30 日，公牍，第 19 页。

行拆去擅建的平房，逾期即由本局代拆。但因该户仍不遵守执行，工务局随后不得不派员，协同公安局强制执行。①

（3）修建房屋时的退缩距离不符

根据南京市政府放宽道路的要求，市民在修建房屋时需要退缩一定的距离。而一些市民为了获得较大的建屋面积，常常希图取巧，蒙混违反，以致退缩距离不符合规定。② 对于这一类违规行为，工务局也会给予一定的惩罚。

如在 1929 年夏，位于二郎庙 23 号的芙蓉照相馆呈报改装门面。工务局核准发照，规定退缩 5 尺距离兴工。未料该户蓄意取巧，退缩不符，工务局在派员查明后，立即发出通告单，命令停止违章行为，听候核办。③ 又如 1931 年冬，下关怡和洋行呈报修理破损汽车房一间，按规定也需要退缩 5 尺，但该业户固执已见，拒不执行。工务局派员几经交涉后，以英人不谙中国市政，强行阻止恐怕招致误会、反多枝节为由，决定函请英国领事署转饬遵办。④

除此以外，还有一些市民在领取执照开工建筑后，仍有侵占公有土地的行为。对于此类违规行径，工务局一经查实，亦坚决予以取缔。

应该说，上述这些违规行为在当时的南京还是比较普遍的，工务局在查实后也做了相应的惩罚。如根据统计，该局在 1935 年共查处 356 件各类违章建筑问题，其中擅自兴工的 61 件、退缩不符的 42 件、侵占公地的 11 件，工程不符的数量最多，达到了 242 件。⑤

---

① 《拆除违章建筑物》，载《首都市政公报》第 42 期，1929 年 8 月 31 日，纪事，第 6 页。

② 《查验房屋修建退缩》，载《首都市政公报》第 48 期，1929 年 11 月 30 日，纪事，第 3 页。

③ 《芙蓉照相馆退缩与定章不符案》，载《首都市政公报》第 44 期，1929 年 9 月 30 日，公牍，第 35 ~ 36 页。

④ 《怡和洋行修理汽车间不允退缩案》，载《南京市政府公报》第 98 期，1931 年 12 月 31 日，第 51 ~ 52 页。

⑤ 《南京市工务局廿四年度取缔违章建筑及危险房屋统计表》，载《南京市政府公报》第 174 期，1937 年 2 月，第 97 页。

4. 领照的一些附加条件

鉴于市民常常拖欠缴纳相关费用，影响了南京市政府的财政收入，因此市政会议先后议决市民在呈报建筑时，还需事先缴清筑路摊费、自来水装接费、地价税，之后方准工务局核发执照。① 为提倡国货、维护权益、安定商业，1934年秋南京市政府又规定，今后所有公私建筑呈请建造、修缮等，都必须参用国产杉木集成板，方准发给执照。② 1934年12月7日《南京市工务局限用国产木料暂行办法》出台，规定凡是在南京市区修建房屋，所用的木料除了因国货缺乏而不得不用外货代替，应尽量采用国货，并须于建筑图样及说明书上详细注明。其中，屋椽、屋顶、地板、踢脚板、画镜线、窗门等部分使用的材料，均限用国产木料。③

二、单体建筑的管控与规范——外观与内设

对于单体建筑，工务局历次制定的建筑规则中均有非常详细的建造规范和施工标准。前人的研究也多有涉及。笔者不准备将论述重点放在那些枯燥而冰冷的标准和数据上，而是打算放在与城市观瞻和市民生活息息相关的几个方面，如建筑外观和内部设施等，以探讨当时南京市政府对南京单体建筑的管控和规范措施，并简要论述实施的效果。

1. 机关建筑的风格与造型

南京国民政府在成立以后，为了在日趋激烈的国际竞争中维护国家传

---

① 《令饬对于新辟道路两旁土地建筑或移转时应将摊费缴清方予核办案》，载《南京市政府公报》第111期，1932年7月15日，第98～99页；《规定嗣后凡报建房屋须预缴自来水装接费案》，载《南京市政府公报》第131期，1933年7月31日，第74～75页；《市民申请建筑或修建时应先缴清地价税案》，载《南京市政府公报》第175期，1937年3月，第68～69页。

② 《转饬凡有建筑必须参用国产杉木几成方准发给营造执照案》，载《南京市政府公报》第145期，1934年9月，第77～78页。

③ 《南京市工务局限用国产木料暂行办法》，载《南京市政府公报》第148期，1934年12月，第12页。

统、传承民族文化、彰显国际地位，一直坚持"民族主义"的重要原则，以此来增强中华民族的自信心、自豪感和凝聚力，并借此巩固和加强自己的统治。① 而机关建筑的风格与造型作为民族主义最为直接的表现方式之一，被官方详加规定。

国都处曾在《首都计划》中专门编排"建筑形式之选择"一节，明确指出南京建筑的风格与造型，"经过长久之研究，要以采用中国固有之形式为最宜，而公署及公共建筑物，尤当尽量采用"，在充分比较中西建筑的优劣点后又总结道，"总之国都建筑，其应采用中国款式，可无疑义"②。

虽然《首都计划》最终未被采用，但其中关于南京建筑风格与造型的论述被保留了下来。在1930年4月中旬召开的首都建设委员会第一次全体委员大会上，与会者曾明确提出，"党政机关之建筑，则采用我国固有之建筑术，而发扬光大之，于力求质朴之中，仍不失伟大庄严之气象"③。在这些意见的指导下，一批重要机关建筑包括公署建筑、文教建筑、公用建筑等，以其特点鲜明的中国传统宫殿式风格与造型以及由此衍生而来的新民族主义形式，成为当时南京城市一道独特的风景线，以下略举几例。

公署建筑。如铁道部办公大楼，由范文照设计，为中国传统宫殿式建筑。平面呈长条形，中央办公大楼高三层，两侧附楼高二层，另有一层地下室。重檐庑殿顶，琉璃瓦屋面，正脊兽吻俱全，斗拱、梁枋、门楣等处均施以彩绘。又如交通部办公大楼，由俄国建筑师耶朗设计，中国传统宫殿式建筑。平面呈"日"字形，中央主楼与两翼附楼中各有一个天井。主

① 董佳：《"弘我汉京"：民族主义与国民政府的现代都市认知——以1927～1937年国民政府的首都观为例》，见南京大学中华民国史研究中心主编《民国研究》第15辑，社会科学文献出版社2009年版，第157～158页。
② 国都设计技术专员办事处编：《首都计划》，南京出版社2006年版，第60～63页。
③ 秦孝仪主编：《抗战前国家建设史料——首都建设（一）》，见《革命文献》第91辑，1982年，第292页。

楼面朝东北，地上三层，地下一层；附楼地上二层，地下一层。重檐歇山顶，琉璃瓦屋面。①

　　文教建筑。如中央研究院地质研究所、历史语言研究所、社会科学研究所，其中地质研究所大楼依山而建，高二层，是一座仿明清宫殿式建筑，平面呈"凸"字形，单檐歇山顶，屋面覆盖绿色琉璃瓦，梁枋及檐口部分为仿木结构，漆以彩绘。历史语言研究所大楼亦为仿明清宫殿式建筑，高三层，平面呈长方形，单檐歇山顶，屋面覆盖绿色琉璃瓦，外墙上部为清水青砖墙，下部采用水泥仿假石粉刷。②

　　公用建筑。如励志社，由范文照、赵深设计，共有三幢宫殿式建筑，呈品字形分布。其中大礼堂平面为方形，梁、椽、挑檐使用木结构，高三层，重檐庑殿顶。又如华侨招待所，由范文照设计，大楼高三层，钢筋混凝土结构，庑殿顶，雕梁画栋，飞檐翘角，气势不凡。③

　　进入 20 世纪 30 年代后，一些中国近代建筑师逐渐认识到了传统建筑形式与现代建筑技术和功能相结合而产生的诸多矛盾，并考虑到宫殿式建筑昂贵的造价，于是大胆探索出了新民族主义形式的建筑。④ 在当时的南京，这种风格与造型的机关建筑也有一批比较典型的代表。

　　如外交部办公大楼，由赵深、童寯和陈植设计，平面呈 T 字形，钢筋混凝土结构，平屋顶，入口处有一个宽敞的门廊，中部高四层，两翼高三层，另有半地下室一层。整座建筑的平面设计与立体构图基本采用西方现代建筑手法，同时结合中国传统建筑的特点和细部，墙面用褐色面砖贴面，檐口部分用同色琉璃砖做成简化的斗拱装饰，内部大厅天花饰有清式

---

　　①　卢海鸣、杨新华主编：《南京民国建筑》，南京大学出版社 2001 年版，第 39 页、第 69～70 页。

　　②　卢海鸣、杨新华主编：《南京民国建筑》，南京大学出版社 2001 年版，第 106～107 页。

　　③　卢海鸣、杨新华主编：《南京民国建筑》，南京大学出版社 2001 年版，第 297～298 页、第 309 页。

　　④　侯风云：《传统、机遇与变迁——南京城市现代化研究（1912—1937）》，人民出版社 2010 年版，第 149 页。

彩画，室内墙面做有传统墙板细部。① 除此以外，当时同样采用新民族主义风格的典型建筑还有中央医院、国民大会堂和美术陈列馆等。

2. 建筑的日常供水

南京地处长江下游，附近河道不少，雨量亦较为充足，日常饮水的供给本无不足之虞。唯因城中浅水井极多，加之河塘罗布，取水者与卖水者往往不加选择，即以之供给市民，所以市民日常饮用的多为劣品，即便在煮沸之后，仍苦涩不堪入口，至于卫生状况更是无暇论及。虽然江水的水质较为优良，但因距离较远需要运输，价格略高，所以求便者或以塘水代之。在这样的情况下，南京市民的日常饮水安全状况受到了很大限制。②

为了改善市民的用水状况，南京特别市市政府在 1929 年 6 月 13 日召开的第四十九次市政会议上，决定成立首都自来水筹备委员会，专门负责自来水工程的筹备事宜。③ 中途因为受到九一八事变、"一·二八"事变以及世界经济危机的影响，建设经费异常紧张，所以南京的自来水工程几近陷于停顿状态，直到 1933 年 4 月初方才实现局部出水的目标。

在自来水实现局部出水后，考虑到公共供给饮料场所作为市民的聚集之地，其提供饮料的清洁与否对公共卫生亦有重大影响，为了保障饮水安全并推广自来水，南京市政府明确规定各公共供给饮料场所一律装用自来水，并制定具体实施办法。④ 此后，市政府又规定凡在铺设自来水干管 100 公尺以内的酒楼、茶社、旅馆、浴室、戏院、水炉、洗衣店以及食品商品店，均限期装用自来水。由于事属初创，不少商家延不报装、意存观望，工务局于 1934 年冬决定自 12 月 1 日起至 1935 年 2 月底，限其在 3 个月内

---

① 卢海鸣、杨新华主编：《南京民国建筑》，南京大学出版社 2001 年版，第 51 ~ 53 页。

② 王珽：《南京之饮水问题》，见中国科学社编辑《科学的南京》，1932 年，第 113 ~ 117 页。

③ 《市府成立首都自来水筹备委员会》，载《中央日报》1929 年 6 月 16 日。

④ 《通知各公共供给饮料场所一律改用自来水案》，载《南京市政府公报》第 129 期，1933 年 5 月 31 日，第 84 页。

一律装用自来水，否则将取缔营业。① 期限届满之际，报装的商家已达数百户②，不过因为适值新旧年关，金融较为吃紧，许多商家仍然未能按期装用。有鉴于此，工务局又决定将期限延至 5 月底。③

与此同时，为改善市民的日常饮水质量，1933 年 7 月 14 日召开的南京市政府第二六五次市政会议做出决议，规定在已经铺设自来水管干线附近的新建房屋，应当装设自来水设备。④ 考虑到租住房屋者较多，南京市政府特制定《南京市租户申请装接自来水暂行办法》，并决定坐落在干管两侧 100 公尺以内的房屋，限于 1934 年 1 月底前申请装接，逾期则由租户依照前项办法直接申请，无须商得业主的同意。⑤ 由于受到经济条件的限制，最初装设自来水者以机关、商号为多，一般市民大多无力装设。为了推广业务，工务局先后采取了分期缴纳装接费、扩充 9 公厘及 13 公厘水表优待户、接水运动期内减折收取安装费用等优惠政策，以鼓励市民装接自来水。⑥

相关统计显示，1933 年底南京市自来水装接户数为 412 户，1934 年底增为 1403 户。⑦ 至 1936 年 6 月，如表 4.4 所示，南京市自来水用户达到了 3096 户，其中机关 194 户、学校及会所 120 户、公司及商号 505 户、外侨 35 户、住宅 2084 户、代售处 78 户、水站 52 户、消防龙头 28 户。

---

① 《酒楼、茶社、旅馆、澡堂限期装用自来水》，载《中央日报》1934 年 11 月 25 日。
② 《市工务局接水运动本月底截止，决不再展期》，载《中央日报》1935 年 2 月 23 日。
③ 《自来水接水运动展限三月》，载《中央日报》1935 年 3 月 9 日。
④ 《规定已敷自来水管干线附近新建房屋应装置自来水设备案》，载《南京市政府公报》第 131 期，1933 年 7 月 31 日，第 61 页。
⑤ 《限令已敷自来水干管两旁房屋业主装用自来水案》，载《南京市政府公报》第 136 期，1933 年 12 月 31 日，第 98 页。
⑥ 南京市政府秘书处编印：《十年来之南京》，1937 年，第 78～79 页。
⑦ 《南京市近两年来自来水出水量及用户统计表　自 22 年 4 月至 23 年 12 月》，载《南京市政府公报》第 159 期，1935 年 11 月。

表4.4　1936年6月南京市各区自来水用户分类统计

	总计	机关	学校及会所	公司及商号	外侨	住宅	代售处	水站	消防龙头
第一区	1041	49	27	189	1	728	22	14	11
第二区	423	30	14	50	0	306	13	5	5
第三区	184	13	11	92	0	41	20	5	2
第四区	57	5	4	18	0	14	10	6	0
第五区	355	20	34	60	12	208	6	10	5
第六区	919	60	24	50	20	753	3	6	3
第七区	117	17	6	46	2	34	4	6	2

资料来源：南京市政府秘书处统计室编《二十四年度南京市政府行政统计报告》，1937年，第234页。

　　不过，即便工务局采取了上述一系列优惠政策，受制于自来水管的铺设范围和比较昂贵的装接费用，加之旧有建筑改装自来水较为困难，当时南京的建筑中装设自来水的实际上仍然非常有限。据统计，截至1936年10月底，南京的自来水用户仅占总户数的2%，其中机关、商号又占据了三分之一，住宅装设自来水的，只限于极少数的上等住户。而相当多的建筑没有装用自来水设备，致使绝大多数市民仍需要取给于井水、河水和塘水。这对他们的饮水卫生和健康状况尤为不利。①

3. 建筑的卫生设施

　　粪便的日常处理一直是困扰中国传统城市的一个比较大的问题，南京自然也不例外。在国民政府定都以前，南京城市的粪便处理能力一直非常糟糕，由此引发的城市环境问题使南京有了"臭都"的恶名。②

　　为切实纠正市民乱倒马桶、任意洗刷的不良行为，卫生局于1929年夏

---

　　① 陈岳麟：《南京市之住宅问题》，见萧铮主编《民国二十年代中国大陆土地问题资料》第91册，成文出版社有限公司、（美国）中文资料中心1977年版，第47938页。
　　② 粪便管理处：《为清除粪便告市民书》，载《南京市政府公报》第166期，1936年6月，第93页。

拟定了取缔办法，并函请公安局予以协助，要求每户应在每天上午七点以前，将马桶倒洗、清洁，同时指定倒粪厕所，或倒在挑粪桶内，不得随时随地乱倒。而洗刷马桶之水亦宜倒在厕所内或挑粪桶内，不得沿街乱倒。倒马桶之处，如有意外流注于地上者，须迅速用水洗净，或用臭药水喷搿，以免恶臭熏鼻、有碍卫生。[1]

事实上，当时南京市民倒洗马桶的厕所不过是粪便的暂时贮存之所，由于不具备净化能力，这些厕所需要卫生局派员每日挑粪，才能保证其持续发挥作用。随着南京城市人口的快速增长，南京市政府开办的公有厕所数量明显不够，而大部分以盈利为目的设置的私有厕所，"尤属蝇蛆丛集，妨碍卫生"[2]，卫生状况令人作呕。为此，南京市政府一方面力图增加公有厕所的数量并改善原有厕所的条件，另一方面开始限制市民在厕所内倒洗马桶。[3]

为了寻找到能够比较彻底解决日常处理市民粪便的办法，经过市政会议议决，南京特别市市政府于 1930 年做出明确规定，"以后凡有新建房屋，其造价在三千元以上，均须建筑化粪池及排水井"，以解决粪污的排泄问题。[4] 不过当时南京的自来水工程还处在筹备阶段，在普遍缺乏日常水源的情况下，市政府的这一规定几无实现的可能。随着 1933 年 4 月自来水实现局部出水，1934 年 8 月召开的南京市政府第三一六次市政会议又做出决议，凡是自来水及下水道经过的地点，造价在 4000 元以上的所有新建房屋或者两栋相连的房屋，都必须建设化粪池。[5]

---

① 《订定取缔洗刷马桶办法》，载《首都市政公报》第 42 期，1929 年 8 月 31 日，纪事，第 15 页。

② 《整理全市厕所案》，载《南京市政府公报》第 140 期，1934 年 4 月 30 日，第 70 页。

③ 张剑鸣：《本市最近举办之三事》，载《南京市政府公报》第 172 期，1936 年 12 月，第 131 页。

④ 《令知议决三千以上之新建筑均须设备排水井案》，载《首都市政公报》第 62 期，1930 年 6 月 30 日，公牍，第 37 页。

⑤ 《规定凡自来水及下水道所达之处两旁新建房屋应强迫建设化粪池案》，载《南京市政府公报》第 145 期，1934 年 9 月，第 78 ~ 79 页。

然而受制于经济条件，到 1936 年底也只有为数不多的新建筑安装了抽水马桶和化粪池，而且一些新式住宅的卫生条件也不能令人满意。像新住宅区这样高档的建筑，才集中设置有一座化粪厂。① "下水道问题，是和卫生有直接关系的"②，因为经费不足一拖再拖的南京下水道工程的严重滞后（如表4.5所示）实际上也限制了南京建筑装设化粪池的数量和进程。③ 而旧式建筑由于改造困难，更不可能大范围地装设化粪池。

表 4.5　1937 年全面抗战前南京下水道工程的完成情况

道路	下水道长度（公尺）	道路	下水道长度（公尺）
建康路二、三段	317.1	中山北路	2714.3
大悲巷	274.7	珠江路	3199
国府后街	144	建康路一段	619.9
中山路广东路交叉口	766	昇州路	2950.9
莫愁路	2054.2	东海路南段	550.1
杨将军巷	869.8	国府路	286.8
湖北路狮子桥	901.3	中山东路	2674.26
大王府巷	721	新住宅区第四区	8179.3

资料来源：南京市政府秘书处编印《十年来之南京》，1937 年，第 72～73 页。

在这种情形下，南京相当数量的住户和商店仍需使用马桶。为了保证市容卫生，粪便管理处决定每日派员前往倒洗，保证厕所每日出粪，并须使用人缴纳一定的费用。④

---

①　南京市工务局编印：《南京市工务报告》第三章《建筑》，1937 年，第 25 页。
②　马超俊：《南京与青岛市政情形的比较和感想》，载《南京市政府公报》第 168 期，1936 年 8 月，第 98 页。
③　张剑鸣：《展长市铁路及设立粪便管理所情形》，载《南京市政府公报》第 164 期，1936 年 4 月，第 118 页。
④　《南京市粪便管理处清除粪便收费办法》，载《南京市政府公报》第 166 期，1936 年 6 月，第 28～29 页。

三、新辟干路沿线建筑的管控与规范

前文已述，国民政府定都南京后，即便在经费非常紧张的情况下，工务局仍然始终将开辟道路工作放在优先进行的位置上。新辟道路在便利南京城市交通的同时，实际上也为沿线土地的开发与利用奠定了基础。

相对于南京狭窄拥挤、破损不堪的旧有街道，新辟道路特别是干路无论在路线走向、路面宽度还是在建筑材料和建造方法等方面，都有巨大的飞跃。以新辟干路作为南京城市空间改造和拓展的主要轴线，通过制订、完善相关建筑法规和办法，合理管控、规范道路两侧房屋的修建，以形成井然有序、整齐划一的沿路景观，是改善南京城市观瞻和提升市民生活质量的重要方法之一。

1. 南京新辟干路沿线建筑法规的制订与修正：从中山路个案到新辟干路通案

自 1928 年夏秋工务局决定辟筑中山路后，为了满足该路最初开辟时的 20 公尺路宽，南京特别市市政府征收了许多土地，拆除了沿途大量的房屋，使许多市民都遭受到无房居住的痛苦。在中山路开辟完成以后，一些尚有拆余地基的市民从现实需要出发，亟待在道路两侧兴筑房屋。

中山路既是孙中山先生遗体奉安时所经过的迎榇大道，又是连接下关与南京城内的城市重要中轴线，同时还是南京特别市在国民政府定都后最早开辟的干路之一，不仅作用和地位十分突出，而且具有非常特殊的意义。毫不夸张地说，它不仅仅只作为南京一条重要的干路而存在，还衍生成为一种政治符号和象征。[①] 中山路在首都城市中的重要意义和模范作用，使得南京特别市市政府对放任市民自己去建筑房屋以致极有可能造成沿路建筑参差不齐的状况充满了担心和忧虑。

为此，南京特别市市政府一度准备附带征收道路两旁若干公尺以内的土地，或自行建造房屋再出售给市民，或划分段落、重整土地后再予以放

[①]　陈蕴茜：《民国中山路与意识形态日常化》，载《史学月刊》2007 年第 12 期。

领。为此，市长刘纪文在 1928 年 10 月 8 日的南京特别市市政府第十二次总理纪念周上言及，"倘使我现在不收回市有，让人民自己去起房子，将来所起的房子，一定会舛错不齐，形式不一"①。

然而，财政本来就已非常困难的南京特别市市政府，还需要面对反对、抗议征地的众多市民。南京特别市市政府若想真正实现上述设想，绝非易事。因此，时任秘书长张道藩在 11 月 5 日的南京特别市市政府第十六次总理纪念周上提出由市政府制订相关建筑法规和办法，用以规范、控制中山路两侧的建筑，"关于征收中山路两旁土地，这一件事情现在可以向诸位大约说一说。市府预备要征收中山路两旁的土地左右各一百尺，由市府来营造房屋，用廉价售与市民。但是市府也不是绝对要收买两旁的土地，倘使市民能够依照市府现定的式样建筑房屋，市府就准他们自己去建筑"②。

事实上，张氏在谈话中提及的所谓"市政府现定的建筑房屋式样"，工务局早在半个月以前就已经奉令开始设计。就在刘纪文提出征收土地、建房出售后不久，市民孙锦霖便呈请南京特别市市政府及早将中山路两旁房屋的设计式样公布于众，以便市民建筑亟须居住之房屋。10 月 17 日，南京特别市市政府饬令工务局，迅速制订中山路两旁房屋式样，为今后在该路两旁建筑房屋提供依据。③ 为了尽善尽美地完成设计，工务局一方面登报向社会征求房屋的标准图样，另一方面自行拟订办法，以备提交市政会议审核、采取颁行。④

1929 年初，在中山路工程进度已经过半之际，工务局拟订的《中山路

① 《刘市长在第十二次纪念周之报告》，载《首都市政公报》第 23 期，1928 年 11 月 15 日，特载，第 2 页。
② 《张秘书长在第十六次纪念周之报告》，载《首都市政公报》第 24 期，1928 年 11 月 30 日，特载，第 1～2 页。
③ 《核议中山路两旁建筑房屋图样案》，载《首都市政公报》第 23 期，1928 年 11 月 15 日，公牍，第 36 页。
④ 《中山路旁建筑房屋办法》，载《首都市政公报》第 24 期，1928 年 11 月 30 日，纪事，第 1 页。

两旁房屋建筑办法》在经过南京特别市市政府核准后，正式对外公布施行。该局同时发出声明，《中山路两旁房屋建筑办法》公布以后，土地业户及承建人如果在该路沿线建筑房屋，均须遵照办理执行，在本办法公布以前领取的建筑执照，若有不符合规定者，应迅速来局报请更正，以免造成不必要的损失。①

《中山路两旁房屋建筑办法》是南京特别市市政府成立后，第一个专门用于规范和控制干路沿线建筑的法规。它将房屋划为市房（商业用途，即商铺）和住宅两种类型，并提出了一定的建筑要求。该办法虽然由于事属初创，内容相对比较简单，但就其对此后其他道路沿线建筑法规的示范作用和影响所及而言，仍不容忽视。

如建筑高度，该办法要求市房至少建筑上、下两层，其中下层不得低于 3.5 公尺，第二层不得低于 3 公尺；第三层以上，充作商业用途的，一律不得低于 3 公尺，充作屋室用途的，一律不得低于 2.6 公尺。而对于住宅，要求下层不得低于 3 公尺，上层不得低于 2.8 公尺；同时要求住宅的围墙不得高于 2 公尺，其构造必须能够使外人透视至围墙内部。此外，为了营造宜居氛围和美化环境，住宅还可以设置花园。

《中山路两旁房屋建筑办法》施行未久，伴随着中央党部路、黄埔路的陆续辟筑以及奇望街马路、子午线路南段的筹备开辟，南京特别市市政府很快就敏锐地意识到，道路沿线建筑的规范与控制办法不能仅仅局限于中山路一条道路上，而应当拓展到所有的新辟干路，使之成为一个通行的法规。②

基于以上考虑，在 1929 年 3 月 6 日召开的南京特别市市政府第三十八次市政会议上，与会人员讨论并通过了新辟干路两旁建筑办法需要坚持的三点原则。第一，新建房屋各层的高度可以分路限定，但如果位于同一条

---

① 《中山路两旁建筑办法》，载《首都市政公报》第 28 期，1929 年 1 月 31 日，纪事，第 3～4 页。
② 《决定起草限制干路两旁建筑办法之原则》，载《首都市政公报》第 32 期，1929 年 3 月 31 日，纪事，第 2 页。

道路上，其各层高度理应一致；第二，特种建筑物的各层高度可由工务局在限制之内酌量变更；第三，住宅建筑的外墙与临街围墙之间除了门房、车房，不允许砌造任何建筑物。根据上述原则，南京特别市市政府饬令工务局尽快拟订《南京特别市新辟干路两旁建筑房屋章程》草案，以便提交市政会议审议决定。[1]

历经几次修正后，《南京特别市新辟干路两旁建筑房屋章程》终于在1929年4月3日的南京特别市市政府第四十一次市政会议上获得通过。笔者将其与《中山路两旁房屋建筑办法》比对后发现，两部法规实则一脉相承，体系和内容都非常近似。例如，两者都将建筑类型分为市房和住宅两种，对房屋高度、门面宽度以及退缩距离的要求仅在具体数值上有细微的差别。在添加了之前市政会议议定的三点原则后，该章程对新辟干路沿线建筑的规范与控制，相对前者显得更为完善。

可能是在实施过程中感受到上述章程还存在疏漏，南京特别市市政府在施行大半年后即决定对其进行修正。12月24日，南京特别市市政府第八十一次市政会议审议通过了《南京特别市新辟干路两旁建筑房屋规则》。笔者通过比对发现，与上述章程相比，这一规则除了在建筑规范数值上做了稍许更改，主要变化有以下三点。第一，要求业户在新辟干路两旁建筑房屋时，其主要房屋之前线除有特别规定外，应一律与干路保持平行；第二，取消干路两旁重大建筑物高度可由工务局在一定限度内酌量变更的特权，要求位于同一道路的房屋建筑同样的层数且高度应保持一致，同时房屋高度不得超过其前路面的宽度，位于转角处的房屋如果两面沿路而门面相等，不得超过较宽之路面；第三，住宅房屋的门面式样必须经过工务局的核准，方可建筑。[2]

2. 城南、城西等新辟干路沿线建筑方法的变通

或许是因为《南京特别市新辟干路两旁建筑房屋规则》对建筑地基的

① 《令饬修订新路两旁建筑办法案》，载《首都市政公报》第32期，1929年3月31日，公牍，第57页。
② 《南京特别市新辟干路两旁建筑房屋规则》，载《首都市政公报》第51期，1930年1月15日，例规，第1~2页。

宽度和深度缺乏必要的规定，中山路开辟完成后，两旁不少市民在自己的拆余地基上建筑的房屋大都呈现出不很规则的畸形状态。[①] 1930 年 4 月《首都干路系统图》对外公布后，南京道路开辟的进度较以往明显加快，为了切实保障沿路建筑景观的整齐统一，南京市政府开始更多地关注新辟干路两侧建筑地基的面积完整程度以及与之相关的房屋建筑事宜。

1931 年夏，工务局在面对太平路沿线市民于拆余地基上建筑房屋时，要求建筑楼房的地基进深必须以 6 公尺为限。如果进深不能满足这个标准，不得从事建筑。工务局的这一要求显然对此后《首都新辟道路两旁房屋建筑促进规则》和《首都新辟道路两旁房屋建筑促进规则施行细则》的制订、修正与施行产生了影响。如该施行细则就明确规定，住宅区内道路两侧宽度不满 8 公尺或进深不满 15 公尺的地基、商业区内道路两侧宽度不满 4 公尺或进深不满 6 公尺的地基，都属于面积不足的情形，非经补足所缺面积，不准建筑。[②] 这些条款较好地填补了《南京特别市新辟干路两旁建筑房屋规则》中关于干路两旁建筑地基宽度和深度要求的空白，也使得政府对沿路建筑的规范与管控措施更加完善。

正所谓计划赶不上变化，在开辟城南道路的过程中，因道路宽度增加或新旧路线交会，畸零土地频频出现，常常致使市民剩余地基的宽度和进深不合规定。城南是南京商业店肆集中的地区，也是人口分布的重心所在。在这种情况下，如果南京市政府仍一味严守规则，对沿路市民的建筑要求一概予以拒绝，那么在断送市民日常生计的同时，实际上也会对南京商业发展造成毁灭性打击，同时又将造成新辟道路街市冷落的惨淡景象。虑及这些严重后果，南京市政府在经历了最初短暂的犹豫后，针对城南新辟道路两侧房屋的建筑事宜，逐步采取了一系列通融的办法。并且随着时间的推移，在一定的控制范围内，建筑条件似乎显得越来越宽松。

中华路开辟完成后，沿线市民的当务之急便是重新建造已被拆除的商

---

① 倪锡英：《南京》，中华书局 1936 年版，第 40 页。
② 《首都新辟道路两旁房屋建筑促进规则施行细则》，载《南京市政府公报》第 109 期，1932 年 6 月 15 日，第 12～13 页。

业店铺。但在他们看来，6 公尺地基进深的要求还是过于严格。1932 年夏，该路市民冯锡如在致函工务局时称，自己在府东街 25 号新移建的房屋地基之前被认定为进深太浅，未能符合规定，因此被该局要求立刻停止一切建筑工程。他辩解道，事实上在中华路开辟之后，他在该处拆余地基的进深曾一度达到 8 公尺，只是因为邻近道路，又需退缩 2.5 公尺的距离，以致地基进深未能达到 6 公尺的规定。在建筑已然开工的情况下，此时如果忽然中止，自己的损失将无法估量，因此他向工务局提出请求，是否可以不按照原先的规定，就自己的特殊情况予以通融办理。

工务局接函后，对冯氏的要求一时不敢做出答复。5 月 24 日，该局就此事征求南京市政府的意见，指出中华路两旁进深不足 6 公尺的地基为数不少，此次如果同意冯锡如的请求，通融办理建筑，不仅与规定不相符合，而且其他业户恐怕也会纷起效仿，以致影响市面观瞻。但若严格按照规定执行，中华路沿线的大多数商民在短时间内恐怕都无法从事建筑，势必造成诸多消极影响。

南京市政府在 5 月 28 日发给工务局的指示中，明确表达出不愿给予通融办理的态度，"查该路拆余房屋之建筑，既经该局规定照太平路成例，以六公尺深度为限，自应依照规定办理，其深度不及六公尺者，暂准修理门面，藉为营业"①。

财政局和工务局在 6 月 23 日公布了《雨花路被拆房屋修建办法》。该办法规定"其被拆房屋，从事修建者，暂准查照中华路成例办理"，"进深不及六公尺者，不得呈报建筑"，"暂准修理门面，以维商业"②。

或许是由于两路市民的屡次呈请，工务局局长余籍传在 6 月 29 日的南京市政府第二一四次市政会议上提出，"中华、雨花两路拆余房地，深度不足六公尺者，在未整理以前，可否准予建筑"。经会议讨论后决定，"暂

---

① 《核定中华路拆余房屋移建办法案》，载《南京市政府公报》第 108 期，1932 年 5 月 31 日，第 46～47 页。

② 《订定雨花路被拆房屋修建办法案》，载《南京市政府公报》第 110 期，1932 年 6 月 30 日，第 60 页。

准建平房，但须由业主出具遵照将来整理计划自动拆除切结，一并送由工务局核发执照"①。这表明南京市政府对待通融建筑办法的态度发生了转变。

随后，工务局、财政局在 7 月 26 日公布的《环中华门马路两旁房屋被拆后修建办法》中，遵循第二一四次市政会议决议，贯彻了此前南京市政府通融建筑的主张，规定该路建筑楼房的地基进深仍需要达到 6 公尺，而进深不足 6 公尺的拆余地基，在未实施整理以前，暂准建筑平房。② 客观地说，南京市政府对中华路、雨花路和环中华门马路采取的通融建筑办法，在一定程度上为沿路市民实施建筑提供了便利，亦有利于城南商业的迅速恢复和道路沿线景观的重新建构。

按照常理，城南新辟干路通融建筑办法的实施应该有一定的限度，即市民拆余地基的宽度、进深距离与规定的标准不应相差太多。例如《首都新辟道路两旁房屋建筑促进规则施行细则》就规定，地基宽度相差 20 公分以及深度相差 30 公分以下，可以酌予通融，准予建筑。③ 而在城南另外一条商业集中的干路——建康路上，市民在重建房屋的过程中也遇到了类似的状况。该路的辟筑宽度达到了 28 公尺，较中华路、雨花路等还要宽出数公尺，致使沿路许多市民拆余地基的宽度和进深更为不足，建筑房屋也面临着更多阻碍。针对这种情况，南京市政府采取了在一定的控制范围内实施更加宽松的建筑条件的做法。

1934 年 8 月，工务局致函南京市政府，眼下正在开辟的建康路二、三两段，沿路两旁的房屋拆让工作已经接近完成。呈报修建房屋的市民，其地基进深大多不符合规定，除了进深不满 6 公尺已呈准建筑平房的地基，

---

① 《布告中华、雨花两路各业主，其拆余房地深度不足六公尺者准予暂建平房案》，载《南京市政府公报》第 111 期，1932 年 7 月 15 日，第 126～127 页。

② 《规定环中华门马路两旁房屋被拆后修建办法案》，载《南京市政府公报》第 112 期，1932 年 7 月 31 日，第 59 页。

③ 《首都新辟道路两旁房屋建筑促进规则施行细则》，载《南京市政府公报》第 109 期，1932 年 6 月 15 日，第 13 页。

图4.6 1933年中华路街景

资料来源：南京市政府秘书处编《新南京》，1933年，插图。

其余宽度不满4公尺、进深不满3.8公尺的地基仍占多数。如果拘泥于该施行细则的要求，不但办理起来有诸多困难，也会使大多数市民不得不陷于忍痛拆让后却有地无法建筑的尴尬境地，而对于原住商户而言，更失去了迁回建康路复业的可能性。如此这般，于便利市民和繁荣市面两个方面都欠妥善。

9 月 1 日，经南京市政府核定，凡建康路两旁被拆房地，进深不足 6 公尺而在 2.5 公尺以上并且宽度不足 3.8 公尺而在 2.5 公尺以上的地基，一概准予通融具结，暂准作为平房铺面之用；进深达到 6 公尺、宽度在 2.5 公尺以上的地基，准予建筑楼房，以示体恤，而资限制。同时，工务局在未奉令之前，对于该路宽度或进深不足 2.5 公尺以上已经核准的建筑或事实上业已建筑的，应即免予置议。①

几乎同时，面对着相同的情况，莫愁路也采取了建康路的通融建筑办法。1934 年 10 月，为了满足莫愁路沿路市民从速修建房屋的愿望并避免其违反规章，工务局特意查照历次筑路成案以及呈请建造平房等各项办法，对其给予格外便利，以示体恤民艰之意。规定该路进深不足 6 公尺而在 2.5 公尺以上且宽度不足 3.8 公尺而在 2.5 公尺以上的拆余地基，一概予以通融具结，暂准建筑平房铺面；而进深已足 6 公尺、宽度在 2.5 公尺以上的地基，则准予市民建筑楼房。②

南京市政府在处理城南、城西等新辟干路沿线建筑事宜时采取的通融办法，从实际效果来看，虽然解了市民的燃眉之急，但也不可避免地造成了市民在新辟干路沿线兴建了大批条件简陋的房屋的后果，而这对南京城市的观瞻构成了严重妨碍。此后在 1934 年夏秋"新生活运动"开始之际，从整饬市容的角度出发，南京市政府又要求市民限期重新整理太平路、朱雀路、中华路等两旁破旧不堪和有碍观瞻的房屋③，在更为严格地执行干路沿线建筑管控措施的同时，实际上也给市民增添了负担。

---

① 《核定建康路两旁拆余基地建筑办法案》，载《南京市政府公报》第 145 期，1934 年 9 月，第 68～69 页。

② 《莫愁路拆余房屋工局规定修建办法》，载《中央日报》1934 年 11 月 1 日。

③ 《制定整理中山东路、太平路、朱雀路、白下路、中华路两旁建筑物办法案》，载《南京市政府公报》第 145 期，1934 年 9 月，第 89 页。

图 4.7　1933 年朱雀路街景

资料来源：南京市政府秘书处编《新南京》，1933 年，插图。

四、城市分区制度的理论与实践——城市功能区建筑的管控与规范

从合理引导城市区域土地开发与利用的角度出发，实施城市分区制度不仅可以营造良好的城市景观，还能够保障市民的生活质量。从本质上来说，城市分区既是一种制度，也是一种手段，具有节制私人利用土地的效果①，可以将其视为一种更大范围上的建筑管控与规范。

1. 城市分区制度的缘起

城市分区制度（Zoning）是为了保障城市合理发展，根据其人口分布、区位条件、交通情况、地理环境等因素，人为地将城市划分成若干种功能分区，并控制、规范区域内土地和建筑物的使用状况，以谋求市民健康、

---

　　① 　陈岳麟：《南京市之住宅问题》，见萧铮主编《民国二十年代中国大陆土地问题资料》第 91 册，成文出版社有限公司、（美国）中文资料中心 1977 年版，第 47986 页。

安宁的生活，同时防范各种灾害与提供职业便利的一种规划制度。①

　　实行城市分区制度主要是为了解决欧美国家城市在发展过程中产生的种种"城市病"问题。众所周知，工业革命的爆发，在给西方城市带来巨大发展动力的同时，也不可避免地造成了土地供给日趋紧张、开发与利用混杂而无序以致影响了市民生活质量的一系列问题。为了较好地解决这些突出问题，西方城市规划者约在 20 世纪初提出了城市分区制度的雏形。在此之后，城市分区制度作为城市规划与建设过程中的通用准则，很快为东西方发达国家所相继效仿，并在城市规划时被普遍采用。②

　　例如在德国，规划者将城市划分成二十余种功能区；日本的规划师一般将城市划分为住宅区、商业区和工业区三大功能区，另外还设立一种特别区域，用以容纳其他一切建筑物。③ 美国的纽约则将城市人为地划分成住宅区、商业区和工业区，在此基础上，又分别划出更多的亚类和小类。④各国城市具体的功能区划分虽有不同，但就其核心与实质而言，都在于规范和控制区域土地的开发与利用行为，以杜绝开发过程中可能产生的观瞻、环境、安全和卫生等方面的问题。

　　与近代以前的欧美城市类似，中国传统的城市也基本不采用分区制度来引导、控制城市的生长与发展，而当欧美城市开始有意识地采用分区制度后，中国的城市仍然很少采用。⑤ 学者周柏甫通过观察发现，只要是历史悠久、规模较大、相对繁盛的中国城市，其手工业区、商业区和住宅区，因为职业性质、营业种类及地理形势等关系，大多都呈现出一种天然

---

　　① 周柏甫：《都市地域制与区段征收及土地重划之相互关系暨其应用》，载《地政月刊》第 2 卷第 2 期，1934 年 2 月，第 314 页。

　　② 《马秘书长在第三十次纪念周之报告》，载《首都市政公报》第 65 期，1930年 8 月 15 日，特载，第 4 页。

　　③ 周柏甫：《都市地域制与区段征收及土地重划之相互关系暨其应用》，载《地政月刊》第 2 卷第 2 期，1934 年 2 月，第 320 页。

　　④ 李强、王珊：《纽约的分区制及其启示》，载《城市规划学刊》2005 年第5 期。

　　⑤ 张锐：《城市设计及分区问题》，载《南京市政府公报》第 178 期，1937 年 6月，第 132 页。

聚合的现象，以致自发地形成一种功能区。例如北平的前门外、东单、东四、西单、西四牌楼等地，自发地形成商业区，北城则自发地形成住宅区。在南京，中山东路、白下路、建康路、昇州路、中华路等道路沿线，自发地形成商业区；门东、门西一带，自发地形成住宅区。在广州，南关、长堤、惠爱路等地，自发地形成商业区；大北、小北一带，自发地形成住宅区。尽管这些区域仅仅是一种自行集合的产物，而非人为划分的结果，但也恰恰反映出人们对于职业、生活等的期望，"极需区域之划分，以求其安全与利便也"①。

2. 城市分区制度的管控内容与效果

城市分区制度之所以能够充分保障土地的合理开发利用和市民的日常生活质量，主要是因为以下三个方面的严格管控。

第一是对区域用地性质的管控。"旧时都市无所谓分区，以致住宅附近，忽有工厂，学校左右，或为货栈，凌乱庞杂，不堪言状。匪特居息其中者，感觉不安，市政之发达，亦常大受其累。"② 而实施分区制度后，在一座城市里，哪里是商业区，哪里是工业区，哪里是居住区，会得到妥善的划分，"譬如我的住宅旁边，我决不愿意设了一个工厂，一天到晚机声辘辘，如果行了分区制，那么这一家工厂，就应当归在工业区内"。因此从这一点出发，采用城市分区制度"就是保护各个人应享权利的快乐，旁人不能只顾他的权利，而侵害我应享的权利"③。

第二是对区域内建筑高度的管控。对建筑高度进行管控，通俗一点说，"即某区域内之建筑物，最高不得逾若干尺，或最低不得少于若干尺"④。这样管控主要是为了防止人口过密之弊，保证区域内有充足的光线

---

① 周柏甫：《都市地域制与区段征收及土地重划之相互关系暨其应用》，载《地政月刊》第 2 卷第 2 期，1934 年 2 月，第 314 页。

② 沈怡：《都市分区之原则》，载《中国建设》第 2 卷第 5 期，1930 年 11 月 1 日，第 164 页。

③ 许体钢：《城市设计》，载《首都市政公报》第 50 期，1929 年 12 月 31 日，专载，第 2~3 页。

④ 周柏甫：《都市地域制与区段征收及土地重划之相互关系暨其应用》，载《地政月刊》第 2 卷第 2 期，1934 年 2 月，第 322 页。

和空气，不致产生公共卫生方面的障碍；同时又能减少发生火灾、地震时的危险，并避免可能发生的交通拥挤问题，从而保证城市生活的安全与快乐。① 尤其值得注意的是，区域建筑的高度务必不能超过其门前道路的宽度，否则将对道路的观瞻、光线等影响甚大。例如日本东京的两个功能区就规定建筑高度，其一不能超过临街宽度的一又四分之一，其二不能超过一又二分之一。②

第三是对区域内建筑面积的管控。这种管控对房屋后面的空场面积、每段房基的进深尺寸以及房屋距离街道应当退缩的距离等，都有较为严格的规定，主要是为了防止区域内的建筑密度过大，避免造成过分拥挤，以免妨碍公共卫生、引起火灾蔓延，从而避免给市民生活带来各种隐患。③一般情况下，还直接规定"某区域内之每个单位之土地，其建筑物不得超过该面积之十分之几"④，以此显示更为明确的控制标准。根据通行的国际惯例，对建筑面积的管控主要有两种，一种是不问地亩大小，一概按照一定区域规定建筑面积与空地之比例；另一种是先定建筑单位，然后限制地亩面积内的居住密度。⑤

根据因地制宜的原则，合理规划城市功能区，将交通便利的城市中心地带划为商业区，在幽静地点设置住宅区，将旷僻地区划作工业区，在水陆交通门户设立港埠、仓储区，并制定相应措施严格控制其使用性质、建筑高度和建筑面积。在这种情形下，"其效果显而易见者，曰市容整齐，曰居住安宁，曰卫生适宜，曰交通利便，同时土地之使用不致废弃，使地

---

① ［日］日本东京市政调查会编，曾国霖译：《分区制》，载《工程译报》第 1 卷第 4 期，1930 年 10 月，第 25 页。

② 张锐：《城市设计及分区问题》，载《南京市政府公报》第 178 期，1937 年 6 月，第 133 页。

③ 张锐：《城市设计及分区问题》，载《南京市政府公报》第 178 期，1937 年 6 月，第 133 页。

④ 周柏甫：《都市地域制与区段征收及土地重划之相互关系暨其应用》，载《地政月刊》第 2 卷第 2 期，1934 年 2 月，第 322 页。

⑤ ［日］日本东京市政调查会编，曾国霖译：《分区制》，载《工程译报》第 1 卷第 4 期，1930 年 10 月，第 28 页。

尽其利"①。城市的发展势必秩序井然、有条不紊，势必能收得持续健康发展之效，"市区划分适宜，工商、教育、市民住宅等各有适当之区域，各能于一定区域内自由建筑，不相侵扰，都市之公共卫生、公共安宁固易维持，即都市之观瞻，都市之秩序，尤易保护"②。总而言之，"求其互不相侵，而谋公众最大之幸福而已"③。

3. 1927—1937 年的南京城市分区规划

为了树立首都对内对外的伟大形象，向世界展示自己建设国家的实力，官方很早就意识到了城市分区制度的重要性，决计制订南京城市分区规划。从文献记载来看，1927—1937 年的南京城市分区规划虽历经数次更迭，但直到 1937 年全面抗战前仍未正式实施。

拥有桂系背景的何民魂于 1927 年 8 月底接任南京特别市市长后，受到西方"田园城市"规划思想的影响，很快就提出了建设"农村化""艺术化""科学化"首都的目标。④ 1928 年 2 月，他指示工务局编制《南京全市分区计划》，以备城市建设之用。工务局接令后，详尽调查了南京市区界限、水陆山川形势以及当时各种建筑的分布情况，认为城南为商业中心，房屋栉比，不宜重新建设，除规划一两条干道外，"拟听其自然改进"，同时将其余较为空旷的地区划分为行政区、工商业区、学校区、住宅区和模范公园暨住宅区。⑤ 不过随着北伐战争胜利后何氏的离职，这一

① 周柏甫：《都市地域制与区段征收及土地重划之相互关系暨其应用》，载《地政月刊》第 2 卷第 2 期，1934 年 2 月，第 323 页。

② 宋炳炎：《南京市政府实习报告》，见萧铮主编《民国二十年代中国大陆土地问题资料》第 114 册，成文出版社有限公司、（美国）中文资料中心 1977 年版，第 60625 页。

③ 国都设计技术专员办事处编：《首都计划》，南京出版社 2006 年版，第 236 页。

④ 《何市长在第六次总理纪念周之报告》，载《南京特别市市政公报》第 3 期，1927 年 10 月 31 日，特载，第 2 页。《我们三个月的工作计划》，载《南京特别市市政公报》第 11 期，1928 年 3 月 15 日，特载，第 2 页。

⑤ 《南京全市分区计划》，载南京特别市工务局编印《南京特别市工务局年刊》，1928 年，第 37～42 页。

分区规划便再无下文。

与蒋介石关系甚密的刘纪文虽因第一次担任市长为时过短，无从施展自己的抱负和才能，但在 1928 年 7 月 20 日复任南京特别市市长后，很快就在会见省市党务指导委员时，提出了关于南京城市分区的初步构想。① 这个构想随后又被更为庞大的城市分区规划取代，至 10 月前后，刘纪文授意工务局妥为拟订一种南京城市分区草案，除将城墙以内中正街以南区域确定为旧城区外，其余地区被划分为中央行政区、学校区、商业区、住宅区、公园区、农林区、工业及工业混合区、预备扩充区，一俟呈准国政，即可确定施行。② 然而此时，粤籍国民党人胡汉民、孙科等在党内派系斗争中占据上风，使得蒋派人马不得不暂时放弃台面上的种种规划举动而转为暗中操作。③

1929 年底，以孙科为首的国都设计技术专员办事处制定了《首都计划》。该计划依据面积、区位、交通及观感等因素，在分别比较了紫金山南麓、明故宫旧址和紫竹林三地的优劣后，选择前者作为中央政治区的地点，择定鼓楼大钟亭和五台山两处作为市行政区的地点。国都设计技术专员办事处同时借鉴西方城市的规划理念，编排出《首都分区条例草案》。这一草案将全市划分为公园区、第一住宅区、第二住宅区、第三住宅区、第一商业区、第二商业区、第一工业区和第二工业区，并通过订立详尽的管控条件，对各个功能区的建筑类型、高度、面积做出了明确规定。④

不过，随着蒋介石于 1930 年初推翻了《首都计划》中关于中央政治区的一系列安排而改由本派亲信重新制定相关规划，《首都计划》最终沦

① 《刘市长招待省市党务指委志》，载《南京特别市市政公报》第 17 期，1928 年 8 月 15 日，市政消息，第 8～9 页。

② 《划分市区》，载《首都市政公报》第 22 期，1928 年 10 月 31 日，纪事，第 2～3 页。

③ 王俊雄：《国民政府时期南京首都计画之研究》，成功大学 2002 年博士学位论文，第 139～141 页。

④ 国都设计技术专员办事处编：《首都计划》，南京出版社 2006 年版，第 236 页。

为一纸空文。在当年 4 月中旬开幕的首都建设委员会第一次全体大会上，刘纪文提出的《拟具首都分区计划案》和《拟具首都分区条例草案请公决案》经大会议决获原则通过，并交由该会常务会议核定。1931 年 2 月，该会工程组完成了《首都分区条例草案》的审议工作，提交会议后将名称确定为《首都分区规则》。该年 4 月，工程组还完成了首都分区图样的审议工作。中途由于受到国民政府迁往洛阳办公等一系列事件的影响，首都建设委员会直至 1932 年 11 月方才呈请国民政府予以核示，并于次年 1 月奉令核准。根据《首都分区规则》，南京城市被划分为行政区、军用区、公园区、高等教育区、第一住宅区、第二住宅区、第一商业区、第二商业区、第一工业区和第二工业区。该规则同时对区域的建筑类型、高度、面积做出了较为详细的规定。①

与规模宏大、内容丰富的《首都计划》相比，20 世纪 30 年代由蒋派人马制定的南京城市规划实际上只有两项内容——道路系统规划和城市分区规划。② 即便规划已极度"瘦身"，但《首都分区规划》直到 1937 年全面抗战前也没能正式施行，尽管它曾获得国民政府的核准。

根据记载，在国民政府核准《首都分区规则》后，由于明故宫飞机场与中央政治区在位置上存在一定冲突，首都建设委员会曾请示蒋介石如何处理；蒋氏复电称除行政区问题还应再容研究外，其余分区规划可以公布。然而，由于中央政治区的位置无法确定，政府机关不得不杂处南京城内，所以区域建筑管控条例难以实施。国民政府最终决定暂缓实施《首都分区规则》。这事实上也给日后南京城市土地的开发与利用带来了很多问题。③ 对此，时任工务局局长严宏湘在 1934 年夏曾直言，"过去本市虽已

---

① 《本市分区规划草案》，1936—1937 年，南京市档案馆藏，档号 1001 - 3 - 126。

② 张剑鸣：《都市市民对于都市计划应有之认识》，载《南京市政府公报》第 158 期，1935 年 10 月，第 102 页。

③ 《本市分区规划草案》，1936—1937 年，南京市档案馆藏，档号 1001 - 3 - 126。

有工业区、商业区、住宅区、学校区、政治区、公园区等等之规划，但界限迄未精密确定，盖界限不清，人民建筑不能与分区计划完全符合，将来必致发生麻烦。例如商业区内建筑住宅，或住宅区内偶尔搀入商店，均于市民生活上，整个市容上，有极大妨碍"①。

直到 1936 年春，内政部要求南京市政府依照《地政施行程序大纲》之规定，及早确定城市分区规划。南京市政府认为，原先的《首都分区规则》已拟具多年，但并未真正施行，按照目前南京的发展情形，该规则已不能完全切合实际，必须予以一定程度的调整。基于以上认识，工务局、土地局会同数位专家于 1937 年 1 月 20 日召开了一次首都分区审查会议。在会议过程中，与会人员针对各功能区的设置及范围划分进行了充分研讨，主要围绕着中央政治区、市内应该增加小公园、京市小铁路存废等问题展开。② 不过，日军的全面侵华导致南京城市分区规划再次胎死腹中。

4. 南京城市分区制度的实施背景与实现途径

通过以上内容可知，南京在 1927—1937 年实际上并未正式实施过城市分区规划。不过，由于对城市分区制的认同，政府当局在引导区域土地开发与利用时，常常会做出开辟某种城市功能区的决定，如新住宅区、平民住宅区、新街口银行区等。如果把棚户区也算在内的话，那么在 1937 年全面抗战以前，南京城市的功能分区或多或少也实现了一些，虽然其"对于整个分区计划，尚不及什一"③。

从实施背景来看，实施城市分区制最初是为了解决欧美国家城市发展过程中存在的问题，换言之，这些城市由于已拥有一定面积的建成区，故而在实施这一制度时，需要在改造城市的过程中付出不同程度的代价。而对于那些新兴的城市，在建设之初就能够前瞻性地进行功能分区规划，从

---

① 严宏滢：《对于本市最近将来工务之意见》，载《南京市政府公报》第 141 期，1934 年 5 月 31 日，第 104 页。

② 《全市分区问题》，载《中央日报》1937 年 1 月 21 日。

③ 《本市分区规划草案》，1936—1937 年，南京市档案馆藏，档号 1001－3－126。

而大幅减少建设过程中花费的代价和遇到的阻力。

南京的情况大致两者皆有。国民政府定都初始，南京"道路狭窄，不便交通，建筑参差，难分区域。城南则商市逼仄，城北则荒土毗联，城东西亦复零落散漫，不村不市"①，经数年发展后，情景依旧，"本市城南，则商民杂处，异常拥挤；城北则蔬圃禾田，一片旷土；下关一角，其拥挤等于城南；沿江空地，其废弃等于城北"。南京城市如此不均衡的区域发展景况，"殊失利用土地、分配人口之原则"②。

对于本身已经拥有连片建成区和密集建筑物的城南地区而言，想要在短时间内实现城市功能分区难度颇大，只有就其现有的道路网络以及建筑物的分布状况，因势利导，以循序渐进的方式推进，但需要花费的时间和付出的代价也是较为巨大的。当时的学者认为，南京城南作为一旧城市，房屋总体上高低大小极不整齐，土地使用零乱无章，改造殊为不易。③与之相反，南京城北、城东的空旷之区或建筑物较为稀少之处，由于建设成本相对较低，都比较容易被建设为某一种特定用途的功能区。以上两种情形恰恰就是国民政府定都初期，南京市政府针对南京城市发展不平衡而设定的两种不同的城市规划思路——"改善设计"与"新市设计"。④

至于城市功能区的实现途径，南京市政府所做的一种尝试是通过征收、拨借或购买等方式，获取一定数量的土地，并建筑功能相同的房屋。如在光华门、武定门、新民门、通济门等城市边缘地带建筑平民住宅区，并以较低的价格租予民众。因为所需征地、建设费用较大，南京市政府在

---

① 《南京全市分区计划》，载南京特别市工务局编印《南京特别市工务局年刊》，1928 年，第 37 页。

② 《本府在中央广播无线电台报告施政计划概要》，载《首都市政公报》第 67 期，1930 年 9 月 15 日，特载，第 9 页。

③ 张建新：《南京市地区划利用问题》，见萧铮主编《民国二十年代中国大陆土地问题资料》第 94 册，成文出版社有限公司、（美国）中文资料中心 1977 年版，第 49758 页。

④ 张锐：《城市设计及分区问题》，载《南京市政府公报》第 178 期，1937 年 6 月，第 132 页。

财政上常常感到力不从心，所以这种做法并非实现南京城市功能分区的最佳途径。而几乎同时，上海市政府在实施"大上海计划"时，将这样一种土地开发利用的模式视为"消极建设"，即便是财政状况优于南京市政府很多的上海市政府，也无力长期支撑。①

与此同时，在 1930 年底规划建设新街口广场四周银行区时，南京市政府尝试让各家银行购买土地、自行建筑行屋。不过这一做法在实际推行过程中遇到了很多困难，导致银行区的建设进度一拖再拖。一方面，各家银行购买的土地大多不符合城市分区制对区域内土地建筑面积和段落的要求；另一方面，不少银行对当时南京不景气的市面状况持观望态度，一再请求政府放宽建筑期限。最初的银行区规划因为上述原因直至 1937 年也没有完全建成，如上海商业储蓄银行、中南银行、大陆银行、金城银行等行屋皆未建筑完成。② 因此，在没有强制性约束措施的前提下，仅仅依靠土地业主自身的建设引导和促进区域土地的开发与利用，以实现南京城市功能分区的难度不小。

相比之下，当时的一些学者认为，区段征收是实现南京城市功能分区较为可行的途径，即由政府依法将所划区域内的土地尽数征收，通过道路、自来水、下水道等基础设施的建设带动地价升高，同时将区域土地划分成相应的建筑段落和一定的面积后再予以放领，并附以一定的建筑限制条件，如用地性质、建筑规范、时间期限等。③

若实施区段征收，区域内的道路、管网、房屋、附属设施等皆会因为事先有系统而详尽的规划以及较为严格的建筑管控与限制条件，而较为顺利地构成整齐划一的城市景观，有利于区域功能的实现和景观的统一。随着基础

---

① 魏枢：《"大上海计划"启示录——近代上海市中心区域的规划变迁与空间演进》，东南大学出版社 2011 年版，第 162 页。

② 《李治隆等拟在新街口银行区建筑戏院、市房及陆松岩使用住房凭照》，1934—1937 年，南京市档案馆藏，档号 1001 - 3 - 272。

③ 周柏甫：《都市地域制与区段征收及土地重划之相互关系暨其应用》，载《地政月刊》第 2 卷第 2 期，1934 年 2 月，第 324 ~ 325 页。

设施的改善，区域地价大幅升高，政府不但能够收回前期投入的征地费用和建设资金，还可以获得不菲的财政收入，可谓一举多得。这种"积极建设"也曾得到同时期上海市政府的高度认同。① 事实上，南京市政府在 20 世纪 30 年代开辟新住宅区时，便是按照这种途径进行的。

5. 南京城市功能区的建设历程——以新住宅区第一区为例

笔者以新住宅区第一区为例，梳理其建设历程，并介绍该区土地开发的管控与规范措施。

（1）开辟缘由与选址考虑

由于南京人口增长迅速，市内住宅不敷使用，时任市长魏道明提出在中山北路以西大方巷、古林寺一带征地开辟新住宅区，并在 1930 年 6 月 24 日召开的首都建设委员会第二十八次常会上获得通过。

根据魏氏的说法，新住宅区建筑地点的选择是"很有用意的"，除了解决南京日益严重的居住问题，同时还是"就发展商业着想的"：

> 本市市场，已形成两个部落，一个在下关，一个在城南夫子庙一带，是欲促进本市市面之繁荣，第一步当使两个相隔的市场衔接起来。衔接的方法，就是在两个市场间，开辟马路，以为联络，马路两旁，通统建筑起来，居民增多，市面自然就渐渐的繁盛了。中山路是本市目下最好的一条马路，但自鼓楼至挹江门一段，两旁除公家稍有房屋外，其余可说算毫无建筑，这样两旁没有建筑的马路，仍旧不能衔接城南和下关的市场的，但是城北目下荒冷僻静之区，断无强迫商民迁往营业的道理，一定先要住户增多，而后商店自能渐次增多，迨商店既多，市面日盛，而后城南和下关两个市场，自能联络一气，而本市商业，亦可日臻繁荣了。②

---

① 魏枢：《"大上海计划"启示录——近代上海市中心区域的规划变迁与空间演进》，东南大学出版社 2011 年版，第 162 页。

② 《本府第二十六次纪念周报告》，载《首都市政公报》第 63 期，1930 年 7 月 15 日，特载，第 8 ~ 9 页。

除了划分宅地段落以便于区域建筑整齐，采用区段征收的办法开辟新住宅区，还在一定程度上避免了南京市政府因为财政困难而可能导致的工程停滞：

> 此外新住宅区对于本市财政上，也很现有一点意义。本市财政，竭蹶万状，中央前有发行公债补助本市建设之议，现在公债尚未发行以前，本市财政，亦当有筹措之方，以谋事业之推进，此次圈地建筑新住宅区，系运用经费之一种，中山路鼓楼以北一带，现在地价极廉，收为公有，将来建设完备，地价自然增高，然后再行售出，则建筑用费，必能全部收回。①

新住宅区按照计划共分为四区。因二、三区位置较为偏僻，南京市政府决定先行开辟一、四两区，其中又以第一区为最先开辟对象。根据位置的不同，第一区又被划分成五段。

（2）征地矛盾与冲突加剧

7 月 4 日，在未经内政部核准的情况下，土地局便擅自发出了征地公告，"择定大方巷大佛寺、三君庵至古林寺一带地方为住宅区域，依照首都干路系统先行开辟马路，并建筑大规模之住宅"；同时通知被征收土地各业户，务必于 7 月 8 日上午 10 点来局协议地价，以便征收。②

出于对征地的反抗，当日业户均未到会，以致协议未成。土地局随即依法提交南京市土地征收审查委员会议定地价。7 月 19 日该会第十七次常会议定，该处每方补偿三元至五元，并由土地局派员前往测量，依价值之高下划分区域地价等级表。随后，第十八次常会议定按照土地局所拟分区

---

① 《本府第二十六次纪念周报告》，载《首都市政公报》第 63 期，1930 年 7 月 15 日，特载，第 9 页。

② 《南京市政府土地局布告　第二十九号》，载《首都市政公报》第 65 期，1930 年 8 月 15 日，布告，第 2～3 页。

地价等级表进行补偿①。

因为不满土地被征收，农民协会干事许生保于 8 月中旬以攸关生计为由，请求南京市政府免予征收该处土地，被市政府严词拒绝。市政府还派员强行进入测量，逼迫业户呈验土地契据。随后，许生保等人又以议价太低为由，请求重新议定补偿价格，并向内政部提起诉愿，但仍被市政府拒绝，而其诉愿亦不为内政部所接受。土地局随后限令业户于 1931 年 2 月 28 日以前呈验契据，否则概不发价。②

业户的不配合招致了官方的野蛮行径，使官民之间爆发了激烈的冲突。1931 年 5 月 29 日，工务局局长赵志游带领工人并偕同警察多人至该地粗暴执行，不仅将农作物铲除，还对业户的房屋实施强制拆迁。面对这种情形，业户恳求待内政部解决地价问题后，再开始建设新住宅区。赵氏置若罔闻，指挥工人继续执行。业户在万般无奈之下，将局长、工人及警察团团围住，意图阻止。为了挣脱包围，赵氏在慌乱之中开动汽车，将市民戴凤鸣和孕妇朱王氏撞倒在地，引起了当地业户和社会舆论的强烈抗议。迫于压力，南京市政府于 6 月 3 日会同首都警察厅、首都建设委员会、内政部等商讨解决办法。③ 经首都警察厅重新调查地价，内政部于 1931 年 9 月 22 日决定撤销此前议定之地价，改为重新评定。④

由于受到九一八事变、"一·二八"事变的影响，新住宅区的开辟一度陷入停滞状态。1932 年 5 月，谢霖甫、胡仲涵、汤筱斋等人请求发还预缴的承领费 4500 元。南京市政府答复，眼下时局渐趋平定，新住宅区亟应

---

① 《议定征收古林寺土地补偿地价案》，载《首都市政公报》第 66 期，1930 年 8 月 31 日，公牍，第 35～36 页。

② 刘岫青：《南京市土地征收之研究》，见萧铮主编《民国二十年代中国大陆土地问题资料》第 94 册，成文出版社有限公司、（美国）中文资料中心 1977 年版，第 49676～49680 页。

③ 董佳：《民国首都南京的营造政治与现代想象（1927—1937）》，江苏人民出版社 2014 年版，第 188 页。

④ 刘岫青：《南京市土地征收之研究》，见萧铮主编《民国二十年代中国大陆土地问题资料》第 94 册，成文出版社有限公司、（美国）中文资料中心 1977 年版，第 49682 页。

开辟，征地、放领等事均应继续办理，已经预缴各户未便立予发还。①

此后，新住宅区的开辟工作开始加快。土地局于 1932 年 12 月两次通知业户推举代表列席土地征收审查会议，陈述意见。不过业户似乎仍不配合。经过官民之间几轮并不愉快的接触，土地征收审查委员会于 1933 年初重新议定了新住宅区征地价格，在原先的基础上每方增加 3 元，分为 6 元、7 元、8 元三等，同时规定业户若不愿意出卖土地，准其照章缴纳新住宅区建设费，每方 20 元，优先承领，自行建筑。② 不过从日后开工时当地数十人阻拦和围殴相关人员的情形来看，许多业户对南京市政府的强行征地行为不满意。③

（3）业户领地与填塘筑路

1932 年 10 月，南京市政府决定将新住宅区第一区的建筑费由 89 万余元减为 59 万余元，同时将地价由每亩 2385 元减为 1500 元，以便尽快放领、及早建筑。④ 根据颁行于 1933 年的《修正南京市新住宅区第一区领地章程》，该区宅地面积除零星小块外，一律分为甲、乙两种。甲种每宅占地约为 2 亩，乙种每宅占地约为 1.5 亩，均分别测制地图，编列号数，注明亩数。区内宅地由业户申请缴价承领，每户领地至多不能超过两个宅地。除了普通承领，该区原土地业户有优先承领权，之前已缴保证金者亦有优先承领权。⑤

自 1933 年夏新住宅区第一区宅地开始对外放领后，缴价承领者络绎不绝。宅地很快就被全部领完。由于价格相对昂贵，承领人特别是普通承领

---

① 《谢霖甫等呈请发还新住宅区地价案》，载《南京市政府公报》第 109 期，1932 年 6 月 15 日，第 50~51 页。

② 《议定新住宅区征地地价案》，载《南京市政府公报》第 123 期，1933 年 1 月 15 日，第 47~48 页。

③ 《新住宅区昨已开工》，载《中央日报》1933 年 9 月 22 日。

④ 《订定新住宅区第一区征收给价及承领土地等事办法案》，载《南京市政府公报》第 120 期，1932 年 11 月 30 日，第 72 页。

⑤ 《新住宅区第一区征收土地给价办法》，1932—1934 年，南京市档案馆藏，档号 1001-1-1027。

人大多是社会上较有名望的人士。笔者以新住宅区第一区第一段、第二段为例，用图表的形式说明其宅地承领情况。

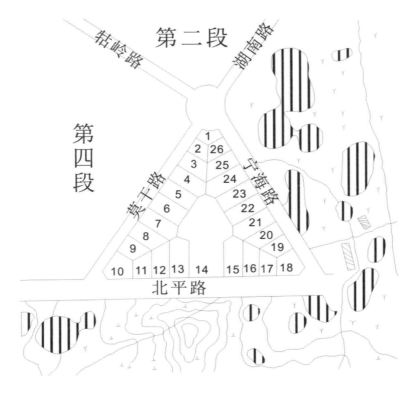

图4.8　新住宅区第一区第一段宅地划分示意图

资料来源：根据1934年《南京市工务局执照类建字第5410号》中《五千分之一清凉山地形图》（南京市档案馆藏，档号1001－3－5120）改绘。

表4.6　新住宅区第一区第一段宅地承领人名录

宅地编号	承领人	宅地面积	申请时间	承领方式
1	春晖堂张志学	0.6606 亩	1933 年 10 月 20 日	普通承领
2	张帆	0.7538 亩	1933 年 9 月 29 日	普通承领
3	高一涵	1.131 亩	1933 年 10 月 30 日	普通承领

（续表）

宅地编号	承领人	宅地面积	申请时间	承领方式
4	汪子长	1.5236 亩	1933 年 12 月 13 日	普通承领
5	刘家驹	1.4175 亩	1933 年 12 月 11 日	普通承领
6	曾仰丰	1.4175 亩	1933 年 8 月 24 日	普通承领
7	曾仰丰	1.5251 亩	1933 年 8 月 24 日	普通承领
8	梁佩琴	1.2953 亩	1933 年 9 月 26 日	普通承领
9	王叔钧	0.9159 亩	1933 年 10 月 30 日	普通承领
10	王叔钧	1.3744 亩	1933 年 7 月 24 日	普通承领
11	俞凭溪	0.9159 亩	1933 年 7 月 29 日	普通承领
12	贺菊卿	1.2953 亩	1933 年 9 月 1 日	普通承领
13	邓季惺	1.5387 亩	1933 年 7 月 24 日	普通承领
15	李世琼	1.5451 亩	1933 年 7 月 29 日	普通承领
16	徐国镇	1.1745 亩	1933 年 8 月 30 日	普通承领
17	胡政之	0.824 亩	1933 年 7 月 31 日	普通承领
18	胡政之	1.1871 亩	1933 年 7 月 24 日	普通承领
19	桂质柏	0.824 亩	1933 年 8 月 7 日	普通承领
20	胡霨	1.1745 亩	1933 年 7 月 24 日	普通承领
21	刘楚材	1.4351 亩	1933 年 7 月 24 日	普通承领
22	吴钦烈	1.35 亩	1933 年 7 月 24 日	普通承领
23	张郁岚	1.35 亩	1933 年 7 月 24 日	普通承领
24	周定枚	1.4355 亩	1933 年 8 月 23 日	普通承领
25	王韵仙	1.131 亩	1933 年 8 月 23 日	普通承领
26	棣华堂钟洪声	0.7538 亩	1933 年 10 月 20 日	普通承领

说明：第 14 号宅地留作公用；第 25 号宅地，原承领人王韵仙于 1934 年 2 月 2 日让予曹学麟；第 24 号宅地，则于 1934 年 7 月 7 日改为周定枚、季抱素二人合领。

资料来源：《新住宅区第一区征收土地给价办法》，1932—1934 年，南京市档案馆藏，档号 1001 - 1 - 1027。

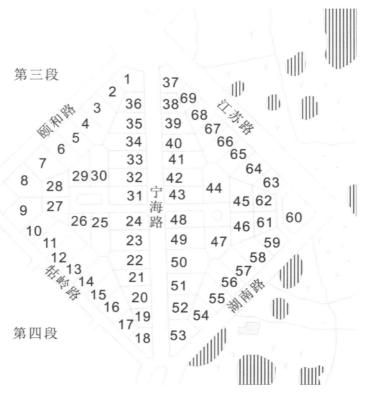

图 4.9 新住宅区第一区第二段宅地划分示意图

资料来源：根据 1934 年《南京市工务局执照类建字第 5475 号》中《五千分之一三牌楼清凉山地形图》 （南京市档案馆藏，档号 1001－3－5179）改绘。

表 4.7 新住宅区第一区第二段宅地承领人名录

宅地编号	承领人	宅地面积	申请时间	承领方式
2	李元邦	1.0781 亩	1933 年 7 月 24 日	普通承领
3	何定一	1.485 亩	1933 年 7 月 29 日	普通承领
4	何定一	1.4379 亩	1933 年 7 月 29 日	普通承领
5	姚雨耕	1.35 亩	1933 年 8 月 29 日	普通承领
6	姚雨耕	1.4175 亩	1933 年 8 月 29 日	普通承领

（续表）

宅地编号	承领人	宅地面积	申请时间	承领方式
7	刘既漂	1.728 亩	1933 年 8 月 29 日	普通承领
8	周作民	1.7469 亩	1933 年 7 月 14 日	前缴保证金户优先承领
9	李祖基	1.9111 亩	1933 年 7 月 17 日	前缴保证金户优先承领
10	曹振孙	1.149 亩	1933 年 8 月 24 日	普通承领
11	孔裴君	1.2915 亩	1933 年 9 月 12 日	普通承领
12	孙林记	1.35 亩	1933 年 10 月 6 日	普通承领
13	刘程素卿	1.35 亩	1933 年 8 月 30 日	普通承领
14	冷蓉	1.4355 亩	1933 年 10 月 30 日	前缴保证金户优先承领
15	林琼	1.2285 亩	1933 年 9 月 1 日	普通承领
16	孙林记	1.2019 亩	1933 年 10 月 6 日	普通承领
17	高叔钦	0.8382 亩	1933 年 8 月 31 日	普通承领
18	李书田	1.104 亩	1933 年 8 月 5 日	普通承领
19	魏炳西	0.8283 亩	1933 年 8 月 1 日	普通承领
20	徐冶六	1.2019 亩	1933 年 8 月 1 日	普通承领
21	李起化	1.2285 亩	1933 年 8 月 30 日	普通承领
22	李起化	1.579 亩	1933 年 8 月 30 日	普通承领
23	苏州旅京同乡会	1.485 亩	1933 年 8 月 4 日	普通承领
24	苏州旅京同乡会	1.4783 亩	1933 年 8 月 4 日	普通承领
25	周寿珠	1.4769 亩	1933 年 9 月 15 日	普通承领
26	张故吾	1.1625 亩	1933 年 9 月 15 日	普通承领
27	李周淑仪	1.3153 亩	1933 年 8 月 31 日	普通承领
28	李右娴	1.0637 亩	1933 年 8 月 31 日	普通承领
29	方东美	1.14 亩	1933 年 7 月 24 日	普通承领

（续表）

宅地编号	承领人	宅地面积	申请时间	承领方式
30	李儒勉	1.3574 亩	1933 年 7 月 24 日	普通承领
31	叶春发	1.4715 亩	1933 年 6 月 15 日	原业户优先承领
32	蒋玉池	1.35 亩	1933 年 6 月 15 日	原业户优先承领
33	胡笔江	1.35 亩	1933 年 7 月 15 日	前缴保证金户优先承领
34	王孟钟	1.4595 亩	1933 年 7 月 15 日	前缴保证金户优先承领
35	张彬人	1.485 亩	1933 年 7 月 24 日	前缴保证金户优先承领
36	张彬人	1.0781 亩	1933 年 7 月 24 日	前缴保证金户优先承领
38	任静	0.84 亩	1933 年 8 月 5 日	普通承领
39	张春发	1.2056 亩	1933 年 7 月 22 日	原业户优先承领
40	吴在章	1.23 亩	1933 年 7 月 24 日	普通承领
41	周作民	1.6143 亩	1933 年 7 月 24 日	普通承领
42	吴四箴	1.35 亩	1933 年 7 月 24 日	普通承领
43	蒋锄欧	1.3433 亩	1933 年 7 月 22 日	前缴保证金户优先承领
44	康叔文	2.079 亩	1933 年 7 月 24 日	前缴保证金户优先承领
45	彭学沛	1.5836 亩	1933 年 8 月 10 日	普通承领
46	熊剑云	1.377 亩	1933 年 8 月 8 日	普通承领
47	文德之	1.4543 亩	1933 年 8 月 8 日	普通承领
48	朱起蛰	1.4783 亩	1933 年 7 月 24 日	普通承领
49	张慰生	1.6875 亩	1933 年 8 月 18 日	普通承领
50	贾泽之	1.8463 亩	1933 年 10 月 20 日	普通承领
51	张春发	1.4813 亩	1933 年 7 月 22 日	原业户优先承领
52	霍季郇	1.2308 亩	1933 年 8 月 1 日	普通承领
53	彭星灿	1.4522 亩	1933 年 8 月 9 日	普通承领
54	臧铄波	1.2308 亩	1933 年 8 月 9 日	普通承领
55	杨莘臣	1.4813 亩	1933 年 8 月 7 日	普通承领

（续表）

宅地编号	承领人	宅地面积	申请时间	承领方式
56	翁存斋	1.4785 亩	1933 年 8 月 7 日	普通承领
57	毕辅良	1.417 亩	1933 年 8 月 7 日	普通承领
58	黄石安	1.521 亩	1933 年 8 月 14 日	普通承领
59	施孝长	1.2249 亩	1933 年 11 月 20 日	普通承领
61	徐姚明恕	1.1093 亩	1933 年 8 月 28 日	普通承领
62	陈庄文	1.1925 亩	1933 年 8 月 8 日	普通承领
63	张赓年	1.2255 亩	1933 年 7 月 31 日	普通承领
64	吴光杰	1.581 亩	1933 年 7 月 24 日	普通承领
65	李刘凤钗	1.485 亩	1933 年 8 月 23 日	普通承领
66	卢韵琴	1.5498 亩	1933 年 8 月 29 日	普通承领
67	光宣甫	1.23 亩	1933 年 8 月 15 日	普通承领
68	沈淑勤	1.2056 亩	1933 年 8 月 30 日	普通承领
69	毛桂笙、蓝韫谷	0.84 亩	1933 年 7 月 17 日	前缴保证金户优先承领

说明：第 1、37、60 号作为公用。第 31 号，叶春发于 1933 年 10 月 4 日让予崇和堂杨剑记（即杨剑虹），崇和堂杨剑虹于 1934 年 1 月 17 日让予韦增瑛。第 51 号，张春发于 1933 年 10 月 30 日让予张梦文，张梦文于 1934 年 4 月 7 日又让予王砥玉。第 39号，张春发于 1933 年 10 月 30 日让予程叔时。第 32 号，蒋玉池于 1933 年 11 月 1 日让予贾泽之。第 54 号，臧铄波于 1933 年 12 月 11 日让予邓守善。第 14 号，冷蓉让予吕淑诚。第 50 号，贾泽之于 1934 年 2 月 10 日让予唐无我。第 58 号，黄石安于 1934 年 2月 17 日让予康心铭，3 月 31 日又改为两人合领。第 9 号，李祖基于 1934 年 3 月 29 日让予周作民。第 40 号，吴在章于 1934 年 3 月 29 日让予金城银行。第 41 号，周作民于1934 年 3 月 29 日让予金城银行。

资料来源：《新住宅区第一区征收土地给价办法》，1932—1934 年，南京市档案馆藏，档号 1001 - 1 - 1027。

　　在业户承领宅地的同时，南京市政府开始迁移坟墓、铲除青苗、填埋水塘、修筑道路①，安装自来水管、雨水管、污水管等。此外，南京市政

---

① 《新住宅区一、二两段填土工程》，1933—1934 年，南京市档案馆藏，档号1001 - 1 - 1063。

府还先后完成了学校、诊疗所、化粪厂等公共建筑项目。① 这些修造活动不仅使该区自身成为一个较为完整、相对独立的区域，还使得其住宅区的功能得到了充足保障。

（4）建筑管控与呈报建筑

在新住宅区第一区宅地开始放领前夕的 1933 年 5 月 26 日，南京市政府公布了《南京市新住宅区建筑章程》。该区宅地建筑的管控和规范措施如表 4.8 所示。此后，南京市政府对其中的建筑参数和建筑条件又进行了两次调整。

表4.8　新住宅区建筑管控与规范措施

管控内容	管控要求
建筑用途	新住宅区内的所有屋宇或基地，除特别指定地位者，如公众会堂、银行邮政分所、菜场、戏院、小学校、疗养院、俱乐部等外，不得为下列各项以外之使用：住宅，杂货铺、照相馆，其他一切为住宅必须之建筑及设备
建筑高度	作住宅用之屋宇层数，不得超过两层，惟地下层及假楼不在此限。住宅房屋脊顶之高，不得超过地平线上 13 公尺。住宅第一层地面，至少应高出宅地前路脊 30 公分，其备有地下室者，至少应高出地平线 1 公尺。围墙不得高出地平线 2.5 公尺。凡旗杆、无线电杆、纪念碑、烟突、瞭望台等，其顶之高度，不能超过地平线 15 公尺，如超过时，须经工务局核定，方准建筑
建筑面积	正屋及附屋建筑地盘之总面积不得超过总地基面积的 50%，除公用建筑及指定商号外，正屋四周应各留出空地，距宅地界址至少 4 公尺，但如邻近宅地系同一地主或经同意者，不在此限
建筑设施	屋宇四周，应设适当之沟管或水沟，以泄雨水，并须接通至路中总沟。每一住宅应设化粪池一所，其构造图样、装置地点，应由工务局核定。每一住宅之污水，不得混入雨水沟管，应另行排泄之，此项下水道总管，由市工务局代办

资料来源：《南京市新住宅区建筑章程》，载《南京市政府公报》第 129 期，1933 年 5 月 31 日，第 33～34 页。

---

① 南京市工务局编印：《南京市工务报告》第三章《建筑》，1937 年，第 6 页。

　　根据现存的编制于 1934 年 11 月底的《南京市甲种住宅区建筑各户分项一览表》，自当年年初新住宅区第一区发出领地图照开始，在此后将近 11 个月的时间内，该区业户一共报建房屋 102 座，其中楼房 100 座、平房 2 座。宁海路、莫干路、北平路、颐和路、江苏路、牯岭路、湖南路沿线等都建造有不同数量的新式房屋。① 此后，经过工务局的数次催促，该区房屋建筑情形越发踊跃，截至 1937 年 3 月，已呈报建筑者 250 户（该区总共放领了 295 户宅地），达到全数的十分之九。②

图 4.10　新住宅区第一区掠影
资料来源：南京市政府秘书处编《新南京》，1935 年，插图。

　　如图 4.10 所示，肇始于 1930 年的新住宅区第一区，经过数年时间的开辟建设，不仅在一定程度上改变了城北原先比较荒芜的景观，在中山北路沿线形成了南京新的城市空间，而且以其高贵的住户、高档的品味、齐全的设施和多样的风格在当时的南京住宅区中独树一帜。时人对其曾有如下文字描述：

---

　　① 秦孝仪主编：《抗战前国家建设史料——首都建设（二）》，见《革命文献》第 92 辑，1982 年，第 333～338 页。
　　② 南京市工务局编印：《南京市工务报告》第四章《取缔》，1937 年，第 11 页。

公馆住宅点集中的是第一新住宅区。山西路、上海路、广州路和大方巷都和住宅区接通，交通十分方便，原先这个地方是一片田野，晚上叫你一个人不敢走，在这二年来，我亲眼看它一座一座各色各样的洋房建筑了起来的。现在只有一二块基地尚未动工，大概不日也会盖起房子来了。一个朋友指示我，这是西班牙式，那是美国式，又是意大利式、英国式，大概欧美的式样都包罗万象。……这许多房子的成本大半都在一万三四千上下，里面卫生设备全套。讲究的人家还有热水汀和跳舞厅。普通都只有二楼，但也有假三楼和三楼的，平房好像只有一座。房子都用围墙或篱笆围起来，内有一个不大不小的园子，种一些月月红、玫瑰花、冬青之类的中国花草，地上披着一层绿草，倒也美丽可爱。①

五、搭盖棚屋的规范与管控

凡论及 1927—1937 年南京的城市问题，就不得不提到棚民。这类人群搭盖的草房、芦棚、白铁屋等，在当时的南京随处可见。早在国府定都初始，南京特别市市政府就意识到，棚户建筑的大量存在"不特易酿火患，抑且有碍国都观瞻"，因此有必要对其搭盖活动进行管控。南京特别市市政府对这一类建筑进行规范与管控的目的不在于使其为南京城市景观添砖加瓦，而在于尽可能地减少其给城市观瞻带来的负面影响。

颁行于 1927 年底的《南京特别市市政府工务局取缔市内芦棚土屋条例》主要对棚屋的搭建地点做了比较严格的限制，规定城市中心及其附近地段的公私土地，一概不允许租给市民搭盖芦棚土屋；市民只能在位置荒僻且无碍于交通和观瞻的地段，租地搭建棚屋，以暂作栖止之所，但亦必须事先向工务局领取建造允许证，方可兴工搭建。② 如 1929 年夏，土务局严令靠近城墙

---

① 西：《新住宅区巡礼》，载《贡献》第 21 期，《中央日报》1936 年 6 月 5 日。
② 《南京特别市市政府工务局取缔市内芦棚土屋条例》，载《南京特别市市政公报》第 6、7 合期，1927 年 12 月 31 日，例规，第 2～3 页。

内各处市民一律禁止搭盖芦棚等。同年秋，该局又布告考试院附近地区居民，嗣后不得随意搭盖棚屋，如违章则予以处罚，并派人强制拆除。①

虽然南京市政府一直在着力控制棚户数量的增加，但效果不甚理想，"究其原因，实甚复杂，言其大端，则一因南京渐成现代的大都市，吸引人口之力增加，二因农村经济破产，农民被迫离村趋市"②。根据统计，全市人口在1930年底为50余万，而棚户人口数量逾10万，占全市人口的五分之一。③ 到1934年10月时，棚户人口数量超过了15万。④ 在这样的背景下，棚户几乎遍及城市的每个角落，"每一座洋房的旁边或附近，好像是规定似的，总有一些茅草屋。洋房里的主人翁，出入是汽车，不用说，很阔气了；而他的芳邻，却不是拉车的，就是种菜或者做小生意"⑤。

从1933年下半年开始，南京市政府开始颁行全新的《南京市工务局取缔棚户建筑暂行规则》，以便对棚屋搭盖活动进行更为严格的规范和管控，具体措施有如下三条。

第一，明确限定棚屋搭建的地点。规定市民只能在不接近官署、学校、营房、要塞以及不妨碍观瞻、交通、消防的城市偏僻之处搭建棚屋。另外，在《暂行规则》公布之前已经存在的棚屋，如果与上述规定相冲突，被拆后不准在原处重新搭建。

第二，明确要求棚屋搭建的防灾措施。例如为了防止火灾，规定每座芦棚草屋最多只能搭盖5间，而每两座棚屋之间的距离至少要相隔6市尺以上。

---

① 《城垣内附近不准搭盖草房》，载《首都市政公报》第42期，1929年8月31日，纪事，第7页；《考试院附近不准搭盖棚屋》，载《首都市政公报》第47期，1929年11月15日，纪事，第6页。

② 吴文晖：《南京棚户家庭调查》，1935年，第12页。

③ 《令饬筹建平民住宅容纳棚户苦力案》，载《首都市政公报》第74期，1930年12月31日，公牍，第25页。

④ 吴文晖：《南京棚户家庭调查》，1935年，第10~11页。

⑤ 荆有麟：《南京的颜面》，见丁帆选编《江城子——名人笔下的老南京》，北京出版社1999年版，第207页。

第三，严格限制棚屋搭建数量。规定凡是新近搭盖的芦棚草屋，应该报请主管警察局编订门牌，以便控制棚屋的数量。①

此后不久，南京市政府又决定在较为偏僻之处筹设棚户区，分期将棚户迁移至此，规定其在缴纳一定地租后，按照指定的地段号数和规定的图样搭建棚屋，并登记造册，以便管理。② 至 1936 年前后，石门坎、七里街和四所村三个棚户区已分别具备了一定的规模，迁移而来的棚户户数已突破 4000 户，详情可参见表4.9。

表4.9　1935年南京市棚户区建设概况

名称	亩数	户数	发给津贴	工程费
石门坎棚户区	97	970	97 元	4662.13 元
七里街棚户区	22	220	22 元	3095.5 元
四所村棚户区	1070	3060	306 元	7485.07 元
总计	1189	4250	425 元	15242.7 元

资料来源：南京市政府秘书处统计室编《二十四年度南京市政府行政统计报告》，1937 年，第216 页。

不过，由于棚户数量多而分散，南京市政府在推行棚屋搭盖管控措施时，常常感到力不从心。根据1936 年夏季的调查，即便是较为繁华的新街口南侧的中央商场后面，仍有数十户棚户拥挤居住于低湿龌龊之地，不仅有碍城市观瞻，而且其自身居住卫生亦成问题。而距离国民政府不远的京市铁路旁也是棚户麇集，户民生活悲惨③，更不用说那些地处荒僻之区且数量更多的棚户了。

① 《南京市工务局取缔棚户建筑暂行规则》，载《南京市政府公报》第 131 期，1933 年 7 月 31 日，第 11 页。
② 《改善棚户住宅案》，载《南京市政府公报》第 135 期，1933 年 11 月 30 日，第 52 页。
③ 陈岳麟：《南京市实习调查日记》，见萧铮主编《民国二十年代中国大陆土地问题资料》第 102 册，成文出版社有限公司、（美国）中文资料中心 1977 年版，第 53878 页、第 53882 页。

第三节　影响和限制南京土地
开发与利用的原因

除了制定并实施较为严格的建筑管控与规范措施，南京房屋建筑的总体进度实际上也是中央机关和南京市政府格外关注的。在国民政府定都初始，南京城墙以内仍然有大片的土地处于尚未开发的状态。这对官方立志将南京建设为世界著名都市的目标造成了一种非常严重的阻碍。而日益增长的城市人口实际上也急切需要足够数量的房屋以资容纳。

有鉴于此，为了尽快促进闲置土地的开发、繁荣南京市面并改善城市观瞻，20 世纪 30 年代后，首都建设委员会先后制定了《首都新辟道路两旁房屋建筑促进规则》《南京市城厢空地建筑房屋促进规则》，并通过南京市政府颁布施行。虽然在首都建设委员会解散后，上述规则渐渐失去了效用，但它们仍然在一定程度上推进了南京闲置土地开发的进度，并取得了一些较为明显的成效。

与此同时，我们通过图文资料，也能够看到以下一些现象：南京一些开辟很早的道路如中山北路，其沿线的土地虽然经历过较为频繁的产权转移，但直到 1937 年全面抗战前，除新住宅区第一区外，总体开发程度仍比较有限，建成的房屋大多稀疏分布[1]；虽然当时许多房地产投资者手中不缺乏资金，但他们并不急于在自己的土地上建筑房屋，而是任其闲置[2]；尽管由于比例尺的限制，20 世纪 30 年代的许多地图无法准确反映出当时南京城市的诸多地物特征，但仍能清楚反映出当时市内存在着大量的农田和水塘。

这些现象表明当时的南京虽然经过了十年的较快发展，但仍然有许

---

① 董修甲：《今后南京市的几个建设政策（下篇）》，载《创导半月刊》第 1 卷第 4 期，1937 年 6 月 20 日，第 55 页。

② 马超俊：《南京市地税、房捐与各市之比较》，载《南京市政府公报》第 175 期，1937 年 3 月，第 111 页。

图4.11 1936年新住宅区及其周边鸟瞰

资料来源：陈岳麟《南京市之住宅问题》，见萧铮主编《民国二十年代中国大陆土地问题资料》第91册，成文出版社有限公司、（美国）中文资料中心1977年版，第47775页。

多未被开发的土地，城市空间的生成也因此受到了阻碍。而当时愈演愈烈的南京房租过高和房荒问题实质上也是土地开发程度有限引发的居住乃至社会问题。对此，我们不禁要提出疑问，在获取一定数量的土地后，许多业主为何没有适时开发利用？笔者在本节将采用理论与实例相结合的方式，来探讨1927—1937年影响和限制南京土地开发与利用的种种原因。

一、社会经济萧条，业主缺乏财力建屋

充足的财力是建筑房屋的必要保障，对于当时南京的许多土地业主而言，受到当时社会经济萧条大环境的影响，尽管先期已经通过各种方式获取了土地，但想要拿出足够数量的资金建造房屋，也不是一件非常容易办到的事情。如根据杨步伟的回忆，即便像其夫赵元任这样的著名学者和高收入者，在短期内也无法拿出足够数量的现金建筑房屋，所幸凭借自己广

博的人脉向银行借款，方才渡过难关：

> 在南京住定下来后，各家就忙了盖房子，有在蓝家庄的，有在新住宅区山西路的，纷纷的动手。但是盖房子第一是要钱，我们这些穷读书匠很少人有现钱在手上的。听说上海新华和金城等银行在南京大投资开了分行，可是我们不认识行里的任何人，怎么去接头呢？新华南京的分行经理徐振东指示上海总行的总经理王某（清华学生），和元任认识的，到上海去一趟接好头，在南京分行拨多少都可以的，元任就到上海去了。王还请吃饭，没料到同桌上遇到一个元任中学同学的瞿季刚先生（瞿现在还住在美京呢）。他是国华银行的总经理，他听见元任要借钱盖房子，他们也愿借。元任觉得已经和新华接过头了，还是归南京分行办便当一点。徐振东以后都是和我接头的，说赵太太要多少都可以（现在的加州伯克莱的美国银行经理对我也是一样的）。我就找了一个包工的，自己画好一部分蓝图外，再找人斟酌斟酌，到银行把图给徐一看，一点问题没有，就借了二万，每月还三百元，签字时叫元任去，元任也不看多少就签了字。徐说了笑："你知不知道你太太借了多少？"（因元任薪水在中央研究院也是最高的，和所长们一样，这也是使人不愤气的之一。但是这是蔡孑民先生亲自批的，并且蔡先生每到南京来，夫妇两人总亲到我们家来拜望一次，这位续弦的蔡太太是周子竞的妹妹，周乃元任康奈尔同班之一，所以并不是孟真私心。）等我们房子一动手，而好多人都纷纷到新华去借钱买地盖房子了。有的是我担保，有的就由介绍而去的。因此新华银行好象我的银行似的。凡是我担保的，徐一点不问就签合同。①

不过，并非所有人都有这样的人脉和运气，特别是在进入 20 世纪 30 年代后，不景气的社会经济状况笼罩着南京市面，一日更甚一日。在百业

---

① 杨步伟：《杂记赵家》，传记文学出版社 1972 年版，第 82～83 页。

凋零、各种营业均一年不如一年的大背景下①，一些原本经济条件就相对一般的土地业主因为财力不足，长时间无力建筑房屋。② 虽然也有一些借资建屋之举，但因当时南京盛行高利贷，对于土地业主而言，这实在是一种冒险而无利的行为。③

不仅私人业主，当时南京的许多政府机关亦因财政困难、经费不足，不得不暂缓一些官署建筑的施工，甚至更改设计，如外交部办公大楼。许多公共事业也因为财力不足而无法及时推进。位于下关的第一工商业区以及城东的中央政治区规划都因为缺乏足够的资金支持，长时间陷于停滞状态。④

二、政治局势不稳，业主不敢投资建屋

纵观中国历史的发展，南京历来是作为政治城市而非经济城市闻名的，这种状况直到近代也没有发生根本性的改变。国民政府定都以后，南京作为国都，被赋予"内为表率，外系观瞻"的重大使命，政治上的重要性更为突出，虽然城市经济也因此得到了一定程度的发展，但就其总体情形而论，"虽濒大江，为水陆交通之区，而工商业向无足称，其经济上之地位，不独不能与汉口、九江、芜湖比并，即视镇江，犹有逊色，仅能与安庆相伯仲耳。自国府奠都以来，人口自三十六万骤增至七十二万六千，日用所需，数倍曩昔，商店工厂，应时而兴，然徒以供本城市民之用，外地不仰给于此也"⑤。

---

① 清：《京、平、汉、杭之电影业》，载《市政评论》第 3 卷第 16 期，1935 年 8 月 16 日，第 18 页。

② 王漱芳：《本市地价税减折征收之经过》，载《南京市政府公报》第 177 期，1937 年 5 月，第 107 页。

③ 刘岫青：《南京市土地征收之研究》，见萧铮主编《民国二十年代中国大陆土地问题资料》第 94 册，成文出版社有限公司、（美国）中文资料中心 1977 年版，第 49670 页。

④ 南京市地政局编印：《南京市土地行政》，1937 年，第 47 页。

⑤ 建设委员会经济调查所统计课编：《中国经济志·南京市》，1934 年，弁言。

由于南京只是作为国家的政治中心而兴起，工商业不够发达，生产能力有限，缺乏足够坚实的城市经济基础，一旦遇到政治局势不稳、战争疑云笼罩的情况，国民政府随时可能做出迁都这样足以动摇南京兴起根基的决策，随之而来的社会恐慌和市面萧条①都会对南京的发展前景造成极其巨大的影响和冲击。在这种背景下，个人和房地产商便会对投资建房产生犹豫和疑虑，要么担心房屋不容易租出②，要么担心战争会摧毁一切。

这首先表现在土地购买数量大幅下降，"盖投资于土地者，最重要的目的，是要保其资本之安全；如政治混乱，社会飘摇不定，则人人皆存戒心，宁可将其资本存到银行，或作其他事业，决不愿投资于土地"③。而对于那些已经购置妥当的土地，"企业者均不敢为建筑投资之尝试，深恐一旦事变发生，灾害继至，不仅利润获得之目的无法达到，甚至所投资本亦将陷于不能收回之地步"④。从当时的实际情况看，即便像上海这样的全国经济中心，一旦遇到政局不稳的情形发生，也不能逃脱人们对投资建房的热情陷于徘徊和犹豫的局面⑤，何况是经济基础与之相差甚远的南京。

例如在 1931 年 7 月，《大公报》记者在随访时就注意到，南京市政府自国府定都以来，在城市建设方面尽心尽力，道路都较以前修筑得更为宽阔，不过沿街商店的数量并不多，市面虽然已比未定都以前繁盛不少，但城中的荒地仍到处可见。与此同时，南京真正拥有大资本的商店几乎没有，所以尽管号称首都，但商业情形总体上远远不如上海。究其原因，该报记者认为除了定都时间较短、建设程度有限，还在于当时的政治局势不

---

① 《南京的一切（三）：房地产之怪现象》，载《大公报》1934 年 4 月 6 日。

② 王潄芳：《本市地价税减折征收之经过》，载《南京市政府公报》第 177 期，1937 年 5 月，第 107 页。

③ 高信：《南京市之地价与地价税》，正中书局 1935 年版，第 52 页。

④ 刘岫青：《南京市土地征收之研究》，见萧铮主编《民国二十年代中国大陆土地问题资料》第 94 册，成文出版社有限公司、（美国）中文资料中心 1977 年版，第 49669 页。

⑤ 魏枢：《"大上海计划"启示录——近代上海市中心区域的规划变迁与空间演进》，东南大学出版社 2011 年版，第 179 页。

甚稳固，大资本家在进行土地和商业开发活动时，不能得到相当的保障，投资前景远不及上海租界来得安稳。① 20世纪30年代前中期的全国政局几经起伏，受此影响，尽管南京在1937年前几乎没有直接受到战事的打击，但并不稳定的政局作为一个不可预知的因素，始终笼罩在南京的头上，也成为阻碍其土地开发与利用的原因之一。

三、业主控制建屋数量，获取高额利润

1. 高额利润——房地产投资者极力追逐之物

除了机关、个人建造的房屋，当时南京的绝大多数房屋实际上是由房地产商、营造厂以及银行界等投资建造的。毋庸讳言，利润实际上成为这些投资者极力追逐的东西，在某种程度上说也就是他们开发房产的根本动力。

当时的人们就观察到，在国府定都南京后，南京的土地价格虽然上涨迅速，但与上海、汉口等通商大埠相比，还是要便宜不少②，不过其新近建筑的房屋也和这些城市一样，在基本符合建筑规则的前提下，大多都呈现出较为密集的分布状态。之所以维持如此高的建筑密度，是因为这样做既能够节省地皮，又可以减少建筑费，而这恰恰是房地产投资商出于盘算利润的考虑，"比方建屋一幢（以一楼一底为标准），占地约六方，每方以五十元计算，共需地皮费三百元，再加上建筑费二千元，共计二千三百元，每月可收到租金六十元左右，竟有许多取巧的业主，可以坐收利息三分"③。

因此在当时的南京，经营房地产者一般只需要花费三年左右的工夫，就可以轻松收回本钱，还能够赚取大量的利润。④ 虽然随着经营房产者的日渐增多，其所获利润也因之略有减少，不过我们从陈岳麟于1936年7

---

① 《江南旅行第六信：巍巍乎首都》，载《大公报》1931年7月18日。
② 《京市房地产概况》，载《中央日报》1935年2月7日。
③ 《南京的一切（三）：房地产之怪现象》，载《大公报》1934年4月6日。
④ 《南京的一切（三）：房地产之怪现象》，载《大公报》1934年4月6日。

月、8 月间实地调查出的南京房屋租金收取情形可以看出，其利润仍然是
比较可观的，详情参见表 4.10。

表 4.10 1936 年夏调查之南京房屋租金收取情形

住宅名称	住宅简况	土地价格	住宅造价	每年租息
妙机公司市房	位于新街口，有市房 10 间，由忠林公司（新金记与泰山砖瓦公司合组）所有	土地 90 方，地价每方 400 元，共计 36000 元	每间 2000 元，共计 20000 元	租金每间每月 120 元，年收 14400 元，年息高达 2 分 4 厘以上
忠林坊新式住宅	位于新街口，有住宅 4 排 50 幢，由忠林公司经营	土地 345 方，地价每方 100 元，共计 34500 元	每幢平均约 1000 元，共计 5 万元	有 11 幢租金每月 26 元，其余 39 幢每月 39 元，年收 21640 元，年息高达 2 分 6 厘左右
青云巷楼房	位于傅厚岗青云巷，有住宅 12 幢，由黄纪明所有	土地 160 方，每方地价 20 元，共计 3200 元	房屋造价共计 16000 元	租金每幢每月 40 元，年收 5760 元，年息高达 3 分以上
正洪里	位于正洪路，住宅既有出卖的，亦有出租的	不详	不详	租金自 55 元至 60 元不等，每年租息在 2 分左右

资料来源：陈岳麟《南京市之住宅问题》，见萧铮主编《民国二十年代中国大陆土地问题资料》第 91 册，成文出版社有限公司、（美国）中文资料中心 1977 年版，第 47880～47881 页。

2. 房地产投资者垄断和控制房屋建筑数量

以上文字不过是为了说明房地产投资者对高额利润的追逐，事实上除了提高建筑密度，控制房屋的建筑数量也是投资者们获取高额利润的重要方法之一。而大量购入土地，将土地集中在自己手中，则是投资者们通过

控制房屋建筑数量以获取高额利润的必要前提。

房屋的供给法则与一般商品的供给有着非常显著的差异，无限制的自由竞争在房地产投资领域通常是无法实现的。对于这一问题，当时的中央政治学校地政学院学生陈岳麟分析道，南京的房地产投资者们为了达到获得高额利润的目的，"握住了房屋供给的权衡。他们的企图，是在获得最大的垄断利益，于是房屋的供给，必以不致减低房租为原则。所以南京尽多土地在空闲着，兼营房地产业的银行也并不是缺乏经营的资本，而市民所要求的租价公平的住宅，直到现在为止，却还没有出现。谁都知道，在今日南京市人口继续膨胀之下，出租房屋的租息，是超过一般平均利润的，当住宅的需要这样强烈的时候，住宅的生产和供给，反而不十分兴旺。这种现象，只有以土地及房屋的垄断求其解释"①。自国民政府定都南京后，一般投资建屋、用以出租的房地产商莫不利市三倍，如新华、国华、上海商业储蓄、四明、盐业、中南等银行，以及其他房地产业公司如忠林公司、兴业公司、金陵房产合作社等都积极参与房屋建筑活动，不过他们始终牢记的一点是，"此类住宅的供给量，始终能以维持高度的房租为界限"②。

与此同时，伴随着南京地价的日益增长，即使房地产投资者长时间不开发手中掌握的那些闲置土地，只做些投机活动，也能够获得巨大的收益。根据粗略估计，1928—1933 年，南京的总地价大约增加了 1.6 亿元，平均下来，投资者每拥有 1 亩土地，就可以坐收 2100 元的利润。在这种大背景下，投资者们不事改良，就可以坐享其利，"地主纵在睡眠之中，或在旅行之中，甚至在图圄之中，对于其所有土地之利用，未尽丝毫之力

---

① 陈岳麟：《南京市之住宅问题》，见萧铮主编《民国二十年代中国大陆土地问题资料》第 91 册，成文出版社有限公司、（美国）中文资料中心 1977 年版，第 47848～47849 页。

② 陈岳麟：《南京市之住宅问题》，见萧铮主编《民国二十年代中国大陆土地问题资料》第 91 册，成文出版社有限公司、（美国）中文资料中心 1977 年版，第 47860 页。

者，亦得享有此种腾贵之地价"①。

3. 南京地税政策的缺失对房地产投资者的纵容

事实上，对于南京房地产投资者们获得的这种"实非地主个人关系"带来的"不劳而获之利益"②，从平均地权的理论出发，是有比较切实有效之解决方法的，即开征地价税和地价增值税。当时的许多官员和学者实际上已经意识到了这一点。在比较了地价税与田赋、房捐等收入的高低后③，他们一致认为施行地价税既可充裕市库，以利建设之进行，又可平均市民租税之负担，促进土地之利用④。开征地价税，通过对闲置土地设置一定的负担，"荒地非从速建筑，即须廉价出售，否则每年须负担重税"⑤，这样既能够解决南京土地分配不均的矛盾，又能够促进闲置土地的开发利用。土地分配不均和土地开发利用实际上也是关于当时南京土地的两个最为核心的问题。

不过就实际操作的情形而言，因为当时南京的土地存在着产权纠葛太多、价格漫无标准等问题⑥，在开征地价税之前，需要完成许多前期准备工作，如举办土地测量、申报、登记等。虽然土地测量工作早在 1929 年就已经开始了，然而因为经费困难、机构裁撤等，这些工作的开展进程受到了严重影响，"自十八年即开始地籍测量，中经人事变迁，经费支绌，历

---

①　马超俊：《各国都市土地政策及总理平均地权之主张》，载《南京市政府公报》第 153 期，1935 年 5 月，第 101 页。

②　萧铮：《南京市的土地问题》，载《南京市政府公报》第 140 期，1934 年 4 月 30 日，第 96 页。

③　李如汉：《实行地价税与地方财政之关系》，载《地政月刊》第 3 卷第 10 期，1935 年 10 月，第 1397～1398 页。

④　张建新：《南京市政府实习总报告》，见萧铮主编《民国二十年代中国大陆土地问题资料》第 114 册，成文出版社有限公司、（美国）中文资料中心 1977 年版，第 60541 页。

⑤　郑震宇：《南京市征收地价税问题》，载《南京市政府公报》第 175 期，1937 年 3 月，第 115 页。

⑥　王漱芳：《南京市筹办地价税经过》，载《南京市政府公报》第 174 期，1937 年 2 月，第 113 页。

时数载，至二十二年年底方测完城市八区。复以迭奉蒋委员长电令，从速举办土地登记，开征地税，爰自廿三年度开始，分区举办土地登记，以厘正产权，换发权利书状。惟以测量经历时期甚久，地籍之变动殊多，故办理登记时，每户均须复丈，以此颇费时日，未能早日完成"①。受此影响，再加上还需要完成估定标准地价和设定税率等工作，所以南京地价税的开征日期一直拖延到 1936 年 12 月。

因此之故，在国民政府定都后的近十年时间内，拥有闲置土地的南京房地产投资者事实上根本不用缴纳任何税，可以毫无顾忌地任其闲置。高信曾对这种不合理现象感叹道："况已往的南京市政府对于地主，特别仁慈，宁可向黄包车夫抽车捐，绝不会向这班坐收不获的地主抽税的。总理遗给我们的主义，是要平等，是要平均地权，但是南京市的地权，这样的平均了吗？黄包车夫要负捐，而富豪地主是不纳税，就算平等吗？南京是国民政府的所在地，建都了八年，大家眼睁着地主，获到了无限的利得，而没有负担一点义务。"② 通过以上分析可知，1927—1937 年南京地税政策的缺失，客观上对房地产投资者有意识地不进行土地开发起到了纵容的作用。

四、畸零土地遍布，业主建造房屋受限

前文已经述及，为了保障南京城市观瞻和市民的居住环境，工务局在制定建筑规则和办法时，会对建筑地基的形状、宽度、进深以及面积等做出具体规定。这里所谓的"畸零土地"就是那些不符合建筑规则相关要求的土地。从当时的许多记载来看，畸零土地的大量存在实质上成为影响和限制当时南京土地开发与利用的又一个原因。

1. 畸零土地的产生及危害

如图 4.12 所示，工务局在拆让房屋、开辟道路的过程中，由于道路宽

---

① 马超俊：《南京市地税、房捐与各市之比较》，载《南京市政府公报》第 175 期，1937 年 3 月，第 109 页。

② 高信：《南京市之土地问题》，载《地政月刊》第 3 卷第 5 期，1935 年 5 月，第 702～703 页。

度的增加，常常致使业主残存的土地面积太小或者形状不够工整（如狭长形、多边形等），不符合建筑地基的规定，这时便产生了"畸零土地"。这种畸零土地也被称为"残地"。

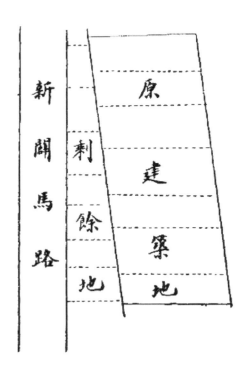

图 4.12　畸零土地——"残地"示意图
资料来源：周柏甫《都市地域制与区段征收及土地重划之相互关系暨其应用》，载《地政月刊》第 2 卷第 2 期，1934 年 2 月，第 332 页。

然而在现实当中，由于新辟道路的中心线与旧有道路存在一定偏差，所以出现的更为普遍的情形是在"残地"出现的同时，业主们对其背后应该废弃的旧有道路——"废路"进行了激烈争夺。

为了弥补残地在面积和形状方面的缺陷，业主们对"废路"的争夺往往异常激烈。因为人人都希望获取更多的利益，所以次生矛盾也随之而来。正如图 4.13 所示，在中山东路开辟完成后，两旁原有大小街巷应行废弃的为数不少，其中大行宫附近的旧路因为靠近繁华地区，引起了利济巷一带市民的激烈争夺。① 由此观之，因开辟道路产生的畸零土地不仅限制了南京的房屋建设，还易使业主间产生矛盾与纷争，是南京城市建设中一个亟待解决的问题。

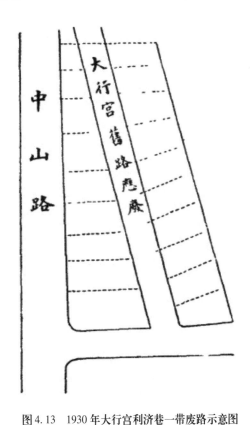

图4.13　1930年大行宫利济巷一带废路示意图

资料来源：周柏甫《都市地域制与区段征收及土地重划之相互关系暨其应用》，载《地政月刊》第 2 卷第 2 期，1934 年2 月，第 334 页。

就 20 世纪 30 年代的南京而言，根据文献记载，中山东路大行宫、太

① 《处分大行宫废路案》，载《首都市政公报》第 85 期，1931 年 6 月 15 日，公牍，第 19～20 页。

平路门帘桥、新街口糖坊桥、汉中路铜银巷、中华门内南宫坊以及建康路后官廊等处，都因新辟道路先后出现了面积不一的畸零土地。

　　而当时面积最大、影响最广的畸零土地，无疑来自"中山路以东、中央路以西、鼓楼以北一带"土地面积达到一两千亩的城北地区。时任南京市政府参事的张剑鸣在一次总理纪念周上介绍了该地区畸零土地产生的缘由：

　　　　本市城北一带原有马路之方向，均系由南至北，或由东至西，此种方向在吾国各城市乡镇几为普遍之现象，惟按近代城市计划之理论，正南正北正东正西均非理想之道路方向，盖南北向之道路，其两旁房屋则均系东西向，须受日光之猛烈晒射，尤以夏季为最甚，东西向之道路，其向北一边之房屋，则终年不能受日光之晒射，故本市于计划道路之初，参照最新之学理，及本市之经纬度，认为最适宜之方向，须与南北线成三十四五度之斜度。对于城南一带，当时因已成为繁盛区域，一时殊难澈底改造，故大部份沿用旧路，略加放宽而已。对于城北一带，则因当时尚非常荒凉，故决定尽量规划，所有道路均与南北线成三十余度之斜度，如现已公布之道路系统图内所规定者。但城北一带土地，因此遂十九变成四分五裂，歪斜畸零，不合使用。①

　　如图 4.14 所示，在该地区畸零土地遍布的情况下，虽然南京市政府自 1934 年后一度采用了强制促建的方法②，但实际效果并不理想，不少业主当时就表现出为难的态度。③ 直至 1937 年夏，张剑鸣不得不承认该地区最

---

　　① 张剑鸣：《中山北路以东土地地形整理问题》，载《南京市政府公报》第 149 期，1935 年 1 月，第 75 页。
　　② 《促进中山路自挹江门起至鼓楼前止两旁建筑案》，载《南京市政府公报》第 144 期，1934 年 8 月，第 48～50 页。
　　③ 直：《二十四年度首都建设之展望》，载《道路月刊》第 47 卷第 1 号，1935 年 3 月，第 19 页。

不规则之土地，"畸零杂乱，不堪应用，以致地旷人稀，至今尚未繁荣"①。南京市政府甚至又决定推行强制促建的办法。②

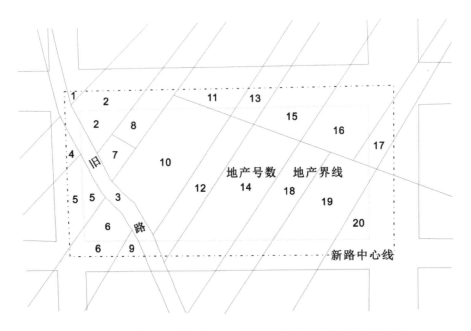

图4.14　中山北路以东、中央路以西一带地产界线整理以前畸零土地之状态

资料来源：《关于中山路以东一带土地整理方案》，1937年，南京市档案馆藏，档号1001 - 1 - 1308。

2. 20世纪30年代初期南京土地重划计划的提出

当然，对于这些不适合建筑房屋的畸零土地，南京市政府也不是完全束手无策、放任其闲置的。前述之通融建筑办法就是一种解决途径，但终究只是权宜之计，不能从根本上解决问题。根据当时国内外的经验和比较通行的做法，为比较彻底地解决畸零土地问题，南京市政府决定采用土地

① 张剑鸣：《整理城北土地问题》，载《南京市政府公报》第176期，1937年4月，第145页。

② 《南京市中山路沿路两旁空地限期建筑暂行办法》，载《南京市政府公报》第178期，1937年6月，第17页。

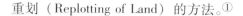

重划（Replotting of Land）的方法。[1]

所谓土地重划，即将地段内所有的畸零土地进行混合整理，通过归并、置换、分合、改善等程序，将其划分成适宜建筑的土地，并重新分配给原土地业主的一种方法。换言之，"即将一区内之土地面积，先行按户登记，然后再按户重新交换分合，成为整齐合用之土地，发还原业户管业"[2]。

工务局早在 1929 年春中山路开辟完成后，在处理新菜市巷公地的归属问题时就提出了"新辟马路两旁零星土地归并办法"[3]。这实质上就是土地重划的方法。而随着《首都干路系统图》对外公布后南京道路开辟速度的明显加快，畸零土地的产生也呈现出加速趋势。在颁行相关土地重划法规的基础上，土地局、工务局两局局长于 1931 年 8 月 11 日联合向市长魏道明提出呈请，希望及早对新辟道路两旁的畸零土地进行系统的重划工作，以便促进南京土地的开发：

　　　　窃查本市路政，业经本工务局依照规定干路系统择要开辟，次第

---

① 鲍德澂：《土地重划概论》，载《地政月刊》第 1 卷第 1 期，1933 年 1 月。根据该文的介绍，土地重划盛行于欧洲大陆诸国，最先进行的是农业用地的重划。数百年来，由于土地屡经分割，面积太小，或成为狭长条片，不便于农民耕种，故在城市建筑用地尚未实施重划以前，欧洲诸国早已对农地进行了重划。农地重划的目的不仅在于重定土地的界线，更重要的是将面积太小的土地合并为适于耕作的土地。1834 年6 月 14 日，德国的萨克逊州（Saxony）已有关于农地重划的相关规定，普鲁士及其他诸州也有类似的法律颁布。根据相关统计，普鲁士王国因面积过小经合并而重划的耕地面积，约有 250 万公顷之多，约占全国土地总面积的 60%，由此可见农地重划的广泛程度。城市土地重划法律的制定，以瑞士苏黎世州（Canton of Zurich）最早，1893年获准颁行的《建筑法律》对城市土地重划已有详细的规定。瑞士其他诸州及德国、奥地利、匈牙利诸国都有较完备的关于城市土地重划的法律，其中最为著名的则是汉堡、萨克逊、巴登以及普鲁士之法律。

② 张剑鸣：《中山北路以东土地地形整理问题》，载《南京市政府公报》第 149期，1935 年 1 月，第 75 ~ 76 页。

③ 《处置新菜市巷公地案》，载《首都市政公报》第 35 期，1929 年 5 月 15 日，公牍，第 36 页。

工竣，先后报请验收在案。兹查新辟之白下路西段，以及太平路、汉中路，并放宽之中山路，最近筑成之中正、朱雀等路两旁畸零土地，所在多有，但其中不无纠纷以及困难情形。附近居民间有呈请建筑房屋者，只以此项余地未经整理，尚无办法未便遽予照准，市民不知就里，又不免于拆让房屋后发生觖望，或滋误会，且长此弃置不理，未免坐失地利，亦觉可惜。而首都重地，观瞻所系，市政建设，收入攸关，更不能不加注意，是整理以上新路两旁畸零土地，似于公私两方均有裨益。

根据具体计划，土地局、工务局两局打算在三个月的时间内，分段完成这些畸零土地的重划工作。对此，南京市政府于 8 月 17 日做出批示，同意两局"分段会同进行，随时具报备核"。①

3. 现实中土地重划的曲折过程

然而随后的事实证明，畸零土地的重划工作并不像南京市政府想象得那般简单——仅仅需要三个月的时间就可以顺利完成。由于南京地价飞涨，加之土地重划与各业主的切身利益相关，所以业主们在畸零土地的重划问题上，常常难以达成一致，彼此间的争斗甚为激烈。这也直接影响到了南京土地的开发与利用。以下简要列举几例。

1930 年底，南京市政府决定在新近建筑的新街口广场四周设置银行区，并限期由各家银行在自行购买的土地上建筑行屋，以此促进此地之前并不繁荣的商业。但在此后将近一年的时间里，受限于土地畸零的现状，建筑行屋者为数寥寥。南京市政府为此不得不在 1931 年 10 月对外宣布，"至银行区内土地，均系各银行自行收买，以致地形零破，四界曲折不整，不便建筑，累经工务当局，会商各建筑银行，设法补救，复由土地局设法整理，拟予按各家地亩，重行分割，使各有完整地面，以资造筑"②。

---

① 《整理新路两旁畸零土地案》，载《首都市政公报》第 90 期，1931 年 8 月 31 日，公牍，第 20～21 页。

② 《京市银行区整理界址再行建筑》，载《中央日报》1931 年 10 月 26 日。

　　根据记载，银行区东北隅糖坊桥一带畸零土地的重划过程颇为曲折。早在 1931 年夏秋之交，工务局和土地局曾数次就该处的畸零土地重划事宜进行磋商，不料在附近购买土地甚广的中国农工银行为保障自身利益，对于拟订的重划计划并不满意，很快就提出了异议。经调整后的计划虽然得到了附近业主的基本同意，但在政局动荡的 1932 年根本未得以实施，遂一直拖延下来。1933 年秋季，该处的土地重划事宜再次被提上日程。但此时，民生报社、蜀峡饭店以及一些业主在土地整理范围问题上产生了纠纷。由于缺乏处理此类问题的经验，工务局与财政局之间的沟通也不是很顺利，致使这一问题又延至 1934 年夏季，始由筑路摊费审查委员会出面才获得一定进展。不过，笔者从并不完整的现存档案中发现，虽然数次召集附近业主协商重划事宜，但直到 1935 年 11 月底，糖坊桥一带畸零土地的重划纷争仍在继续。①

　　而位于新街口广场银行区西南隅的大丰富巷废路的重划工作，其最终结果虽然比糖坊桥一带稍好，但也持续了近两年的时间才完成。1933 年 9 月，工务局、财政局联合拟订了大丰富巷废路整理计划，由于业主间的利益纠葛，直至 1935 年初仍未能完成重划工作。1935 年 3 月，盐业银行因为急于建筑行屋，向南京市政府提请迅即实现土地重划，并将妨碍建屋的自来水站派工迁移。在这种情况下，工务局于次月命令各户限 10 日之内拆除自来水站，并按计划进行土地归并、置换等。这才使重划工作告一段落。②

　　笔者再以太平路门帘桥废路为例，对其曲折的土地重划过程做一简要说明。据相关档案记载，在工务局和土地局联合拟定门帘桥废路重划方案的基础上，南京市政府分别召集业主于 1932 年 8 月 12 日、1932 年 10 月 4 日、1934 年 1 月 27 日进行了三次协议会。业主们围绕着土地补偿面积不

　　①　《开辟兴中广场东北横路，整理糖坊桥一带畸零土地计划》，1931—1935 年，南京市档案馆藏，档号 1001 - 3 - 145。

　　②　《整理丰富路废路》，1933—1935 年，南京市档案馆藏，档号 1001 - 3 - 146；《大丰富巷整理案》，1934 年，南京市档案馆藏，档号 1001 - 1 - 1229。

均、新屋房门所开朝向以及摊派费用难以承受等问题，互不相让，始终未能就重划事宜达成一致。① 在官方方案无法实施的情形下，南京市政府于1934 年 3 月通知各业主于 15 日内自行协议完成畸零土地的重划工作。然而此前矛盾突出的颜氏、俞氏、王氏等人在自行协议时，仍各执一词，不肯妥协。在自行协议仍无结果的情况下，南京市政府不得不宣布强制征收该处所有的畸零土地②，并在重划后再予分配。而此事一直持续到 1935 年才始告完成。

除了新街口广场银行区的畸零土地和门帘桥废路，笔者根据查阅的档案，将当时南京若干畸零土地的重划情况反映在表 4.11 内。我们从中不难看出南京畸零土地重划过程的艰难曲折。

表 4.11　20 世纪 30 年代南京若干畸零土地的重划情况

地点	土地重划情况
铜银巷废路	因汉中路开辟后失去了交通作用，工务局于 1935 年初拟订了铜银巷废路的土地重划方案。但因附近业主多为自身利益考虑，多次协议未果。后通过与业主协商，工务局调整了土地重划方案，迁延逾半年始获解决
双石鼓废路	刘镜铭请领汉中路和双石鼓废路，财政局调查后发现该废路如果由其单独承领建筑房屋，有碍街北各户的出入。如果能实施土地重划，由街北各户分段承领，可以免除纠纷。1933 年初，工务局拟订土地重划方案。但附近业主纠纷不断，使该方案陷入僵局。到 1935 年春夏，南京市政府又决定重拟计划
南宫坊废路	位于中华门内，因附近业主有纷争，土地重划工作从 1932 年一直持续到 1935 年左右，土地重划方案也一再更迭
中央路旁残地	位于中央路靠近鼓楼一带，张宗耀等人因利益受损，反对重划方案，致使该方案拖延数年

① 《整理门帘桥废路》，1931—1935 年，南京市档案馆藏，档号 1001 - 10 - 30。
② 《征收门帘桥残地俾资整理案》，载《南京市政府公报》第 141 期，1934 年 5月 31 日，第 44 页。

（续表）

地点	土地重划情况
建康路后官廊残地	位于建康路、朱雀路西北转角，工务局于 1935 年 12 月、1937 年 5 月曾先后拟订土地重划方案，因残地地处城南繁华商业区，各方利益争夺十分激烈，迁延数年未获完满解决

资料来源：《签请整理各路残地》，1931 年，南京市档案馆藏，档号 1001 – 10 – 5；《整理铜银巷废路》，1934—1935 年，南京市档案馆藏，档号 1001 – 3 – 147；《整理双石鼓废路》，1933—1935 年，南京市档案馆藏，档号 1001 – 3 – 148；《整理建康路、朱雀路西北转角残地》，1937 年，南京市档案馆藏，档号 1001 – 1 – 1115。

五、控制填塞水塘，土地业主建屋无门

1. 南京水塘的功用以及国府定都后水塘数量的大幅减少

若从景观变迁的角度而言，城市空间生成的过程，实际上就是原先农田、水塘变成街道、房屋的过程。在这个过程中，因为各种建设的需要，大量的水塘被填塞，昔日的乡野风光逐渐被大道通衢、高楼大厦取代。

长久以来，由于地形地貌的差异，南京虽然没有苏州、上海那样高密度的水网，但其城墙内外仍有大量的水塘。如甘熙在《白下琐言》中记载过一些比较著名的水塘，如城南的王府塘、八府塘，"两处屡有溺人之患"[1]；而城北的西家大塘，"蓄水冬夏不涸。环塘有田近百亩，旱涝无虞。蔡友石先生购为产，名之曰晚香山庄。地极僻静，人迹罕至，可为避嚣佳境"[2]。

国民政府定都伊始，南京城墙以内仍有大量的池塘。根据卫生局于 1929 年初对全市水源所做的一项粗略调查，南京呈死水状态的池塘共有 694 个，其中北区以 389 个高居首位，真实地反映出了土地开发的现状。[3] 而随后土地局对全市水塘的详细登记显示，各处大小水塘数量达到 1919 个。[4]

---

① 〔清〕甘熙撰，邓振明点校：《白下琐言》，南京出版社 2007 年版，第 56 页。
② 〔清〕甘熙撰，邓振明点校：《白下琐言》，南京出版社 2007 年版，第 86 页。
③ 《南京市各区水井及池塘数》，见《民国二十二年申报年鉴》，1933 年，U7。
④ 《本市水塘统计》，载《首都市政公报》第 61 期，1930 年 6 月 15 日，纪事，第 3 页。

当时绝大多数的水塘环境恶劣，"藏垢纳污，而为蚊类之发祥地者，实居多数"①，不适宜作为市民的饮用水源，但在自来水、下水道等基础设施不够完善的前提下，南京的水塘仍旧具备以下一些功用。

第一，蓄水与防水。如根据记载，太平路之东原有大水塘数处，附近细柳巷、常府街、太平巷、马府街等处之水量，均依靠这些水塘以资容纳。而水塘出水之道，又借助八府塘南京中学之暗沟以及门帘桥之明沟，经昇平桥河沟流入秦淮河。②

第二，供给消防水源。在当时南京自来水以及消防设施尚不十分健全的情形下，水塘因为能够就近提供一定量的水源，所以在城市消防方面起到了不可或缺的作用。

第三，淘米洗菜。南京人惯用池塘水淘米洗菜，即便在污染的情形下，"南京人淘米，洗菜，是与刷马桶，洗衣裳都在一个死池塘里，你说你嫌不卫生，不吃罢，人家南京人多年了就是那样过活的"③。

随着南京城市人口的增加，因为各类建设及环境整治的需要，许多水塘被人为填塞，水塘的数量大幅减少。笔者根据文献的记载，将当时填塞水塘的具体原因分为以下几类。

第一，开辟道路，特别是一些位于城北的道路。筑路机关在填塞大量水塘建筑路基后，很快就发现各路都有不同程度的路基沉降问题，因此不得不采取养护措施，以巩固路基。

中山大道作为南京城市中轴线，贯穿南北。筑路机关在开辟过程中亦于沿线填塞了不少水塘。在1928年进行全路工程测量时，工务局对其沿线景观有如下记载："中山路第一段（自江边至挹江门）……该段通过下关南部，地多草屋、池塘。""中山路第三段……本段所经房屋既多，塘田亦

① 《首都全市水源之调查》，载《中央日报》1929年4月28日。
② 《建筑太平路涵洞案》，载《南京市政府公报》第97期，1931年12月15日，第32页。
③ 荆有麟：《南京的颜面》，见丁帆选编《江城子——名人笔下的老南京》，北京出版社1999年版，第206～207页。

复不少。"①

市长刘纪文在 1929 年 4 月 2 日的中山路开路典礼上曾特别提到，"路线经过的地方，有许多田于水洼低塘，填造起来，将来年久日深，不免有所变动，低陷下去，但是只要保养得好，是不妨碍的"②。

同样，1930 年开辟交通路时，虽经工务局反复选择路线，但仍需要经过护城河和许多水塘，故而在筑路过程中，填塞了许多水塘，以建筑路基。因路基缓慢下沉影响交通安全，工务局于 1932 年 9 月 27 日以道路两旁的低洼地点亟须填筑以巩固路基、不至下沉过多为由，招工承办这一工程。③

中央路临时路面于 1934 年 3 月建筑完成。工务局认为该路路基多系填筑水塘和低洼之处而成，如果立刻进行正式路面和浇铺柏油工程，恐怕会造成路基沉降的后果。为了慎重起见，应暂缓这两项工程，等过一段时间测验路基坚实后，再行建筑，以免将来发生塌陷事故。④

第二，填塘建屋。如在建设新住宅区第一区时，工务局招工自 1933 年 9 月 21 日起，历时 3 个月，一共填塞大小水塘 68 个，工程量达到土方 82988.42 立方米。⑤

除了占地面积巨大的新住宅区，分散在城内各处的一些新建住宅，很多也是在填塞水塘的基础上建造而成的。《中央日报》就曾报道，"在十数年前，尚能看得到荒的地和池塘，现在很多已变成了崇楼大厦，如慧园里、金汤里、良友里、文华里、宁□里、兴业里、忠林坊、紫金坊、忠义坊、五台山村、梅园新村、桃源新村、陶谷新村等。除这些较大的住宅建

---

①　张连科：《首都中山路全线测量工程经过实况》，载《道路月刊》第 26 卷第 1 号，1929 年 1 月，调查，第 1～2 页。

②　《刘市长在中山路开路典礼中之演词》，载《首都市政公报》第 34 期，1929 年 4 月 30 日，特载，第 3 页。

③　《填筑热河路》，载《中央日报》1932 年 9 月 28 日。

④　《中央路正式路面暂缓施工》，载《中央日报》1934 年 6 月 7 日。

⑤　《新住宅区第一区第一段至第五段填土工程》，1933—1934 年，南京市档案馆藏，档号 1001-1-1063。

筑之外，尚有其他小规模的营造，实不胜枚举"①。

此外，南京的水塘大多为死水池塘，缺乏出水渠道。随着时间的推移，水体环境日趋恶化，不仅徒占地基，而且污浊不堪，对市容清洁和公共卫生有着很大的妨碍。有鉴于此，市长刘纪文于1929年秋发布命令，查明废弃水塘所处地段，一律予以填埋。② 这种处理已被污染的池塘的做法在当时应该是比较普遍的，如一位署名为雨段的读者就曾向《中央日报》建议："国府后街黄家塘地方，有一个死水池，附近居民多将垃圾倒在池内，池水竟成黑绿色，肮脏不堪，臭气难闻，过路的人无不掩鼻而走。我想在交通要道的地方，不应有死水池的存在，市民更不应将垃圾倒在池内，在这天热的时候，这地方就是蚊蝇的制造厂、疾病的媒介处，希望卫生局速将泥土填塞。"③

2. 南京城市防空背景下的控制水塘填塞政策

水塘数量的大幅减少或许在平时还算不上一件特别紧要的事，然而当城市防空日益重要时，因水塘是消防水源的重要来源，中央机关和南京市政府便开始有意识地控制业主填塞水塘的行为。

九一八事变爆发后，日本帝国主义侵华的野心已昭然若揭，到次年"一·二八"事变爆发时，国家已处在十分危急的战争边缘，日本军队随时可能对南京进行空袭。

根据学者所述，"池塘在近世空战剧烈之下，颇有防御空袭之作用；而各国都市中，凡有池塘者，多皆加以保护，其缺乏者，甚至有将平地掘挖成塘，以作防空之需者"④。在这样一种认知下，根据南京市人民自卫指导委员会第五次会议的决议，工务局于1932年2月13日向全市发出布告，

---

① 《南京市的住宅》，载《中央日报》1934年10月27日。
② 《填平废弃池塘》，载《首都市政公报》第46期，1929年10月31日，纪事，第18页。
③ 《死水池内不应倾倒垃圾》，载《中央日报》1931年6月16日。
④ 董修甲：《今后南京市的几个建设政策（上篇）》，载《市政评论》第5卷第7期，1937年7月16日，第5页。

在当前时局严重之时，防空消防一事最为紧要，本市所有的水塘，无论面积大小，皆严厉禁止填塞，"以资需要，而防危险"①。

在此后的几年时间里，随着局势的日益恶化，防空需求成为南京城市建设必须考虑的因素之一。在自来水及消防设施等未尽完善的情况下，官方做出了控制水塘填塞的政策。

随着南京土地开发的进行，1936 年 7 月 4 日下午三点，南京市政府在工务局会议室内，召开了一次关于南京市区填塞水塘的会议。会议出席者分别来自军事委员会办公厅、军事委员会防空处、军事委员会消防队、南京警备司令部、首都警察厅、南京市政府、卫生事务所以及工务局等机关单位。工务局局长宋希尚担任该次会议主席。在会议上，宋氏在报告中陈述道：

> 市内水塘与防空消防关系重大，前曾奉令保留，其与卫生及市容有碍者，又奉令填塞，以致功令两歧，处理无所适从。按本市自建都以来，人口激增，地价步涨，执有水塘之业户，分请填塘建筑，亦系自然之趋势。苟于消防、宣泄两无妨碍而必欲严格取缔，弥感困难，悬而不决，亦所未便。且查水塘在较繁盛之区者，大都污浊不堪，臭气四溢，防空消防固属重要，卫生、观瞻亦须兼顾。为今之计，拟就塘之面积与水之深浅，酌定范围，为填塞及保留之标准，庶于功令事实，两有依据。本局曾将此意提交第三九五次市政会议讨论，当经决议，凡面积不满一亩、深度不及一公尺及干路两旁一百公尺以内之水塘，一律填塞。惟每填水塘一亩，应开凿深一百五十市尺之水井一口，以资补救，此项办法应与各军警、有关机关会商后决定，故今日邀请各位出席，共同讨论，明知军事眼光与市政建设立场不同，但为事实及环境计，应决定标准，以利进行。

---

① 《禁止填塞水塘案》，载《南京市政府公报》第 101 期，1932 年 2 月 15 日，第 56 页。

经过与会者的讨论，议决事项如下：

一、凡市内池塘，应以一律保留为原则，但如有下列情形，得酌予填塞之：

甲、凡池塘在公布路线规定宽度以内者；

乙、凡池塘在干路两旁与市容、卫生有关者；

丙、凡塘水污秽，面积不及一亩，水深在最低水位时期平均不足一公尺者；

丁、公共建筑及学校有扩充必要时，经工务局认可者。

二、池塘填塞后，应由所有权人于适当地点开凿水井。井之深度应视地质情形及水量之多寡而定，惟最浅限度应在五公尺以上。

三、凡遇市民请求填塘，其情形如超过第一项规定时，工务局应随时商同南京警备司令部办理。

四、上列处理水塘办法，系临时性质，以后应充实消防及给水设备，俟得到相当解决时，应随时呈请上级机关变通处理之。①

3. 一个案例：石婆婆庵水塘的填塞纠纷

在官方提出控制填塞南京水塘的情况下，一些业主便不能随意进行填塘筑屋活动，这也是影响和限制南京土地开发与利用的又一个原因。笔者以下提供一个案例。

汪梓久、汪季维二人从 1935 年 8 月 22 日开始，屡次向工务局请求填塞他们新近购得的位于石婆婆庵的一处水塘，但都未能获得该局的批准。二人于 1936 年 8 月 10 日又详细陈述应准填塞水塘的理由，并于 8 月 28 日得到该局的如下批示：

兹查杨将军巷已排有阴沟，石婆婆庵路旁亦有明沟，可以泄水。该处水塘一口，尚可填塞，惟查本年七月间市区填塘会议议决，凡池

---

① 《京市区填塘案》，1936 年，南京市档案馆藏，档号 1001 - 1 - 1393。

　　塘填塞后，应由所有权人于适当地点开凿水井，以利消防在案。合行
　批示，仰即遵照开凿深五公尺以上水井一口，并将填塘取土地点及运
　土经过路线绘图呈送来局，再行核夺。

　　得此批示后，汪梓久等人深感柳暗花明，立即命令填塘承包商绘制取土
地点及运土经过路线草图，并于 10 月 9 日送交工务局。二人本以为既已获得
该局明令批准且遵令送图，工程便可以顺利开工，于是与承包商正式签定协
议并给付一半运土工费。不料，工务局于 11 月 26 日又做出如下批示：

　　查本市池塘、水井已奉令一律保存，禁止填塞。该处池塘应从缓
　填，所请发给执照一层，着无庸议，仰即知照。

　　接到这一批示后，已经进行的填塘工程不得不暂时停工。过了近 5 个
月，鉴于在时间、经济、物质、精神等方面都遭受损失，汪梓久等人遂于
1937 年 4 月向南京市政府呈请准予填塞水塘，并用了很大篇幅，陈述了十
条理由。其理由主要有政府出尔反尔、朝令夕改，水塘污浊不堪故应予填
塞，前期已有投入、利益受损，旁有其他池塘，消防之虞，等等。
　　接到二人的呈请后，南京市政府于 4 月 21 日命令工务局前往查勘。工
务局现场查勘后，于 5 月中旬征询南京警备司令部的意见。该部派员查勘
后，认为该水塘与附近建筑的消防有重大关系，故应暂时保留，"该水塘位
于石婆婆庵路中段之北，东系棚户，西靠民房，北系交通部江苏电政管理
局。昔时全塘面积甚广，近为附近居民倾倒垃圾，致面积无形减小，尚余五
百五十平方公尺，水深约二公尺五。蓄水污浊，但查该塘附近尚无自来水龙
头之埋设，江苏电政管理局建筑较大，亦无自来水之装置，仅有自流井一
具，必要时其出水量实不足以资供给，该水塘在消防上似有保存之价值"①。

―――――――――――――

　　① 《汪梓久等请填塞石婆婆庵水塘》，1937 年，南京市档案馆藏，档号 1001 -
1 - 1094。

在这个案例中，汪梓久等人宁可花费"十余年累积之血汗"购买石婆婆庵水塘的初衷，即在于填塞水塘获得土地后，"自建三五间平房，谋居住之自由"。而在当时南京基础设施较为落后的情况下，官方认为填塞水塘关系消防之水量的供给且对战时之空防影响至巨，并以此为由拒绝填塞水塘，忽视了二人呈请的诉求。考虑到当时南京自来水管道及消防设施装设程度有限，我们不难想象现实中像这样被禁止填塞的水塘应该不在少数，而这实际上也成为影响和限制南京土地开发与利用的原因之一。

第四节　各类建筑的分布与演变
——南京城市功能区概貌

一、以城中、城北为分布重心的政府机关

南京作为国家首都，最为突出的特征之一便是拥有为数众多的政府机关。在国民政府定都以后，一批中央机关在此成立，再加上南京地方政府，以至"南京的政治机关也独多"，因此行政用地占据相当比重。在北伐战争胜利以前，这些政府机关大都是因陋就简，或沿用以前的旧衙门，或借用他人的旧式房屋，往往"粉饰一个表面，挂上一块牌子"[1]，再略加改造、添建而已。例如，城北丁家桥的中央党部沿用江苏省咨议局旧址，国民政府则沿用清代的两江总督署旧址，内政部的办公地点在瞻园原江宁布政使司的衙署内，南京特别市市政府沿用夫子庙的江南贡院旧址，总司令部则沿用位于三元巷的河海工科大学旧址等。

北伐战争胜利后，国民政府宣布国家进入训政阶段，并随即确立了五院制，许多新的政府机关由此诞生。一些机关仍然沿用旧有房屋作为办公场所，还有一些机关在相继觅得适宜地点后，陆续开始建筑新的官署。1930年初，国民政府虽然明确将城东明故宫一带划为中央政治区，并且在

---

[1]　倪锡英：《南京》，中华书局1936年版，第144页。

次年春又做出了各机关单位不得在中央指定行政区域外建筑新官署的规定。① 但从当时的实际情况来看，受到资金缺乏等因素的影响，中央政治区的建设长时间未能启动，加之许多机关又亟须建筑新的办公用房②，致使这一规定并未得到严格执行。因此直到 20 世纪 30 年代中期，"在南京城里，到处可以看到蓝地白字的木牌子，写着某某院、某某部。因为政府的房舍，还没有整个集体化的建筑起来，所以政府所属的各机关，现在是散布在全城各处"③。

政府机关虽然散布南京各处，但若从宏观上观察，亦有比较明显的分布特征。

第一，一些政府机关沿用旧有房屋，散布于城南，如立法院、监察院、内政部、审计部、南京市政府及市党部等。

第二，较多的政府机关分布在中山大道（中山北路—中山路—中山东路）沿线，由中山北路起，沿途依次有海军部、铁道部、交通部、军政部、最高法院、外交部、司法院、财政部、卫生署等。关于众多机关分布于中山大道沿线的情形，有如下文字记载：

　　进了挹江门，便可以看见海军部的大门，位在路北，一座半中国半西洋式的大门楼下，站着几个托着短铳枪的水兵，那里面的房屋是极简陋而矮小的，完全象征着中国海军的幼稚的样子。经过海军部，中山路便略向东南曲折过去，那一带槐树成荫，一片翠绿，巍然的有两座宫殿式的大屋，南北对峙着；路北的那所是铁道部，路南的一所是交通部、邮政总局，都是国民政府建都南京以后新建的。外观和北平的皇宫大殿差不多，而内部的陈设，完全采取欧式。这种建筑是首

① 《令知各机关不得在中央指定区域外建筑新署案》，载《首都市政公报》第 81 期，1931 年 4 月 15 日，公牍，第 37~38 页。
② 董修甲：《今后南京市的几个建设政策（上篇）》，载《市政评论》第 5 卷第 7 期，1937 年 7 月 16 日，第 4 页。
③ 倪锡英：《南京》，中华书局 1936 年版，第 144 页。

都顶流行的式样，各机关都照着这种式样建造新屋，真大有把北平的皇城，全部向南迁徙之概。

……再过去便是三牌楼，路旁转角处建着军政部的公署，地址很广，房屋也是新建的，只是不十分雄伟，在军政部的对面有中央炮兵学校和中央步兵学校，还有宪兵司令部的司令本部以及许多营房。……

经过大行宫向东，有一座新建的逸仙桥……从逸仙桥到中山门这一条直线道的两旁，在从前是大明洪武年间皇帝禁城的遗址，现在称作明故宫。……沿路北一带，便是一列伟大的新建筑，那崇高的立体式的大楼，便是中央医院，宫殿式的三幢巨厦是励志社；在中央医院和励志社的中间，有一条取垂直形和中山路衔接的大道，便是黄埔路，从黄埔路很深邃的一直通到中央军官学校。①

第三，还有一些机关分布在国民政府附近，尤以国府路和成贤街最为集中，如行政院、教育部、实业部等。至 1936 年，国民大会堂、美术陈列馆等亦设置在此区域。

综上所述，若将全市划为北中南三区，1927—1937 年，北区为政府机关所在，中区则兼有政府附属机关②，南区则仅有少量的机关官署；而"所有的机关，大多数在城北"③。

二、邻近机关单位的新式住宅

无论何种性质的城市，其住宅用地的规模无疑都是比较可观的。1927—1937 年，南京虽然饱受"房荒"的痛苦，但建成的一批批新式住宅日益成为城市新的风景线。聂绀弩曾就当时南京住宅的建造情况写道："旧的南京，本来很少或者说简直没有适当的住宅，连那旧式的不适当的住宅，因为人口增加，房租也被抬（原作拾，疑误）高到教人难以相信的

---

① 倪锡英：《南京》，中华书局 1936 年版，第 41～46 页。
② 《京市房地产概况》，载《中央日报》1935 年 2 月 7 日。
③ 《南京市的住宅（续昨）》，载《中央日报》1934 年 10 月 28 日。

程度。于是和机关造衙门一起，公务员们只要怎样能弄几个钱就把钱拿来盖房子。由于那些公务员们的努力，南京就有了许许多多的什么里什么坊什么村和许多单家独院的崭新的洋房子。"① 陈蕴茜则在相关研究中指出，1927—1937 年南京住宅的不同规格决定了居民构成和社会分层的不同，南京城市住宅的空间布局也随之由传统的以自然化分区为主向以社会分层化为主转变。② 笔者以新住宅区为例，根据时人的调查走访，阐述新式住宅的选址依据和分布地点。

所谓新式住宅，指 1927 年国民政府定都以后，出于自己居住和租售获利的需要，由个人、各类房地产投资者兴建的独栋式别墅、联排式住宅和普通公寓等。除了个人建造居住的住宅，用于租售的规模较大、幢数较多的新式住宅多半是由房地产公司、各家银行投资经营的，其租住者以高级公务员居多；而那些规模较小、幢数较少的新式住宅大多是由营造厂、木行以及其他资本家投资经营的，其租住者以中下级公务员居多。③ 为了方便公务员的日常起居和工作，各类房地产投资经营者一般会选择在靠近政府机关的地点兴建新式住宅。

具体而言，城南一带由于空地较少，加之机关数量不多，所以新式住宅甚少。除上海银行投资经营的慧园里外，夫子庙以南地区仅有乌衣巷的泰安里与大石坝街的泰康里等新式住宅。其中，泰安里共有十余幢建筑，其租户大多数为夫子庙附近各机关单位的公务员，泰康里则有八座独立式三层住宅，每座有大小十间房屋。④

---

① 聂绀弩：《失掉南京得到无穷》，见蔡玉洗主编《南京情调》，江苏文艺出版社 2000 年版，第 385 页。

② 陈蕴茜：《国家权力、城市住宅与社会分层——以民国南京住宅建设为中心》，载《江苏社会科学》2011 年第 6 期。

③ 陈岳麟：《南京市之住宅问题》，见萧铮主编《民国二十年代中国大陆土地问题资料》第 91 册，成文出版社有限公司、（美国）中文资料中心 1977 年版，第 47859～47861 页。

④ 陈岳麟：《南京市实习调查日记》，见萧铮主编《民国二十年代中国大陆土地问题资料》第 102 册，成文出版社有限公司、（美国）中文资料中心 1977 年版，第 53857～53858 页。

国民政府附近由于机关较多，新式住宅的数量亦较多，以竺桥、大悲巷、汉府街、石板桥、成贤街等处较为集中，如竺桥新村、桃源新村、梅园新村（金陵房产合作社投资经营）、钟岚里（中南银行投资经营）、板桥新村（新华银行投资经营）、宁兴里（南昌木行投资经营）、成贤村、成贤里、长康里等。除此以外，也有不少新式住宅分布在文昌巷、三条巷、四条巷、公园路等处，如文华里（国华银行投资经营）、文寿里、复兴里（中国栋投资经营）、南园（温菊朋投资经营）、体育里等。① 从地理位置来看，这些住宅已经比较接近立法院、监察院和审计部等机关。

新街口一带因为中山路、中山东路、汉中路、中正路等在此交会，交通颇为便利，加之附近机关单位不少，所以其周围新式住宅的数量也增长较快。除了广场四周糖坊桥、青石街、上乘庵、邓府巷、正洪街等处的同贤里、泰平里、镛乐坊（中南五金店投资经营）、忠林坊（泰山砖瓦公司投资经营）、正洪里（上海银行投资经营）、忠厚里等，汉中路附近的慈悲社、五台山一带亦有不少独栋式别墅与联排式建筑，较为著名的是邮政储金局投资经营的五台山村，是当时南京的高档住宅之一。②

在国民政府定都前，城北因为地旷人稀，所以住宅颇为稀少。而随着许多机关建筑新署，公务人员大量增加，所以住宅变得十分需要。"服职于各机关的公务员，多半是客籍人，所以每一个机关的附近，所有住房都是住满的。"③ 除了中山北路沿线占地巨大的新住宅区，20 世纪 30 年代的高楼门、傅厚岗一带，北极阁、钦天山附近，以及考试院附近的蓝家庄等处，"现亦住宅林立，非复十年前之荒烟蔓草"。其中较为著名的住宅有傅厚岗的裕明里，裴家桥的仁爱里（陈耀垣投资经营），湖南路的立诚里、

---

① 陈岳麟：《南京市实习调查日记》，见萧铮主编《民国二十年代中国大陆土地问题资料》第 102 册，成文出版社有限公司、（美国）中文资料中心 1977 年版，第 53881～53883 页。

② 陈岳麟：《南京市实习调查日记》，见萧铮主编《民国二十年代中国大陆土地问题资料》第 102 册，成文出版社有限公司、（美国）中文资料中心 1977 年版，第 53877～53880 页。

③ 《南京市的住宅（续昨）》，载《中央日报》1934 年 10 月 28 日。

志诚里、承厚里（庄仲文投资经营），百子亭的竹荫新村（新华银行投资经营）、玄武里（王宗旦投资经营），玄武湖的和平新村（兴业公司投资经营），三牌楼的祥云里（上海商业储蓄银行投资经营），四川路的明德里（上海商业储蓄银行投资经营），东门街的吉如里，等等。①

三、城南传统城市中心的延续及 1930 年后新街口附近商业、娱乐业、金融业的逐渐兴起

前文已述，在国民政府定都前，城南一直都是南京人口、建筑最为稠密的地区，亦是繁华的城市商业区。在国民政府定都后，南京城南的商业仍然繁华，在经历了主要道路的次第开辟完成以及两侧房屋的重建后，城南的商业街景更甚于前，尤以太平路和中华路为最。时人曾记载：

> 在南京许多新辟的道路中，以繁华见称的，要算太平路和中华路了。太平路北自中山路大行宫起，南至近夫子庙的建康路，是就从前花牌楼、太平街、门帘桥的原路开辟而成的；中华路北自白下路内桥起，南面直通中华门，是就原来的南门大街开辟而成的；这两条可说是新南京的姊妹路，两旁都是新建的大厦，非常壮观，太平路比中华路筑得早，因此也格外热闹，每当华灯初上的时候，全路上炫耀着Neon Light，一片彩烂的灯影下，逐着行人和车辆，造成了一个热闹繁华的夜市面。②

不光是商业，以夫子庙为中心，城南的娱乐业在 1927 年后也保持着发展。在南京市政府对夫子庙旧有环境进行了诸多治理和改造后，以茶楼、酒馆、戏园、书场等为代表的南京传统娱乐业依旧门庭若市，"首都人士，

---

① 陈岳麟：《南京市实习调查日记》，见萧铮主编《民国二十年代中国大陆土地问题资料》第 102 册，成文出版社有限公司、（美国）中文资料中心 1977 年版，第53872 ~ 53875 页。
② 倪锡英：《南京》，中华书局 1936 年版，第 49 页。

人人知之，人人趋之"。贡院门前的空场则成为游戏杂技汇集之地，"有变戏法者；有拉西洋景者；有舞刀弄棍卖艺者；有杂集穿山甲、豪猪、大蛇之类，炫以为奇观者；并有支木为小台，粉墨登场唱汉调者"①。

在西风东渐的背景下，南京的新式娱乐业亦开始出现，最初多分布在以夫子庙为中心的城南。以电影院为例，国民政府定都前后，电影院在南京兴起，多集中在城南，如姚家巷的中央电影院、贡院街的一洞天电影院、门帘桥的五州电影院、马府街的大同电影院等。总体而言，这些电影院基本是由旧屋改造而成的，座位数量有限，设备简陋，并非专门为看电影而建，因此都谈不上正规，营业状况可想而知。② 北伐结束后，南京电影院的数量明显增加，设备也明显好转，但地点分布变动不大，仍以城南居多，如南京大戏院、国民大戏院、明星大戏院、首都大戏院分别位于姚家巷、杨公井、四象桥、贡院街，只有新光影戏院和世界大戏院不在城南范围内。③

根据记载，与南京商业、娱乐业等有着紧密关联的金融业，无论是传统的钱庄还是现代的银行，在国民政府定都前后，都较为集中地分布在城南。④ 此后在钱庄业屡遭打击、日形凋敝之际，南京的银行业却取得了长足发展。笔者根据历年《全国银行年鉴》统计得出：1928—1937 年设置在城南的银行先后有 23 家，集中分布在白下路（8 家）、中华路（5 家）、建康路（5 家）、太平路（3 家）、昇州路（2 家）。

在南京城南商业、娱乐业、金融业保持发展的同时，进入 20 世纪 30 年代后，由于道路开辟完成后带来了交通上的便利，新街口的区位优势得以确立。这使其迅速崛起成为南京又一个商业、娱乐业和金融业集聚地。

---

① 马元烈：《首都名胜》，见丁帆选编《江城子——名人笔下的老南京》，北京出版社 1999 年版，第 193～194 页。

② 振纲：《近十年来南京电影院的起落（上）》，载《贡献》第 21 期，《中央日报》1936 年 6 月 5 日。

③ 振纲：《近十年来南京电影院的起落（中）》，载《贡献》第 22 期，《中央日报》1936 年 6 月 6 日。

④ 叶楚伧、柳诒徵主编，王焕镳编纂：《首都志》卷十二《食货下》，正中书局 1935 年版，第 1073～1078 页。

时人评价，"从前常听说南京三处大热闹，花牌楼、下关、夫子庙，可是现在新街口，却后来居上，反倒特别繁华了"①。

新街口"在往年不过是一条很狭窄的十字街，两边的房屋很稠密，而大半是简陋污秽不堪"②，在中山路、中山东路、中正路、汉中路先后开辟后，却成为南京城市的辐射状中点。在这种情形下，中山路两旁都是新建的商店、餐馆以及公司房屋等，市面也渐渐热闹起来，一直延伸到大行宫一带，更显繁华。

根据记载，新街口数量最多的是经营各式菜品的饭店，顺着中山路由北数起，比较著名的有美美俄式菜厅、福昌饭店、岭南粤菜馆、国际饭店、新都餐厅、瘦西湖、明湖春、德国牛肉庄、新都会、罗美等。这些饭店有的兼营中西餐，有的主打京苏大菜，更有外国风味的咖啡、西餐、香槟酒等，都是贵客们行乐的地方。与此同时，新街口周边还集中了不少报馆，如中央日报社、扶轮日报社、新民报社、朝报社等。每天早晨，许多人围在各家的贴报牌下看报。时人认为这种精神食粮"比起贵人们的大菜来，还重要得多哩"③。

随着新街口广场银行区的划定，许多银行亦顺势到新街口附近设行经营。尽管银行区的建设屡经波折，但根据笔者的统计，1930—1937 年仍有16 家银行在新街口附近营业，与同期城南的银行数量几乎相等。1936 年时，《中央日报》的记者在目睹新街口广场四周遍布的银行行屋后写道：

这些大楼，都是银行，中国国货银行为最高峻，交通银行最伟大，大陆银行最美丽，盐业银行最玲珑，江苏省农民银行，虽然不大，却是很朴质。此外，还有聚兴诚，和中国通商两银行，虽不及前者，但在建筑上，倒也各有特色，这里是银行区，有人说是"南京华尔街"。④

---

① 《新街口素描》，载《中央日报》1936 年 10 月 9 日。
② 倪锡英：《南京》，中华书局 1936 年版，第 43～44 页。
③ 《新街口素描》，载《中央日报》1936 年 10 月 9 日。
④ 《新街口素描》，载《中央日报》1936 年 10 月 9 日。

1935 年后，南京萧条的社会经济情况有所好转，此前已惨淡经营数年的南京电影业市场也开始复苏。此时，这些新设立的电影院如新都大戏院、大华大戏院、中央大舞台等，从中山路到中正路，都集中在新街口附近，而且其设备亦开始高档化。精装修、弹簧椅、冷暖气、调光器、大荧幕等，都较过去的影院提升了不止一个档次。① 营业的情形亦十分火爆，特别是每逢假期时，"两边都挂出客满的牌子"②。

四、南京工业布局的集中与分散

近代以来，南京的工业不甚发达，规模也无法与无锡、上海等地相提并论。根据 1933 年的统计，面粉厂共有三家，资本共有 1420000 元，内有二家"系在民国十六年以后创设者，打粉机共有一百余架，此外尚有清麦机等，为京市规模较大之工厂"，其中大同面粉公司和扬子面粉公司位于下关三汊河，太昌面粉厂位于通济门外。机米厂有 39 家，资本共有 1116002 元，多分布在中华门外、通济门外、汉西门外和下关地区（虹霁桥、凤仪里、米市街、河沿街、惠民桥）。饮食品制造厂有 4 家，资本共有 120000 元，除鼓楼机器冰厂位于城北傅厚岗外，济丰酒厂、华丰裕酒厂、九龙机器冰厂都位于通济门内外。③ 砖瓦厂集中在和平门、通济门和三牌楼。尤其是和平门附近的砖瓦厂发展较快，在和平门外沿玄武湖一带，有大小砖瓦厂八九家，烟囱高耸，反映了南京近年来建筑事业之进步。④ 加上江北的永利钸厂和龙潭的中国水泥厂，可见 20 世纪 30 年代南京规模较大的工业多分布在长江两岸、车站码头和城市边缘。

---

① 振纲：《近十年来南京电影院的起落（下）》，载《贡献》第 23 期，《中央日报》1936 年 6 月 7 日。

② 苏茹：《南京种种》，载《是非公论》第 1 期，1936 年，第 8 页。

③ 南京市政府秘书处编：《新南京》第十章《农工商业》，1933 年，第 5～11 页。

④ 陈岳麟：《南京市实习调查日记》，见萧铮主编《民国二十年代中国大陆土地问题资料》第 102 册，成文出版社有限公司、（美国）中文资料中心 1977 年版，第 53863 页。

相对而言，南京城内的工厂虽然为数不少，包括家庭手工业和新式机械工业在内，但规模都很有限。如印刷业，"大都系民国十六年以后所开设，民十六年以前开设者，仅有四家"①，分散在城内各处。此外，数量和资本都很有限的电镀电刻业、铁器制造业、纺织业、烛皂业、机械制造业等，亦散布在城内各里巷间。

通过对南京若干类建筑分布与演变的分析可以看出，城北在集聚了大量政府机关、新式住宅的情况下，有了比较明显的发展；位置适中、交通便利的新街口亦成为南京商业、娱乐业和金融业的新聚集地。历史积淀深厚的城南仍然保持着发展的惯性，但在南京城市的发展中已不再是一枝独秀。而南京城市工业的集中与分散也各有特点。这些都是 1927—1937 年南京城市空间结构变动方面比较显著的特点。

在本章中，笔者通过提取 1927—1935 年 450 张建筑执照的地点信息，初步复原了南京城市空间拓展范围：大致自白下路以北直至鼓楼一带，是该时段内南京新建房屋比较集中的区域；而鼓楼以北的中山北路和中央路沿线虽有不少房屋建筑，但总体上都较为稀疏；至于城东、新住宅区以西直至清凉山一带，新建房屋极少，基本处于荒芜状态。笔者在对当时南京的机关建筑、新式住宅以及商业、金融业、娱乐业等分布情形进行分析后，总结出：在城南开发潜力较为有限的情况下，时人在南京城中、城北修建了大量房屋，不仅拓展了城市空间范围，也在一定程度上改变了南京的城市空间结构。

通过大量的案例可以看出，1927—1937 年南京各类土地业主进行的土地开发与利用活动，始终受到官方的引导和控制，同时受限于一些主客观因素。

一方面，在 1927—1937 年南京城市空间形成过程中，为改善首都城市观瞻和保障市民生活质量，官方通过制订、实施一系列建筑办法与规则，希望从点、线、面等多个维度，引导、规范城市土地的开发与利用活动。

---

① 南京市政府秘书处编：《新南京》第十章《农工商业》，1933 年，第 3 页。

从实施效果来看，由于受到经济条件、改造难度等各种因素的限制，一些管控目标未能实现，加上原先存在的条件极差的旧有房屋，所以"整个南京就是一个绝大的矛盾。房舍，显著的只有两种：一种就是雄伟的官舍，一种就是低湫的原人生活一般的窟洞"①。

另一方面，官方高度重视南京土地的开发与利用进度。因为城北有大量的土地，南京市政府为此先后制定促进规则，期望在短期内实现城北土地的开发。不过，由于受到普遍存在的财力不足、房地产投资者操纵建屋数量，以及政局不稳、土地畸零、限制填塘政策等主客观因素的影响，南京土地的开发与利用进度受到了很大制约。而从正反两个角度理解1927—1937年南京土地开发的动力与制约因素，可以帮助我们更好地理解这十年间南京城市空间形成的复杂性。

---

① 马国亮：《南京六十小时》，见邢定康、钱长江编《金陵屐痕》，南京出版社2015年版，第131页。

结　语

一、1927—1937 年全国政治中心背景下的南京城市发展契机

　　根据中外城市发展的一般规律，工商业、教育、宗教、政治作为集聚人口的四种因素，为不同性质城市的发展与壮大提供了相应的契机与原动力。① 在近代中国，由于自身禀赋与外来机缘的差异，不同城市的发展契机也有着比较明显的区别。

　　具体而言，自第一次鸦片战争后中国的通商口岸对外开埠以来，以上海、天津、汉口、重庆等为代表的沿海、沿江口岸城市，在其现代化特别是城市化进程中，大致上都走出了一条由贸易为先导，现代工商业随之继起，从而引发大量人口聚集，使得城市用地规模不断扩展的道路。②

　　虽然南京在 1899 年正式对外开埠，并由此带来了一系列人口和产业的集聚，但因其贸易规模相对有限，工商业发展水平一般，对城市发展的促进作用只局限于下关一隅，所以缺乏引领整个城市发展的动力。1927 年国民政府定都后，南京重新获得了国家首都的地位，吸引了大量外来人口，使近代南京真正迎来了重大发展契机。关于这一点，时任司法院院长居正曾毫不讳言地指出：

---

　　① 贾宗复：《南京市政府实习总报告之第六编工务行政》，见南京图书馆编《二十世纪三十年代国情调查报告》第 237 册，凤凰出版社 2012 年版，第 37 页。

　　② 参见张仲礼主编《东南沿海城市与中国近代化》，上海人民出版社 1996 年版；张仲礼、熊月之、沈祖炜主编《长江沿江城市与中国近代化》，上海人民出版社 2002 年版。

讲到都市，往往会使我们想到中国的几个大都市之所以形成的原因，假使没有欧美的物质文明自西至东，决不能造成今日的上海、天津，同样的南京不成为政治中心区，亦决不会有今日人口的繁密。①

中央地政学校的学生阎海璘、李洵青在分析 1927 年后南京获得较快发展的原因时，也认为政治起"特殊之决定作用"：

南京因政治之关系而繁荣，政治对其生命及发展，实具有特殊之决定作用。②

仅就本书关注的城市物理空间而言，自南京成为全国的政治中心后，一方面，在各机关单位的高度重视及资助下，城市的基础设施建设进展较快，市容面貌亦得到一定程度的改善；另一方面，在党政军机关人员及其随同眷属、各界社会名流，以及许多"出卖劳力的中下层阶级"大量涌入的情况下，因为对各类房屋的需求增加，南京城市土地的开发与利用进入一个相对集中的阶段。

1927—1937 年，由政治原因而迎来发展契机的南京在土地利用方面亦有着比较鲜明的特点：作为全国的政治中心，因为大批政府机关的设立和大量公务人员的存在，南京土地利用之形式，亦以建造官邸或职员宿舍以及其他各种机关的公共建筑为最多③。与此同时，由于城市工商业长期不振，这一类用途的新建房屋数量始终比较有限。如益昌地产公司的职员在

---

① 居正：《都市环境的改进问题》，载《南京市政府公报》第 143 期，1934 年 7 月，第 111 页。

② 阎海璘、李洵青：《南京市政府实习总报告之第五编土地行政》，见南京图书馆编《二十世纪三十年代国情调查报告》第 236 册，凤凰出版社 2012 年版，第 385 页。

③ 阎海璘、李洵青：《南京市政府实习总报告之第五编土地行政》，见南京图书馆编《二十世纪三十年代国情调查报告》第 236 册，凤凰出版社 2012 年版，第 385～386 页。

谈及 1930—1933 年该公司为他人代理土地买卖时说，这四年来南京办理商铺土地的数量只有住宅的一半左右。而根据南京市工务局统计的 1932 年 12 月至 1933 年 6 月的新建房屋，商铺数量同样是住宅的一半。①

二、1927—1937 年南京城市空间的形成与城市空间结构、景观的改变

1927—1937 年，南京在外来人口大量涌入、土地产权普遍发生转移的大背景下，以城市路网改造为先导，在修缮、拆除或重建旧有房屋及对旧有城市空间进行改造的同时，通过各机关建造办公场所和公共建筑，以及个人、房地产投资者建造盈利性或非盈利性住宅、商铺等，拓展了新的城市空间。

具体而言，在此前城南、下关等地区土地开发已经较为成熟的情况下，土地业主沿着道路延伸的方向，在繁华程度有限、尚有较多空地的城中、城北建筑各类房屋，不仅改变了当地原先比较荒芜的景观，开辟出了新的城市空间，而且在一定程度上改变了南京的城市空间结构。这一改变，尤以城中、城北分布着大量政府机关和新式住宅，以及新街口成为南京商业、娱乐业和金融业新的聚集地为突出标志。

如果仿照西方学者对城市空间结构模式的划分，针对当时的南京而言，城市中心为最重要的商业区，稍远为批发业、少量轻工业及中低档住宅区，再远则为高等住宅区及文教公共建筑（城南缺），最后为城内外的空地及下关一带主要工商区，交通线及零散商业区则散布于城中。② 虽然相关研究者划分这一抽象模式时是以 1949 年为时间下限的，但在与笔者进行的实证研究比较后发现，实际情况与这一抽象模式反映的情况还是有着

---

① 阎海璘、李洵青：《南京市政府实习总报告之第五编土地行政》，见南京图书馆编《二十世纪三十年代国情调查报告》第 236 册，凤凰出版社 2012 年版，第 386～387 页。

② 赵松乔、白秀珍：《南京都市地理初步研究》，载《地理学报》1950 年第 2 期，第 51 页。

比较高的吻合度。

在"黄金十年"相对集中的土地开发利用过程中，南京的城市面貌与景观亦发生了剧变。聂绀弩在 1937 年回顾南京的发展成就时写道：

> 初到南京的时候，城内还没有一条宽阔平坦的马路，街面上尽是破旧低矮的瓦屋。从北门桥到唱经楼那一条又窄又短的小街，在那时候还是南北交通的要道，汽车、马车、人力车和步行的人们，每天都挤得水泄不通，每天都会有几件为了拥挤而发生的争吵，撞伤而至撞死人的事情。至于路边的建筑，更是什么都没有，古拙的鼓楼算是这城里惟一的壮观。一年两年，五年十年，南京完全改换了面目，有了全国最好的柏油路，有了富丽雄伟的会堂、官廨、学校、戏院、商号、饭店、菜馆、咖啡店乃至私人住宅，不说别的，只说那荒凉空寂的玄武湖，在最近一两年去的时候，都几乎认不出是什么地方了。①

不过也需要指出，尽管 1927—1937 年南京的城市空间得到了拓展，但面积相对有限，当时的南京城内仍随处可见田园、荒野等乡村景观。荆有麟在感叹南京城内的现代景观与乡村景观交错变换时写道：

> 一进城，你切不要吃惊，广阔的荒野，横在你眼前；极臭的大粪味儿，会从路旁的菜园里走向你的周围。你以为你是到了深山僻乡么？不，红红绿绿的洋房，也慢慢会跨过你的眼帘，跑向后边去，平坦的柏油马路，也会一段一段将你载至目的地。这样，你脑筋中，回忆着往古，吟味着现代，你慢慢地，慢慢地走进了旅社。②

---

① 聂绀弩：《失掉南京得到无穷》，见蔡玉洗主编《南京情调》，江苏文艺出版社 2000 年版，第 383 页。

② 荆有麟：《南京的颜面》，见丁帆选编《江城子——名人笔下的老南京》，北京出版社 1999 年版，第 206 页。

三、1927—1937 年南京城市空间形成过程中的制约因素

纵观 1927—1937 年南京城市空间的形成过程，在肯定成绩的同时，也需要注意到其中的各种制约因素。这些制约因素交错混杂，很难截然分开，笔者试将其总结如下。

1. 各类土地业主普遍存在财力不足的问题

南京作为全国的政治中心，市民生产能力不强，工商业长期不振，是一座比较典型的消费城市①；加之税租收取存在一些弊病，所以南京市政府的财政收入较上海、广州等地逊色不少。虽有中央政府予以一定资助，但南京市政府仍无法负担繁重的城市建设任务，财政上入不敷出的窘况常常发生。

在这种情形下，南京市政府下属的一些机关时常面临被撤销归并的命运，一些市政建设因此而搁置更是家常便饭，导致许多工程被迫陷入停滞状态。如开辟道路时，主要道路延迟数年开辟、视重要程度分段开辟、不一次性辟足规划宽度；建造市民亟须的平民住宅时，因为市政府缺乏足够的建设经费，所以其数量远远不能满足市民的需求等。又如前文介绍的下关第一工商业区建设规划的一拖再拖，类似的例子在当时数不胜数。

除了南京市政府，中央机关实际上也时常受到经费不足问题的困扰。特别是在 1931 年后，受到政局等因素影响，许多机关的经费都受到了削减，直接阻碍了不少机关建设新的办公场所。而位于明故宫旧址处的中央政治区的规划长期停留在纸面上的现状，实际上也是中央机关缺乏启动资金的真实反映。

除此以外，当时还有一些财力相对较弱的私人土地业主，由于受到 20 世纪 30 年代社会经济萧条等因素的影响，资本周转发生困难。这也直接影

---

① 《非常时期的国民经济建设运动》，载《南京市政府公报》第 170 期，1936 年 10 月，第 120 页。

响到了南京土地的开发与利用。

2. 南京城市长期存在的现实弊病

这里所谓的城市现实弊病，一指混乱不堪、异常复杂的南京土地产权归属问题；二指旧有城市空间凌乱破败的面貌和景观问题。这两个问题既是历史遗留问题，也是南京城市空间改造和拓展过程中必须解决的问题。

极其混乱的土地产权直接影响到了当时南京各类土地产权的转移，在一定程度上延缓了土地开发与利用的进程，还对本就缺乏经费的南京市土地行政部门进行产权清理、测量登记等造成了极大的妨碍。如果不完成这些基础性工作，便无法征收地价税或地价增值税，而这又对囤积土地的房地产投资者们长期闲置土地起到了纵容的作用。市政府对土地大量私有限制不力，既无法实现平均分配土地，更直接影响到了土地开发的进度，进而引发了房租过高和房荒等社会问题。以往学界可能更多地控诉房地产投资者们大量囤积土地，不事开发利用而专事土地投机的不良行径，但换个角度想想，投资者攫取高额利润本无可厚非，因现实弊病导致的政策缺失可能更值得引起我们的关注。

另一方面，尽管市政府采取了一系列较为严格的建筑规范与惩处措施，使得1927—1937年的南京新建房屋大多符合规范，在一定程度上为维护城市的观瞻提供了基本保障；然而，南京旧有城市空间在其漫长的形成过程中因为始终缺乏监管，违章建造、随意侵占的行为十分普遍，加之很多房屋长期未做修缮，显得极为破败，给人一种毫无规范、凌乱不堪的感觉，直接影响和破坏了南京城市的整体观瞻与面貌。

由于国民政府定都后南京人口激增，南京市内的住宅愈加紧张，在这样的背景下，即便对旧有城市空间进行改造，除了有碍市政建设非拆不可的房屋，一般情况下能够保留的都会予以保留。至于有人建议过的旧有房屋"全部拆除，重新建筑"，更是完全不可能做到。于是，在当时的南京市内，随处都能见到设施完善的新式建筑与条件极差的旧有住宅甚至是棚户区并存的现象。如英国《泰晤士报》特派记者彼得·弗莱明于1933年造访南京后，描述南京城内的景况：

结　语

　　南京很大。城里有充裕的活动空间，这在中国很少见。在一块荒地上，屹立着一幢崭新的政府办公大楼，比较宏伟壮观，但尚未完全竣工。前面是一条沥青铺成的林阴道。那幢大楼不是十分漂亮，但看起来很实用。大门口的警卫身穿漂亮的黄色制服，不顾头顶的烈日，他们全副行军装配，背着背包、毛毯、军用饭盒和水壶，因为这是整幢大楼的"脸面"。所有这一切都非常现代非常先进。

　　但是，在大楼后面有一片泥草芦席棚户区，节俭的炊火冒着细细的蓝烟，那里的居民的生活错综复杂且朝不保夕，就像他们衣服上的补丁。行政人员打字机的滴答声被光屁股孩子的叫喊声淹没了，那些孩子正把水牛赶到池塘里去嬉水打滚。首都的 9/10 是村庄群，剩下的才是醒目的门面。①

　　市长石瑛也在 1934 年底的一次演讲中指出："本市犹有一极大危机，即一方面有洋房汽车，如在天堂，一方面又有棚户贫窟，如在地狱。"② 至于繁华都市与旧有房屋在同一地段出现，更是普遍现象。如 1936 年，商业集中的新街口广场一带既有正洪里、忠林坊、泰平里等新式住宅，亦有不少畸零不整的旧有商铺和住房，中央商场后面甚至还有数十户棚户，直接影响了新街口的整体形象。③ 又如在秣陵路附近，新式洋房与泥屋茅舍参差其间，极大地影响了城市的整体面貌。④

---

　　① ［英］彼得·弗莱明著：《中华之都》，见卢海鸣、邓攀编《金陵物语》，南京出版社 2014 年版，第 389 页。
　　② 石瑛：《肃清烟毒及救济贫民》，载《南京市政府公报》第 148 期，1934 年 12 月，第 108 页。
　　③ 陈岳麟：《南京市实习调查日记》，见萧铮主编《民国二十年代中国大陆土地问题资料》第 102 册，成文出版社有限公司、（美国）中文资料中心 1977 年版，第 53878 页。
　　④ 陈岳麟：《南京市实习调查日记》，见萧铮主编《民国二十年代中国大陆土地问题资料》第 102 册，成文出版社有限公司、（美国）中文资料中心 1977 年版，第 53860 ~ 53861 页。

3. 不够稳定的时局

1927—1937 年，南京作为全国的政治中心，其发展进程深受政治局势的影响。特别是进入 20 世纪 30 年代后，不够稳定的时局始终是悬在南京上空的达摩克利斯之剑，稍有不慎就会给城市发展带来巨大阻碍。

除了直接给土地业主的资金周转带来困难、动摇南京房地产投资者建造房屋的决心，波谲云诡的时局带来的一系列政策调整也在一定程度上影响了南京城市土地开发与利用的进程。如在当时自来水设备装设尚不十分普遍的情况下，从保存防空消防水源的角度出发，官方开始有意识地制定相关政策和措施，控制南京土地业主填塞水塘以建筑房屋的行为，而这又直接影响和制约了南京城市空间的形成。

4. 各类群体的利益纷争

在 1927—1937 年南京城市空间的形成过程中，各类群体因为利益交织，不可避免地会产生矛盾和纷争。根据笔者的总结，这些纷争具体可以分为以下三种。

第一，中央机关与地方政府在权限上的博弈。如在土地产权归属方面，南京市政府与中央机关围绕着营地、官地等反复争夺。原本期望扩大"管理地方事务之范围"的南京市政府受到了来自中央机关的挑战，导致部分区域土地的开发与利用必须通过请示协商实现。

又如在机关行政权限方面，原先隶属于南京特别市市政府的公安局在建筑管控与取缔方面颇有作用，但在被内政部以首都治安事关重大为由、予以改隶并更名为首都警察厅后，南京特别市市政府便无法直接对其发布命令。虽然南京市政府还可以请求首都警察厅予以协助，但毕竟没有原来便利，在一定程度上影响了市内建筑的管控成效。

第二，各机关单位与南京市民之间的利益冲突。如旧有道路的清障问题，从拆除桥面和桥墩房屋、机关和居户门前照壁、商铺附搭建筑、街道转角处突出房屋等案例中，我们时常能看到自身利益受损的南京市民对官方拆除行为的反对。

又如土地征收问题，由此引起的官民纠纷和冲突此起彼伏，甚至常有

矛盾升级的趋势。特别是作为政治中心兴起的南京，行政用地比重颇大，征收而来的私有土地数量亦相当可观，而在补偿不力的情况下，普通市民遭受的伤害可想而知。

第三，南京市民之间的利益冲突和纷争。根据笔者目前掌握的资料，这类纷争常常发生在畸零土地重划时。

在具体执行土地重划时，每一位私人土地业主都希望获得位置、面积、形状俱佳的土地，以弥补此前的损失，从而更好地建造房屋。在这种心态的作用下，市民之间常产生纷争，有时还涉及多户。因此，土地重划计划亦会经过多轮协商和调整，等到各方利益都得到满足、土地重划最终完成时，往往已经拖延日久。

四、对当今城市改造或城市化的启示

第一，在城市改造或城市化的过程中，政府部门要注意照顾利益受损群体，要给予适当的补偿；同时避免强制行为和野蛮行径，不以牺牲群众的利益换取城市建设的成果，这是促进城市和谐发展的重要保障。

第二，政府部门要加强对房地产开发活动的监管，在坚持实施土地开发利用申报制度的同时，严格依法处置闲置房地产用地。一旦出现违规，要限期严肃处理，坚决杜绝囤积土地行为。

第三，政府部门之间要协调好彼此的关系，尽量减少职能重合和相互制约，努力在城市改造或城市化过程中形成合力，以更好地提升城市的发展潜力、改善人居环境。

第四，注意培育具有一定规模的城市产业，为城市改造或城市化提供根本动力，预防因动力不足而造成的城市畸形发展问题，这不仅仅是城市土地开发利用的问题，更是社会问题。

参考文献

一、档案与资料汇编

1. 南京市档案馆所藏 1927—1937 年南京市政府秘书处、财政局、工务局、社会局、土地局、筑路摊费审查委员会档案。

2. 南京市城市建设档案馆所藏 1927—1937 年南京市工务档案（道路部分）。

3. 上海市档案馆所藏 1927—1937 年上海商业储蓄银行、金城银行、大陆银行档案。

4. 萧铮主编：《民国二十年代中国大陆土地问题资料》，成文出版社有限公司、（美国）中文资料中心，1977 年。

5. 秦孝仪主编：《抗战前国家建设史料——首都建设（一）（二）（三）》，见《革命文献》第 91—93 辑，1982 年。

6. 南京金融志编纂委员会、中国人民银行南京分行编辑：《南京金融志资料专辑（一）：民国时期南京官办银行》，1992 年。

7. 南京金融志编纂委员会、中国人民银行南京分行编辑：《南京金融志资料专辑（二）：民国时期南京商办银行》，1994 年。

8. 南京市房管局产权监理处档案室编印：《民国时期国民党政府党政军要员在宁房地产情况汇编》，1994 年。

9. 中国第二历史档案馆、中国海关总署办公厅汇编：《中国旧海关史料》，京华出版社 2001 年版。

10. 南京图书馆编：《二十世纪三十年代国情调查报告》，凤凰出版社

2012 年版。

二、报刊

1. 《申报》及其附刊《首都市政周刊》，1928—1929 年。

2. 《中央日报》，1929—1937 年。

3. 《大公报》，1930—1933 年。

4. 《道路月刊》，1930—1936 年。

5. 《交通杂志》，1932—1937 年。

6. 《时事月报》，1929—1937 年。

7. 《地政月刊》，1933—1936 年。

8. 《是非公论》，1936—1937 年。

9. 《东方杂志》，1929—1937 年。

10. 《市政评论》，1934—1937 年。

三、地方志与地方文献

1. 〔明〕顾起元撰，吴福林点校：《客座赘语》，南京出版社 2009 年版。

2. 〔清〕甘熙撰，邓振明点校：《白下琐言》，南京出版社 2007 年版。

3. 陈作霖、陈诒绂：《金陵琐志九种》，南京出版社 2008 年版。

4. 徐炎森：《金陵杂志》，南洋劝业会内劝工厂 1910 年版。

5. 徐寿卿：《金陵杂志续集》，共和书局 1922 年版。

6. 徐寿卿：《新南京志》，共和书局 1928 年版。

7. 陈乃勋、杜福堃编著：《新京备乘》，清秘阁南京分店 1932 年版。

8. 实业部国际贸易局编：《中国实业志·江苏省》，1933 年。

9. 建设委员会经济调查所统计课编：《中国经济志·南京市》，1934 年。

10. 叶楚伧等主编，王焕镳编纂：《首都志》，正中书局 1935 年版。

11. 殷惟龢编：《江苏六十一县志》，商务印书馆 1936 年版。

12. 南京市文献委员会编著：《南京小志》，中华书局 1949 年版。

13. 南京市地方志编纂委员会办公室编纂：《南京简志》，江苏古籍出版社 1986 年版。

14. 南京市地方志编纂委员会编：《南京交通志》，海天出版社 1994 年版。

15. 南京市地方志编纂委员会编：《南京市政建设志》，海天出版社 1994 年版。

16. 南京市地方志编纂委员会编：《南京公用事业志》，海天出版社 1994 年版。

17. 南京市地方志编纂委员会编：《南京城镇建设综合开发志》，海天出版社 1994 年版。

18. 南京市地方志编纂委员会编：《南京水利志》，海天出版社 1994 年版。

19. 南京市地方志编纂委员会编：《南京建筑志》，方志出版社 1996 年版。

20. 南京市地方志编纂委员会编：《南京房地产志》，南京出版社 1996 年版。

21. 南京市地方志编纂委员会编：《南京土地管理志》，江苏人民出版社 1999 年版。

22. 南京市地方志编纂委员会编：《南京城市规划志》，江苏人民出版社 2008 年版。

四、民国文献

1. 《南京特别市市政府公报》《南京特别市市政公报补编》《南京特别市市政公报》《首都市政公报》《南京市政府公报》，1927—1937 年。

2. 南京特别市政府社会调查处：《南京社会创刊号》，1928 年。

3. 南京特别市工务局编印：《南京特别市工务局年刊》，1928 年。

4. 《内政公报》，1928—1937 年。

5. 中国国民党中央执行委员会宣传部印：《国都南京的认识》，1929 年。

6. 国民政府建设委员会编：《建设公报》，第 1—4 期，1929 年。

7. 国都设计技术专员办事处编：《首都计划》，1929 年。

8. 国民政府首都建设委员会编：《首都建设》，第 1—4 期，1929—1930 年。

9. 李清悚、蒋子奇主编：《首都乡土研究》，1930 年。

10. 建设首都道路工程处编印：《建设首都道路工程处业务报告》，1930 年。

11. 詹念祖编：《江苏省一瞥》，商务印书馆，1931 年。

12. 李清悚、蒋子奇合编：《我们的首都教学大纲》，儿童书局，1932 年。

13. 中国科学社编印：《科学的南京》，1932 年。

14. 南京市政府秘书处编印：《新南京》，1933 年。

15. 《内政消息》，1933—1935 年。

16. 《内政统计调查表》，1933—1935 年。

17. 首都警察厅编：《首都警察概况》，1934 年。

18. 南京市政府秘书处编印：《新南京》，1935 年。

19. 南京市政府秘书处编印：《南京市土地行政概况》，1935 年。

20. 南京市社会局：《南京社会调查统计资料专刊》，1935 年。

21. 南京市政府秘书处编印：《一年来之首都市政》，1935 年。

22. 吴文晖：《南京棚户家庭调查》，1935 年。

23. 万国鼎编著：《南京旗地问题》，正中书局 1935 年版。

24. 高信编著：《南京市之地价与地价税》，正中书局 1935 年版。

25. 社会经济调查所编：《南京粮食调查》，1935 年。

26. 倪锡英：《南京》，中华书局 1936 年版。

27. 朱偰：《金陵古迹名胜影集》，商务印书馆 1936 年版。

28. 朱偰：《金陵古迹图考》，商务印书馆 1936 年版。

29. 朱偰：《建康兰陵六朝陵墓图考》，商务印书馆1936年版。

30. 《内政统计季刊》，1936—1937年。

31. 南京市地政局编印：《南京市土地行政》，1937年。

32. 南京市工务局编印：《南京市工务报告》，1937年。

33. 南京市政府秘书处编印：《十年来之南京》，1937年。

34. 书报简讯社编：《南京概况》（秘密），1949年。

五、今人论著

（一）著作

1. 蒋赞初编：《南京史话》，中华书局1963年版。

2. 江苏省地理研究所编：《江苏省城市历史变迁资料（初稿）》，1973年。

3. 蒋赞初编著：《南京史话》（修订版），中华书局1980年版。

4. 蒋赞初编著：《南京史话》，江苏人民出版社1980年版。

5. 南京师范学院地理系江苏地理研究室编：《江苏城市历史地理》，江苏科学技术出版社1982年版。

6. 王树槐：《中国现代化的区域研究——江苏省，1860—1916》，"中研院"近代史研究所1984年版。

7. 张宪文主编：《中华民国史纲》，河南人民出版社1985年版。

8. 石三友：《金陵野史》，江苏人民出版社1985年版。

9. 吕华清主编：《南京港史》，人民交通出版社1989年版。

10. 南京市人民政府经济研究中心编：《南京经济史论文选》，南京出版社1989年版。

11. 江苏省南京市公路管理处史志编审委员会编著：《南京近代公路史》，江苏科学技术出版社1990年版。

12. 徐复、季文通主编：《江苏旧方志提要》，江苏古籍出版社1993年版。

13. 茅家琦等著：《横看成岭侧成峰——长江下游城市近代化的轨迹》，

江苏人民出版社 1993 年版。

14. 蒋赞初、沈嘉荣编著：《南京史话》（上、下），南京出版社 1995 年版。

15. 姚士谋、帅江平：《城市用地与城市生长——以东南沿海城市扩展为例》，中国科学技术大学出版社 1995 年版。

16. 南京市人民政府研究室编，陈胜利、茅家琦主编：《南京经济史》（上），中国农业科技出版社 1996 年版。

17. 张仲礼主编：《东南沿海城市与中国近代化》，上海人民出版社 1996 年版。

18. 中共南京市委党史工作办公室、中共南京市委宣传部编：《南京百年风云（1840~1949)》，南京出版社 1997 年版。

19. 南京市政府研究室编，陈胜利主编：《南京经济史》（下），中国农业科技出版社 1998 年版。

20. 俞明主编：《下关开埠与南京百年》，方志出版社 1999 年版。

21. 罗玲：《近代南京城市建设研究》，南京大学出版社 1999 年版。

22. 顾朝林等：《中国城市地理》，商务印书馆 1999 年版。

23. 孙宅巍、蒋顺兴、王卫星主编：《江苏近代民族工业史》，南京师范大学出版社 1999 年版。

24. 张海林：《苏州早期城市现代化研究》，南京大学出版社 1999 年版。

25. 丁帆选编：《江城子——名人笔下的老南京》，北京出版社 1999 年版。

26. 蔡玉洗主编：《南京情调》，江苏文艺出版社 2000 年版。

27. 王云骏：《民国南京城市社会管理》，江苏古籍出版社 2001 年版。

28. 张宪文、方庆秋、黄美真主编：《中华民国史大辞典》，江苏古籍出版社 2001 年版。

29. 夏明方、康沛竹：《20 世纪中国灾变图史》，福建教育出版社 2001 年版。

30. 卢海鸣、杨新华主编：《南京民国建筑》，南京大学出版社 2001 年版。

31. 马学强：《从传统到近代——江南城镇土地产权制度研究》，上海社会科学院出版社 2002 年版。

32. 张仲礼、熊月之、沈祖炜主编：《长江沿江城市与中国近代化》，上海人民出版社 2002 年版。

33. 杨永泉编撰：《南京文献综合目录》，南京大学出版社 2003 年版。

34. 周岚、童本勤、苏则民、程茂吉编著：《加速现代化进程中的南京老城市保护与更新》，东南大学出版社 2004 年版。

35. 于海漪：《南通近代城市规划建设》，中国建筑工业出版社 2005 年版。

36. 张京祥编著：《西方城市规划思想史纲》，东南大学出版社 2005 年版。

37. 张宪文等著：《中华民国史》，南京大学出版社 2006 年版。

38. 程章灿：《旧时燕：一座城市的传奇》，凤凰出版社 2006 年版。

39. 姚亦锋：《南京城市地理变迁及现代景观》，南京大学出版社 2006 年版。

40. 池子华：《中国近代流民》（修订版），社会科学文献出版社 2007 年版。

41. 李孝聪：《历史城市地理》，山东教育出版社 2007 年版。

42. 冯亦同编：《名家笔下的南京》，南京出版社 2007 年版。

43. 何一民主编：《近代中国衰落城市研究》，巴蜀书社 2007 年版。

44. 江苏省政协文史委员会编印：《江苏文史资料存稿选编》，江苏人民出版社 2007 年版。

45. 刘先觉、王昕编著：《江苏近代建筑》，江苏科学技术出版社 2008 年版。

46. 王亚男：《1900—1949 年北京的城市规划与建设研究》，东南大学出版社 2008 年版。

47. 苏则民编著：《南京城市规划史稿　　古代篇·近代篇》，中国建筑工业出版社 2008 年版。

48. 张志远：《台湾的古城》，生活·读书·新知三联书店 2009 年版。

49. 陈蕴茜：《崇拜与记忆——孙中山符号的建构与传播》，南京大学出版社 2009 年版。

50. 许学强、周一星、宁越敏编著：《城市地理学》（第二版），高等教育出版社 2009 年版。

51. 胡阿祥、李天石、卢海鸣编著：《南京通史·六朝卷》，南京出版社 2009 年版。

52. 侯风云：《传统、机遇与变迁——南京城市现代化研究（1912—1937）》，人民出版社 2010 年版。

53. 林珲、赖进贵、周成虎编：《空间综合人文学与社会科学研究》，科学出版社 2010 年版。

54. 杨颖奇、经盛鸿、孙宅巍等编著：《南京通史·民国卷》，南京出版社 2011 年版。

55. 叶兆言：《旧影秦淮》，南京大学出版社 2011 年版。

56. 徐旳：《城市空间演变与整合——以转型期南京城市社会空间结构演化为例》，东南大学出版社 2011 年版。

57. 吴聪萍：《南京 1912——城市现代性的解读》，东南大学出版社 2011 年版。

58. 魏枢：《"大上海计划"启示录——近代上海市中心区域的规划变迁与空间演进》，东南大学出版社 2011 年版。

59. 吴德广编著：《老南京记忆——故都旧影》，东南大学出版社 2011 年版。

60. 叶兆言等撰文，俞康骏收藏：《老明信片·南京旧影》（高清典藏本），南京出版社 2012 年版。

61. 叶兆言、卢海鸣、韩文宁撰文：《老照片·南京旧影》（高清典藏本），南京出版社 2012 年版。

62. 曹伊清：《法制现代化视野中的清末房地产契证制度——以南京地区房地产契证为范本的分析》，法律出版社 2012 年版。

63. 张生等：《南京大屠杀史研究》，凤凰出版社 2012 年版。

64. 《南京地名大会》编委会编：《南京地名大全》，南京出版社 2012 年版。

65. 赵丽华：《民国官营体制与话语空间——〈中央日报〉副刊研究（1928—1949）》，中国传媒大学出版社 2012 年版。

66. 李东泉：《青岛城市规划与城市发展研究（1897—1937）——兼论现代城市规划在中国近代的产生与发展》，中国建筑工业出版社 2012 年版。

67. 范金民、杨国庆、万朝林等编著：《南京通史·明代卷》，南京出版社 2012 年版。

68. 夏维中、张铁宝、王刚等编著：《南京通史·清代卷》，南京出版社 2014 年版。

69. 董佳：《民国首都南京的营造政治与现代想象（1927—1937）》，江苏人民出版社 2014 年版。

70. 丁帆编：《金陵旧颜》，南京出版社 2014 年版。

71. 卢海鸣、邓攀编：《金陵物语》，南京出版社 2014 年版。

72. 傅舒兰：《杭州风景城市的形成史——西湖与城市的形态关系演进过程研究》，东南大学出版社 2015 年版。

73. 邢定康、钱长江编：《金陵展痕》，南京出版社 2015 年版。

74. 李天石、王淳航、骆详译等编著：《南京通史·隋唐五代宋元卷》，南京出版社 2016 年版。

（二）论文

1. 涂文学：《中国近代城市化与城市近代化论略》，《江汉论坛》1996 年第 1 期。

2. 王瑞成：《中国近代城市化内容探析》，《云南学术探索》1997 年第 1 期。

3. 张平：《南京国民政府建立初期首都市政与城市现代化》，南京大学1997年硕士学位论文。

4. 何一民：《论近代中国大城市发展动力机制的转变与优先发展的条件》，《中华文化论坛》1998年第4期。

5. 罗玲：《试论南京城市近代化的特征》，《东南文化》1998年第2期。

6. 王云骏：《民国南京城市社会管理问题的历史考察》，《江苏社会科学》2000年第3期。

7. 王俊雄：《国民政府时期南京首都计画之研究》，台湾成功大学2002年博士学位论文。

8. 熊浩：《南京近代城市规划研究》，武汉理工大学2003年硕士学位论文。

9. 王俊雄、孙全文、谢宏昌：《国民政府定都南京初期的〈首都计画〉》，《新史学》2004年第1期。

10. 蔡晴、姚糖：《南京近代城市住宅述评：1930—1949》，《南方建筑》2004年第5期。

11. 张斌：《1928—1937年南京城市居民生活透析》，吉林大学2004年硕士学位论文。

12. 陈蕴茜、刘炜：《秦淮空间重构中的国家权力与大众文化——以民国时期南京废娼运动为中心的考察》，《史林》2006年第6期。

13. 王列辉：《近代"双岸城市"的形成及机制分析》，《城市史研究》第24辑，天津社会科学院出版社2006年版。

14. 佟银霞：《刘纪文与民国时期南京市政建设及管理（1927—1930）》，东北师范大学2007年硕士学位论文。

15. 陈蕴茜：《民国中山路与意识形态日常化》，《史学月刊》2007年第12期。

16. 胡忆东、吴志华、熊伟、潘聪：《城市建成区界定方法研究——以武汉市为例》，《城市规划》2008年第4期。

17. 陈蕴茜：《城市空间重构与现代知识体系的生产——以清末民国南京城为中心的考察》，《学术月刊》2008 年第 12 期。

18. 王瑞庆：《1927 年—1937 年南京市征地补偿研究》，南京师范大学 2008 年硕士学位论文。

19. 曹燕：《民国时期南京饮食业研究》，南京师范大学 2008 年硕士学位论文。

20. 吴俊范：《从水乡到都市：近代上海城市道路系统演变与环境（1843—1949）》，复旦大学 2008 年博士学位论文。

21. 吴本荣：《公共交通与南京城市近代化（1894～1937）》，《南京工业大学学报（社会科学版）》2009 年第 1 期。

22. 经盛鸿：《日军大屠杀前的南京建设成就与社会风貌》，《南京社会科学》2009 年第 6 期。

23. 陈蕴茜：《空间维度下的中国城市史研究》，《学术月刊》2009 年第 10 期。

24. 牟振宇：《近代上海法租界城市化空间过程研究（1849—1930）》，复旦大学 2010 年博士学位论文。

25. 陈蕴茜：《国家权力、城市住宅与社会分层——以民国南京住宅建设为中心》，《江苏社会科学》2011 年第 6 期。

26. 张晓虹、孙涛：《城市空间的生产——以近代上海江湾五角场地区的城市化为例》，《地理科学》2011 年第 10 期。

27. 邢向前：《1927 年—1937 年南京住宅建设问题研究》，南京师范大学 2012 年硕士学位论文。

28. 邱虹：《1927—1937 年南京影剧行业研究》，南京师范大学 2012 年硕士学位论文。

29. 李沛霖：《抗战前南京城市公共交通研究（1907—1937）》，南京师范大学 2012 年博士学位论文。

30. 王瑞庆：《南京国民政府时期的征地制度及运行研究》，华中师范大学 2012 年博士学位论文。

31. 于静：《近代南京城市公园研究》，南京大学 2013 年博士学位论文。

32. 刘雅媛：《清季民初上海县城厢市政权与城市空间改造》，复旦大学 2016 年博士学位论文。

六、外文资料与译著

1. LE P. LOUIS GAILLARD S. J. ：*NANKIN PORT OUVERT*，1901.

2. ［日］东亚同文会编：《中国省别全志·江苏省》，1920 年。

3. ［美］施坚雅主编，叶光庭、徐自立、王嗣均、徐松年、马裕祥、王文源合译，陈桥驿校：《中华帝国晚期的城市》，中华书局 2000 年版。

4. ［美］凯文·林奇著，方益萍、何晓军译：《城市意象》，华夏出版社 2001 年版。

5. ［丹麦］扬·盖尔著，何人可译：《交往与空间》（第四版），中国建筑工业出版社 2002 年版。

6. Zwia Lipkin：*Useless To the State*："*Social Problems*" *and Social Engineering in Nationalist Nanjing*，*1927—1937*，University of Harward East Asia Study center，2006.

7. ［美］保罗·诺克斯、史蒂文·平奇著，柴彦威、张景秋等译：《城市社会地理学导论》，商务印书馆 2005 年版。

8. ［美］林达·约翰逊主编，成一农译：《帝国晚期的江南城市》，上海人民出版社 2005 年版。

9. ［日］小林爱雄著，李炜译：《中国印象记》，中华书局 2007 年版。

10. ［日］中野孤山著，郭举昆译：《横跨中国大陆——游蜀杂俎》，中华书局 2007 年版。

11. ［日］股野琢著，张明杰整理：《苇杭游记》，中华书局 2007 年版。

12. ［日］内藤湖南著，吴卫峰译：《燕山楚水》，中华书局 2007 年版。

13.［日］大木康著，辛如意译：《秦淮风月：中国游里空间》，联经出版事业股份有限公司 2007 年版。

14.［美］威廉·埃德加·盖洛著，沈弘、郝田虎、姜文涛译，沈弘、李宪堂审校：《中国十八省府》，山东画报出版社 2008 年版。

15.［英］彼得·霍尔著，邹德慈、李浩、陈熳莎译：《城市和区域规划》（原著第四版），中国建筑工业出版社 2008 年版。

16.［英］Peter Hall（彼得·霍尔）著，童明译：《明日之城：一部关于 20 世纪城市规划与设计的思想史》，同济大学出版社 2009 年版。

17.［日］越泽明著，欧硕译：《伪满洲国首都规划》，社会科学文献出版社 2011 年版。

18.［德］骆博凯著，郑寿康译：《十九世纪末南京风情录——一个德国人在南京的亲身经历》，南京出版社 2008 年版。

19.［德］赫达·哈默尔摄影，［德］阿尔弗雷德·霍夫曼撰文，印芝虹翻译：《南京》，南京出版社 2015 年版。

后 记

　　不知不觉，离开复旦校园已经整整 4 年时间了。回想起当初撰写博士论文的日子，紧张而忙碌，毕业后有时无意间翻起论文，竟能发现许多不应有的错误。如果说那仅仅是一个阶段性成果，尚有诸多可改进之处的话，那么正在完成的这部书稿，则是我近几年来对同一研究的重新认识和审视。由于我已不再从事专门的学术研究，所以在这一过程中得到的点滴收获，我都深知来之不易，值得倍加珍惜。

　　在书稿即将完成之际，我首先要感谢我的导师吴松弟先生。入学时，先生就告诫我——做人要诚实，做学问要踏实。在史地所学习的几年时间中，先生对我的生活和学业都很关心，还一度为我提供去香港深造的机会。在我改换博士论文选题方面，先生给予了最大的宽容。由于个人天资驽钝，加上用功不够，在论文写到最困难的时候，我甚至想到过放弃。先生知道这一情况后，不断地鼓励我，帮我理清思路，并亲自帮我修改论文。所有这些，我将永远铭记于心。

　　感谢樊卫国研究员、徐茂明教授、戴鞍钢教授、张伟然教授、张晓虹教授在答辩会上对论文提出评议意见和修改建议。侯甬坚教授、安介生教授、樊如森副教授在论文评阅和预答辩时，也给出了宝贵的意见和建议。在史地所求学期间，周振鹤教授、葛剑雄教授、姚大力教授、满志敏教授、王振忠教授、李晓杰教授、朱海滨教授、韩昭庆教授、杨煜达教授、徐建平副教授等老师的精彩授课，极大地开拓了我的眼界。同门陈为忠、方书生、姚永超、王列辉、祁刚、董枫、王哲、马峰燕、武强、张永帅、刘雅媛、李波等，平日里对我的研究给予了很多启发。上海图书馆、上海市档案馆、南京图书馆、南京市档案馆、南京市城市建设档案馆、复旦大学文科图书馆、复旦大学历史系资料室、复旦大学史地所资料室的老师，为我查阅相关资料提供了便利。没有这些老师和同学曾经给予的帮助，我可能会在前进的道路上徘徊很久。

　　家人在我求学期间给予我最大的理解和宽容。父母经常关心我的学业进展，叮嘱我劳逸结合，不要过多操心家里的事。在修改书稿的过程中，妻子主动承担了家务，使我能在日常工作之余，一心一意地从事写作。两岁半的儿子经常在我写作劳累时，给我念儿歌、讲故事，令我绷紧的神经得到了一定程度的舒缓。这本书稿的完成，自然也离不开他们的贡献。在这里，我要向家人表示感激之情。

徐智

2017 年 6 月于南京仙林湖畔

　　由于杂事缠身，这部书稿的修改竟一直拖延至庚子年初才最终完成。两年多来，我又对文中的部分观点进行了修正，并补充了一些史料。其间我又添了个女儿，虽然工作越来越忙，家务也越来越琐碎，但肩上的责任也给了我充足的动力。希望本书的出版，是我人生的一个新出发点。

徐智

2020 年 2 月又记